计算机基础与实训教材系列

中文版

3ds Max 2010 三维动画创作

实用教程

郑强 王敏 张敏 编著

清华大学出版社

北京

内 容 简 介

  本书由浅入深、循序渐进地介绍了 Autodesk 公司最新推出的全新三维动画制作软件——中文版 3ds Max 2010 的使用方法和操作技巧。全书共分 13 章，分别介绍了中文版 3ds Max 2010 的用户界面、各种设计概念、对象的基本操作、创建简单的平面对象、创建三维参数几何体、放样建模、NURBS 建模、编辑与应用材质、对象贴图、布置场景灯光效果、为动画添加摄影机、制作与输出动画、渲染和添加环境效果以及设置空间变形和粒子系统等内容。

  本书内容丰富，结构清晰，语言简练，图文并茂，具有很强的实用性和可操作性，是一本适合于大中专院校、职业学校及各类社会培训学校的优秀教材，也是广大初、中级电脑用户的自学参考书。

本书对应的电子教案、实例源文件和习题答案可以到 http://www.tupwk.com.cn/edu 网站下载。

本书封面贴有清华大学出版社防伪标签，无标签者不得销售。

版权所有，侵权必究。侵权举报电话：010-62782989　13701121933

图书在版编目(CIP)数据

中文版 3ds Max 2010 三维动画创作实用教程 / 郑强，王敏，张敏 编著.
—北京：清华大学出版社，2010.4
(计算机基础与实训教材系列)
ISBN 978-7-302-22366-5

Ⅰ. ①中…　Ⅱ. ①郑…　②王…　③张…　Ⅲ. ①三维—动画—图形软件，3DS MAX 2010—教材
Ⅳ. ①TP391.41

中国版本图书馆 CIP 数据核字(2010)第 055680 号

责任编辑：胡辰浩(huchenhao@263.net)　袁建华
装帧设计：孔祥丰
责任校对：成凤进
责任印制：李红英

出版发行：清华大学出版社　　　　　　　　　地　　　址：北京清华大学学研大厦 A 座
　　　　　http://www.tup.com.cn　　　　　邮　　　编：100084
　　　　　社　总　机：010-62770175　　　邮　　　购：010-62786544
　　　　　投稿与读者服务：010-62776969，c-service@tup.tsinghua.edu.cn
　　　　　质 量 反 馈：010-62772015，zhiliang@tup.tsinghua.edu.cn
印　刷　者：清华大学印刷厂
装　订　者：三河市新茂装订有限公司
经　　销：全国新华书店
开　　本：190×260　印　张：19.75　字　　数：518 千字
版　　次：2010 年 4 月第 1 版　　印　　次：2010 年 4 月第 1 次印刷
印　　数：1～5000
定　　价：30.00 元

产品编号：034805-01

计算机已经广泛应用于现代社会的各个领域，熟练使用计算机已经成为人们必备的技能之一。因此，如何快速地掌握计算机知识和使用技术，并应用于现实生活和实际工作中，已成为新世纪人才迫切需要解决的问题。

为适应这种需求，各类高等院校、高职高专、中职中专、培训学校都开设了计算机专业的课程，同时也将非计算机专业学生的计算机知识和技能教育纳入教学计划，并陆续出台了相应的教学大纲。基于以上因素，清华大学出版社组织一线教学精英编写了这套"计算机基础与实训教材系列"丛书，以满足大中专院校、职业院校及各类社会培训学校的教学需要。

一、丛书书目

本套教材涵盖了计算机各个应用领域，包括计算机硬件知识、操作系统、数据库、编程语言、文字录入和排版、办公软件、计算机网络、图形图像、三维动画、网页制作以及多媒体制作等。众多的图书品种可以满足各类院校相关课程设置的需要。

- 已出版的图书书目

《计算机基础实用教程》	《中文版 Excel 2003 电子表格实用教程》
《计算机组装与维护实用教程》	《中文版 Access 2003 数据库应用实用教程》
《五笔打字与文档处理实用教程》	《中文版 Project 2003 实用教程》
《电脑办公自动化实用教程》	《中文版 Office 2003 实用教程》
《中文版 PowerPoint 2003 幻灯片制作实用教程》	《电脑入门实用教程》
《中文版 Word 2003 文档处理实用教程》	《Excel 财务会计实战应用》
《中文版 Photoshop CS3 图像处理实用教程》	《JSP 动态网站开发实用教程》
《Authorware 7 多媒体制作实用教程》	《Mastercam X3 实用教程》
《中文版 AutoCAD 2009 实用教程》	《Mastercam X4 实用教程》
《AutoCAD 机械制图实用教程(2009 版)》	《Director 11 多媒体开发实用教程》
《中文版 Flash CS3 动画制作实用教程》	《中文版 Indesign CS3 实用教程》
《中文版 Flash CS3 动画制作实训教程》	《中文版 CorelDRAW X3 平面设计实用教程》
《中文版 Dreamweaver CS3 网页制作实用教程》	《中文版 Windows Vista 实用教程》
《中文版 3ds Max 9 三维动画创作实用教程》	《中文版 3ds Max 2009 三维动画创作实用教程》

《中文版 3ds Max 2010 三维动画创作实用教程》	《网络组建与管理实用教程》
《中文版 SQL Server 2005 数据库应用实用教程》	《Java 程序设计实用教程》
《Visual C#程序设计实用教程》	《ASP.NET 3.5 动态网站开发实用教程》
《中文版 Premiere Pro CS3 多媒体制作实用教程》	

● 即将出版的图书书目

《Oracle Database 11g 实用教程》	《中文版 Pro/ENGINEER Wildfire 5.0 实用教程》
《中文版 Word 2007 文档处理实用教程》	《中文版 Office 2007 实用教程》
《中文版 Excel 2007 电子表格实用教程》	《中文版 PowerPoint 2007 幻灯片制作实用教程》
《AutoCAD 建筑制图实用教程（2009 版）》	《中文版 Access 2007 数据库应用实例教程》
《中文版 Photoshop CS4 图像处理实用教程》	《中文版 Project 2007 实用教程》
《中文版 Illustrator CS4 平面设计实用教程》	《中文版 CorelDRAW X4 平面设计实用教程》
《中文版 Flash CS4 动画制作实用教程》	《中文版 After Effects CS4 视频特效实用教程》
《中文版 Dreamweaver CS4 网页制作实用教程》	《中文版 Premiere Pro CS4 多媒体制作实用教程》
《中文版 Indesign CS4 实用教程》	

二、丛书特色

1. 选题新颖，策划周全——为计算机教学量身打造

本套丛书注重理论知识与实践操作的紧密结合，同时突出上机操作环节。丛书作者均为各大院校的教学专家和业界精英，他们熟悉教学内容的编排，深谙学生的需求和接受能力，并将这种教学理念充分融入本套教材的编写中。

本套丛书全面贯彻"理论→实例→上机→习题"4 阶段教学模式，在内容选择、结构安排上更加符合读者的认知习惯，从而达到老师易教、学生易学的目的。

2. 教学结构科学合理，循序渐进——完全掌握"教学"与"自学"两种模式

本套丛书完全以大中专院校、职业院校及各类社会培训学校的教学需要为出发点，紧密结合学科的教学特点，由浅入深地安排章节内容，循序渐进地完成各种复杂知识的讲解，使学生能够一学就会、即学即用。

对教师而言，本套丛书根据实际教学情况安排好课时，提前组织好课前备课内容，使课堂教学过程更加条理化，同时方便学生学习，让学生在学习完后有例可学、有题可练；对自学者而言，可以按照本书的章节安排逐步学习。

3. 内容丰富、学习目标明确——全面提升"知识"与"能力"

本套丛书内容丰富，信息量大，章节结构完全按照教学大纲的要求来安排，并细化了每一章内容，符合教学需要和计算机用户的学习习惯。在每章的开始，列出了学习目标和本章重点，便于教师和学生提纲挈领地掌握本章知识点，每章的最后还附带有上机练习和习题两部分内容，教师可以参照上机练习，实时指导学生进行上机操作，使学生及时巩固所学的知识。自学者也可以按照上机练习内容进行自我训练，快速掌握相关知识。

4. 实例精彩实用，讲解细致透彻——全方位解决实际遇到的问题

本套丛书精心安排了大量实例讲解，每个实例解决一个问题或是介绍一项技巧，以便读者在最短的时间内掌握计算机应用的操作方法，从而能够顺利解决实践工作中的问题。

范例讲解语言通俗易懂，通过添加大量的"提示"和"知识点"的方式突出重要知识点，以便加深读者对关键技术和理论知识的印象，使读者轻松领悟每一个范例的精髓所在，提高读者的思考能力和分析能力，同时也加强了读者的综合应用能力。

5. 版式简洁大方，排版紧凑，标注清晰明确——打造一个轻松阅读的环境

本套丛书的版式简洁、大方，合理安排图与文字的占用空间，对于标题、正文、提示和知识点等都设计了醒目的字体符号，读者阅读起来会感到轻松愉快。

三、读者定位

本丛书为所有从事计算机教学的老师和自学人员而编写，是一套适合于大中专院校、职业院校及各类社会培训学校的优秀教材，也可作为计算机初、中级用户和计算机爱好者学习计算机知识的自学参考书。

四、周到体贴的售后服务

为了方便教学，本套丛书提供精心制作的 PowerPoint 教学课件(即电子教案)、素材、源文件、习题答案等相关内容，可在网站上免费下载，也可发送电子邮件至 wkservice@vip.163.com 索取。

此外，如果读者在使用本系列图书的过程中遇到疑惑或困难，可以在丛书支持网站(http://www.tupwk.com.cn/edu)的互动论坛上留言，本丛书的作者或技术编辑会及时提供相应的技术支持。咨询电话：010-62796045。

中文版 3ds Max 2010 是 Autodesk 公司最新推出的专业化网页动画制作软件，是一种全新的三维实体造型及动画制作系统。3ds Max 集众多三维动画软件之长，提供了当前常用的造型建模方法及更好的材质渲染功能，是目前 PC 机上最为流行的三维动画软件之一，也是当前世界上最全面的三维建模、动画及渲染解决方案之一。

本书从教学实际需求出发，合理安排知识结构，从零开始、由浅入深、循序渐进地讲解 3ds Max 2010 的基本知识和使用方法。本书共分为 13 章，主要内容如下。

第 1 章介绍了中文版 3ds Max 2010 的应用领域，以及软件的界面和软件中的常用概念。

第 2 章介绍了创建基本二维图形的方法，以及这些二维模型的编辑方法。

第 3 章介绍了创建基本三维模型的方法，其中包括了常用的立方体、球体和圆柱体等，也包括了异面体、切角长方体、软管等特殊的三维模型的创建方法。

第 4 章介绍了对象的基本操作，包括对对象的选择、移动、复制、旋转等操作方法。

第 5 章介绍了修改对象的相关操作，主要介绍了【修改器】和【编辑网格】命令的使用。

第 6 章介绍了复合建模方式，主要包括放样建模、挤出建模和车削建模的方法。

第 7 章介绍了网格建模、多边形建模和 NURBS 曲线建模等高级建模方法。

第 8 章介绍了材质与贴图的使用和编辑。

第 9 章介绍了灯光与摄影机的添加使用。

第 10 章介绍了渲染的操作方法，以及环境特效的设置方法。

第 11 章介绍了使用动画的一些基本概念和知识，主要包括动画制作过程中用到的各种控制器和工具，关键点动画的制作，利用轨迹视图编辑动画以及动画的合成与输出等内容。

第 12 章介绍了角色动画的创建方法。

第 13 章介绍了空间扭曲以及粒子动画的设置方法。

本书图文并茂，条理清晰，通俗易懂，内容丰富，在讲解每个知识点时都配有相应的实例，方便读者上机实践。同时在难于理解和掌握的部分内容上给出相关提示，让读者能够快速地提高操作技能。此外，本书配有大量综合实例和练习，让读者在不断的实际操作中更加牢固地掌握书中讲解的内容。

本书由郑强组织编写并编写了第一章，第 2～7 章由王敏编写，第 8～13 章由张敏编写。另外，参加本书制作的人员还有徐帆、王岚、洪妍、方峻、何亚军、王通、高娟妮、严晓雯、杜思明、孔祥娜、张立浩、孔祥亮、陈晓霞、王维、牛静敏、牛艳敏、何俊杰等人。由于作者水平有限，本书难免有不足之处，欢迎广大读者批评指正。我们的邮箱是 huchenhao@263.net，电话 010-62796045。

作 者
2010 年 3 月

推荐课时安排

章　名	重点掌握内容	教学课时
第1章　认识 3ds Max 2010	1．了解 3ds Max 的应用领域 2．了解 3ds Max 2010 的新增功能 3．掌握 3ds Max 2010 中的常用概念 4．掌握 3ds Max 2010 中工作环境的自定义方法	2 学时
第2章　创建与编辑基本二维图形	1．墙矩形的创建 2．通道的创建 3．T 形样条线的创建 4．编辑样条线的方法	3 学时
第3章　创建三维基本体模型	1．常用标准基本体的创建 2．了解各标准基本体的参数设定 3．创建常用扩展基本体的操作方法 4．调整创建的基本体的操作方法	3 学时
第4章　对象的操作	1．选择对象的方法 2．移动与旋转对象的方法 3．变换多个对象的方法 4．使用组管理对象的方法	2 学时
第5章　使用编辑器修改对象	1．设置和使用修改器 2．应用【修改】命令 3．修改变换对象选择集	2 学时
第6章　复合建模方式	1．掌握放样建模的原理和方法 2．挤出建模的操作方法 3．车削建模的操作方法	3 学时
第7章　高级建模方式	1．掌握可编辑网格修改器的使用 2．掌握网格模型的表面属性 3．掌握可编辑多边形修改器的使用 4．学会创建 NURBS 曲面	3 学时
第8章　使用材质与贴图	1．理解并掌握材质和贴图的概念及其作用 2．掌握材质和贴图的设计流程 3．了解并掌握常用材质与贴图类型的使用方法	3 学时

(续表)

章　名	重点掌握内容	教学课时
第9章　使用灯光与摄影	1. 掌握灯光和摄影机的常用类型 2. 掌握灯光和摄影机的创建方法和设置技巧 3. 了解光度学灯光和 mental ray 摄影机明暗器 4. 编辑演示文本 5. 插入对象	2 学时
第10章　渲染与特效	1. 渲染输出 2. 掌握涟漪和爆炸空间变形 3. 创建与调整环境雾效 4. 创建燃烧效果	3 学时
第11章　制作动画	1. 熟悉动画制作原理 2. 熟练掌握动画控制区各种按钮的使用方法 3. 掌握利用轨迹视图编辑动画的方法 4. 掌握分层动画设计的方法 5. 掌握动画文件的输出与合成	4 学时
第12章　制作简单角色动画	1. 理解层级与运动的关系 2. 理解并掌握正向运动和反向运动 3. 学会创建骨骼并为骨骼蒙皮 4. 学会创建简单的人物或动物角色动画	3 学时
第13章　空间扭曲与粒子系统	1. 了解并掌握空间扭曲系统的使用方法 2. 学会 Super Spray 粒子特效 3. 学会 Blizzard 粒子特效 4. 掌握粒子流系统中常用粒子控制器的功能与用法 5. 掌握空间扭曲系统与粒子系统的结合使用方法	3 学时

注：1. 教学课时安排仅供参考，授课教师可根据情况作调整。

　　2. 建议每章安排与教学课时相同时间的上机练习。

CONTENTS

计算机基础与实训教材系列

计算机 基础与实训教材系列

认识 3ds Max 2010

学习目标

3ds Max 是当今世界上应用领域最广，使用人数最多的三维动画制作软件，使用 3ds Max 可以完成高效建模、完成材质及灯光的设置，还可以轻松地将对象制作成动画。作为 Autodesk 公司推出的最新版本，3ds Max 2010 的功能更加强大，操作更加方便。本章将介绍 3ds Max 的基础知识，使用户能够掌握 3ds Max 2010 中主要界面元素的应用并熟悉常用概念，从而为以后的学习打下基础。

本章重点

- 了解 3ds Max 的应用领域
- 了解 3ds Max 2010 的新增功能
- 掌握 3ds Max 2010 中的常用概念
- 掌握 3ds Max 2010 中工作环境的自定义方法

1.1 3ds Max 简介及应用领域

3ds Max 是目前最流行的三维动画制作软件，在多个领域有着广泛的应用。本节将对 3ds Max 的特点及其在各领域的应用做介绍。

1.1.1 3ds Max 简介

3ds Max 的前身是 3D Studio MAX，是在老牌三维制作软件 3D Studio 的基础上发展起来的一种三维实体造型及动画制作系统。3ds Max 集众多三维动画软件之长，提供了当前常用的造型建模方法及更好的材质渲染功能，是目前 PC 机上最为流行的三维动画软件之一，也是当前世界上最全面的三维建模、动画及渲染解决方案之一。

在 3ds Max 中，用户可以很轻松地将任何对象制作成动画，并且还可以实时查看所制作的动画效果；通过在各个面板中的参数设置，轻易实现复杂的动画效果设置；通过渲染预览窗口，可以即时预览材质贴图效果；操作过程中按下动画按钮，可以按照制作对象变形和时间的推移改变形成动画效果等。

3ds Max 不但可以与 Autodesk 公司自己开发的后期合成软件 Combustion 完美结合，而且还可以与其他公司开发的后期合成软件相互配合，从而合成出理想的视觉动画及 3D 合成效果。

1.1.2　3ds Max 的应用领域

作为性能卓越的三维动画软件，3ds Max 被广泛应用于影视制作、产品设计、建筑设计、多媒体制作、游戏开发、辅助教学及工程可视化等诸多行业领域。

1. 电脑游戏

Autodesk 公司的 3ds Max 是全世界数字内容的标准，3D 业内使用量最大，是顶级艺术家和设计师优先选择的 3D 制作解决方案，世界很多知名游戏基本上都使用了 3ds Max 参与开发。当前许多电脑游戏中大量地加入了三维动画的应用，细腻的画面、宏伟的场景和逼真的造型，使游戏的视觉效果和真实性大大增加，同时也使得 3D 游戏的玩家愈来愈多，使 3D 游戏的市场得以不断壮大，如图 1-1 所示为使用 3ds Max 参与开发的《极品飞车 13》游戏的场景画面。

图 1-1　《极品飞车 13》游戏的画面

2. 建筑装潢

在建筑设计领域中，3ds Max 占据着领导地位。使用 3ds Max 制作的建筑效果图比较精美，可以令观赏者赏心悦目，具有较高的欣赏价值；用户还可以根据环境的不同，自由地设计和制作出不同类型和风格的室内外效果图，并且对于实际工程的施工也有着一定的直接指导性作用。因此，使用 3ds Max 创建的场景效果图，被广泛应用于工程招标或者施工指导、宣传及广告活动。如图 1-2 所示为使用 3ds Max 制作的建筑效果图。

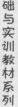

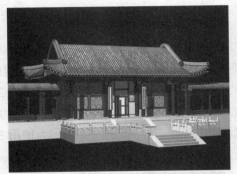

图 1-2　使用 3ds Max 制作的建筑效果图

3．展示设计

使用 3ds Max 设计和制作的展示效果，不但可以体现设计者丰富的想象力、创造力、较高的审美观和艺术造诣，而且还可以在建模、结构布局、色彩、材质、灯光和特殊效果等制作方面自由地进行调整，以协调不同类型场馆环境的需要。图 1-3 为使用 3ds Max 制作的展示台效果图。

图 1-3　使用 3ds Max 制作的展示台效果图

4．产品设计

现代生活中，人们对于生活消费品、家用电器等外观、结构和易用性有了更高的要求。通过使用 3ds Max 参与产品造型的设计，让企业可以很直观地模拟产品的材质、造型和外观等特性，从而提高研发效率。图 1-4 所示为使用 3ds Max 制作的产品效果图。

图 1-4　使用 3ds Max 制作的产品外观效果

计算机 基础与实训教材系列

5. 影视制作

在影视制作方面，3ds Max 更是功不可没，现在大量的电影、电视及广告画面都有 3ds Max 参与制作的身影。这些引人入胜的镜头离不开视觉特效制作的功劳，而 3ds Max 凭借其鲜明、逼真的视觉效果、色彩分级和配有丰富插件，受到各大电影制片厂和后期制作公司的青睐。3ds Max 所创造出来的视觉效果技术在影片特效制作中大显身手，在实现电影制作人天马行空的奇思妙想的同时，也将观众带入了各种神奇的世界，创造出多部经典作品。图 1-5 所示为使用 3ds Max 制作的电影画面。

图 1-5　使用 3ds Max 制作的电影画面

1.2　3ds Max 2010 的界面

掌握软件的操作界面是使用软件的基础，3ds Max 2010 的界面与旧版本的软件有了很大不同，在【开始】菜单中选择【所有程序】| Autodesk | Autodesk 3ds Max 2010 | 3ds Max 2010 命令或者在桌面上直接双击 3ds Max 2010 图标，都可以打开如图 1-6 所示的 3ds Max 2010 的操作界面。

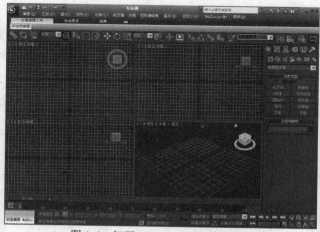

图 1-6　打开 3ds Max 2010 的操作界面

1.2.1 标题栏

3ds Max 2010 的标题栏包括了【应用程序】按钮、快速访问工具栏、信息中心和窗口控件4 部分元素，如图 1-7 所示。

图 1-7 打开 3ds Max 2010 的标题栏

1. 【应用程序】按钮

3ds Max 2010 拥有【应用程序】按钮 这一全新的元素，它在之前的版本都不曾有过。用户单击界面左上角的【应用程序】按钮可以打开菜单浏览器，菜单浏览器中包含了【新建】、【重置】、【打开】、【保存】、【另存为】、【导入】、【导出】、【首选项】、【管理】、【属性】共 10 个一级选项，单击某些选项后的黑色三角箭头，还可以打开该选项的级联菜单，在菜单中提供了子选项，如图 1-8 所示。

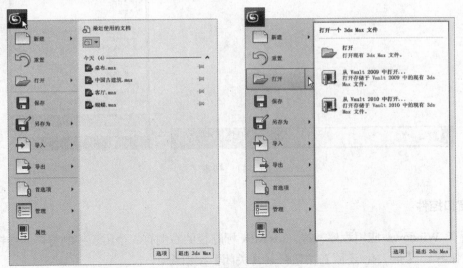

图 1-8 菜单浏览器

2. 快速访问工具栏

3ds Max 2010 的快速访问工具栏包含了一些常用的快捷按钮，以便于用户使用。在默认状态下，快速访问工具栏中包括 6 个快捷按钮，分别为【新建场景】按钮 、【打开文件】按钮 、【保存场景】按钮 、【撤销场景操作】按钮 和【重做场景操作】按钮 ，如图 1-9 所示。单击最后的下三角箭头可以展开自定义快速访问工具栏，用户可以通过选中或取消选中的操作显示或隐藏快速访问工具栏中的快捷按钮，如图 1-10 所示。

計算機 基础与实训教材系列

图 1-9 快速访问工具栏　　　　　图 1-10 展开自定义快速访问工具栏

3. 信息中心

通过信息中心，用户可以访问有关 3ds Max 和其他 Autodesk 产品的信息，在【搜索字段】文本框中输入要搜索的文本，然后单击【搜索结果】按钮🔍或者按下 Enter 键即可打开【搜索】窗格显示搜索结果，如图 1-11 所示。

图 1-11 搜索字段

4. 窗口控件

与所有 Windows 应用程序一样，3ds Max 标题栏的右侧有 3 个用于控制窗口的按钮：【最小化】按钮▬、【最大化/还原】按钮◱、【关闭】按钮✕。

①2.2 菜单栏

菜单栏位于操作界面的上方，通过它可以快速选择命令，如图 1-12 所示。3ds Max 2010 中提供了下面几个菜单命令选项。

图 1-12 菜单栏的命令选项

- 【编辑】菜单：该菜单中的命令主要用于选择、复制、删除对象等操作。
- 【工具】菜单：该菜单中的命令主要用于精确模型的变换，调整对象间的对齐、镜像、阵列等空间位置。
- 【组】菜单：该菜单中的命令用于对组操作进行设置和管理。组操作是一种常用的操作，可以将两个或多个对象定义成一个组集作为一个对象。其作用是很方便对组进行移动或旋转等变换。组允许嵌套定义，也就是说，可以将多个组再定义为更高一级的组。
- 【视图】菜单：该菜单中的命令主要用于执行与视图有关的操作，如保存激活的视图、设置视图的背景图像、更新背景图像、重画所有视图等。
- 【创建】菜单：该菜单中包含了 3ds Max 中有关创建对象的命令，并与创建面板上的选项相对应，如【标准基本体】、【扩展基本体】、【粒子】、【图形】、【扩展图形】、【灯光】和【摄影机】等。
- 【修改器】菜单：该菜单中包含了 3ds Max 中有关用于修改对象的编辑器，如选择次对象的编辑器、编辑样条和面片的编辑器、编辑网格的编辑器、动画编辑器、UV 坐标贴图的编辑器等。
- 【动画】菜单：这个菜单中包含了 3ds Max 中与动画相关的命令，用于对动画的运动状态进行设置和约束。
- 【图形编辑器】菜单：该菜单中的命令主要用于通过对象运动功能曲线对对象的运动进行控制。
- 【渲染】菜单：该菜单主要用于设置渲染、环境特效、渲染特效等与渲染有关的操作。
- 【自定义】菜单：该菜单为用户提供了多种自己定义操作界面的功能。
- MAXScript(脚本)菜单：通过该菜单可以应用脚本语言进行编程，以实现 MAX 操作的功能。
- 【帮助】菜单：该菜单中的命令，用于打开提供 3ds Max 使用的帮助文件及软件注册等相关信息。

①2.3　工具栏与命令面板

　　菜单命令虽然很多，但在实际操作中，用户最常使用的还是工具栏和命令面板。在 3ds Max 2010 中，工具栏位于菜单栏的下方，其中放置了常用的功能命令按钮，如图 1-13 所示。用户只需单击按钮，即可进行相关的操作。

图 1-13　工具栏

3ds Max 中功能命令按钮直观形象，通过按钮图标，用户可以快速判断出按钮的用途，如按钮用于移动，按钮用于进行层的管理。如果用户不能通过图标辨别按钮功能，则可以将光标放置在按钮上停留几秒钟，即可显示出该按钮的功能提示文字，如图 1-14 所示。

图 1-14　命令按钮的提示效果

> **提示**
>
> 　　一般情况下，工具栏是无法完全显示的。要查看完整的工具栏，用户可以将光标移至工具栏上的空白处，待出现手形标志后，再按住鼠标左键拖动工具栏。

3ds Max 中的命令面板位于操作界面的右侧，其中提供了【创建】、【修改】、【层次】、【运动】、【显示】和【工具】6 个选项命令面板，单击不同的命令选项按钮，即可实现各选项命令面板之间的切换，如图 1-15 所示。选中具体的命令选项按钮后，单击下方卷展栏前的【+】按钮可以打开各个选项面板中的展卷栏，然后设置操作命令的具体参数选项，如图 1-16 所示为打开的【参数】卷展栏。

图 1-15　命令面板

图 1-16　打开【参数】卷展栏

- 【创建】命令面板：单击命令面板中的【创建】标签，即可打开【创建】命令面板。该面板用于显示、创建各种模型对象，可以通过其下拉菜单选择创建对象的种类，其中包括标准基本体、扩展基本题、复合对象、粒子系统、面片栅格、门、窗和楼梯等。

- 【修改】命令面板：单击命令面板中的【修改】标签，即可打开【修改】命令面板。使用该面板时，需要先在视图窗口中选择已创建的模型对象，然后打开【修改器列表】下拉列表，选择相应的修改选项。

- 【层次】命令面板：单击命令面板中的【层次】标签，即可打开【层次】命令面板。该面板提供了连接多个对象的功能。通过对象间的连接，可以建立对象间的父子关系或更复杂的层级关系。该面板包括控制轴、IK 运动、链接信息等参数选项。

- 【运动】命令面板：单击命令面板中的【运动】标签，即可打开【运动】命令面板。这个面板提供了许多用于控制连接在一起的多个对象运动的选项。另外，还可以对动画参数、控制器等高级属性进行设置。

- 【显示】设置面板：单击命令面板中的【显示】标签，即可打开【显示】命令面板。该面板用于设置场景中对象的显示、隐藏等特性，包括显示颜色、冻结、显示属性等。

- 【工具】命令面板：单击命令面板中的【工具】标签，即可打开【工具】命令面板。该面板主要用于 3ds Max 中特殊参数选项的设置。如当有些插件、功能在菜单或其他面板中不能体现时，可在这里通过添加新功能的方法将它们加入。

①.2.4　视图窗口和提示栏

视图窗口是 3ds Max 中的操作区域。3ds Max 2010 的默认视图窗口是 4 视图窗口结构，它们分别是【顶】视图、【左】视图、【前】视图和【透视】视图，如图 1-17 所示。其中，顶视图、左视图、前视图是指场景在该方向上的平行投影效果，所以称为正视图，而透视图则能够表现人视觉上观察对象的透视效果。

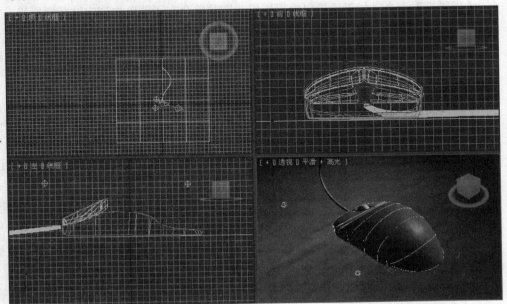

图 1-17　视图窗口

计算机基础与实训教材系列

每个视图窗口都具有如下特性。

- 可以显示创建的模型对象、灯光、摄像机等。
- 可以显示场景中模型对象的简单材质和简单照明效果。
- 可以改变对象在视图窗口中的显示方式，如线框方式。

用户可以选择【窗口】菜单中的命令对视图进行相关设置。如果在【顶】视图、【左】视图等视图名称上单击右键，会打开视图设置的快捷菜单，如图 1-18 所示。

图 1-18　视图设置的快捷菜单

> **提示**
>
> 选中某一个视图窗口后，按下 Alt+W 组合键可以将其切换为最大化窗口模式显示，再按下 Alt+W 组合键则返回 4 视图显示模式。

在该快捷菜单中，各主要命令的作用如下。

- 【摄影机】命令：如果场景包含摄影机，则菜单会在子菜单中列出这些摄影机。选择摄影机名称可将视口更改为摄影机 POV。
- 【灯光】命令：如果场景包含聚光灯或平行光，则菜单会在子菜单中列出它们。选择灯光名称可将视口更改为灯光 POV。
- 标准 POV 选项组：列出视口的标准 POV 选项及其快捷键。
- 【视口剪切】命令：可以采用交互方式为视口设置近可见性范围和远可见性范围，可以显示在视口剪切范围内的几何体，而不会显示该范围之外的面。另外，此选项有切换的作用：第一次选择此选项时将启用【视口剪切】。第二次选择此选项时将禁用【视口剪切】，依此类推。
- 【显示安全框】命令：用和禁用安全框的显示。在【视口配置】对话框中定义安全框。安全框的比例符合所渲染图像输出尺寸的【宽度】和【高度】。
- 【撤销视图更改】命令：可以撤销上一次视图更改，其快捷键为 Shift+Z。若要重做视图更改，快捷键为：Shift+Y。
- 【轨迹】选项组：显示列出现有轨迹视图的子菜单(如果有)。选择【轨迹视图】命令以在视口中显示它。
- 【图解】选项组：显示列出现有图解视图的子菜单(如果有)。选择【图解视图】命令以在视口中显示它。

- 【网格】选项组：显示基于活动栅格更改 POV 的子菜单。这些选项主要用于栅格对象。如果未激活任何"栅格"对象，则它们将在主栅格上操作。
- 【场景资源管理器】及【扩展】选项组：包括了【资源管理器】、【运动混合器】、【材质管理器】、【MAXScript 侦听器】、【Biped 动画工作台】等选项，这些选项主要用于允许用户将其他图形编辑器或其他窗口停靠在视口中。
- 【ActiveShade】命令：更改视口以使用 ActiveShade 进行渲染。

主界面底部的提示栏用于显示当前使用工具的操作提示，以及显示场景中对象的选择数目和光标的坐标位置等状态信息，如图 1-19 所示。

图 1-19　提示栏

【例 1-1】打开一个模型文件，设置【前】视图以平滑高光模式显示对象，再设置【透视】视图以【线框】和【显示安全框】显示对象。

(1) 启动 3ds Max 2010 后，单击【应用程序】按钮，然后选择【打开】命令，打开如图 1-20 所示的【打开文件】对话框，选中要打开的文件，然后单击【打开】按钮，打开的三维视图如图 1-21 所示。

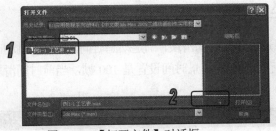
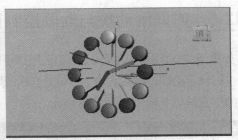

图 1-20　【打开文件】对话框　　　　图 1-21　打开三维视图

(2) 在【前】视图上右击视口名称(本例为【线框】文字)，在打开的快捷菜单中选择【平滑+高光】命令，如图 1-22 所示。此时在【前】视图中将以线框方式显示对象，如图 1-23 所示。

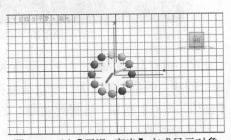

图 1-22　选择【平滑+高光】选项　　　　图 1-23　以【平滑+高光】方式显示对象

（4）在【透视】视图名称上单击右键，在打开的快捷菜单中选择【线框】命令，然后右击视图名称，在弹出的菜单中选择【显示安全框】命令(或按下 Shift+F 组合键)，如图 1-24 所示。此时在【透视】视图中将以【线框】方式显示对象，并会显示安全框，如图 1-25 所示。

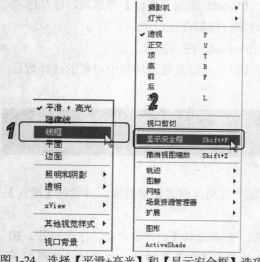

图 1-24 选择【平滑+高光】和【显示安全框】选项

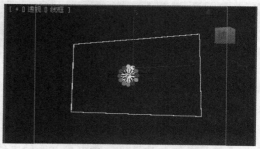

图 1-25 显示对象

1.2.5 时间滑动块与动画控制区

如果当前制作的是动画场景，那么用户可以通过移动时间滑块，确定动画时间，然后通过动画控制按钮设置动画。时间滑块上数值 0/100，表示当前动画场景时间设置是 100 帧，当前时间滑块所在的位置是第 0 帧，如图 1-26 所示。

图 1-26 时间滑块

动画控制区域由制作和播放动画的按钮组成，如图 1-27 所示。

图 1-27 动画控制区域

- 【设置关键点】按钮：在手动设置关键点模式下，单击该按钮，即可将时间滑块所在时间线上的位置确定为一个动画关键点的位置。
- 【自动关键点】按钮：选择此功能，在时间线上移动时间滑块时，将场景中的变化自动记录为动画。
- 【设置关键点】按钮：用于切换设置关键点模式，通常配合按钮一起使用。
- 【选定对象】下拉列表框：用于选择场景中设置动画的对象。

- 【新建关键点的默认入/出切线】按钮 ：该弹出按钮可为新的动画关键点提供快速设置默认切线类型的方法，这些新的关键点是用设置关键点模式或者自动关键点模式创建的
- 【关键点过滤器】按钮：单击该按钮将打开【设置关键点过滤】对话框，如图 1-28 所示，用户可以通过该对话框中的复选框设置过滤条件。
- 【转至开头】按钮 和【转至结尾】按钮 ：用于调整时间滑块到动画起始或者结束位置。
- 【上一帧】按钮 和【下一帧】按钮 ：用于设置时间滑块向前或者向后移动一个单位。
- 【播放动画】按钮 ：用于播放动画。
- 【关键点模式切换】按钮 ：用于切换播放动画是以帧为单位，还是以关键点方式。
- 文本框：用于显示输入时间，使时间滑块移动至该位置。
- 【时间配置】按钮 ：单击该按钮，会打开【时间配置】对话框。该对话框用于对动画的时间进行相关参数设置，如图 1-29 所示。

计算机 基础与实训教材系列

图 1-28 【设置关键点过滤】对话框

图 1-29 【时间配置】对话框

1.2.6 视图导航区域

视图导航区域是对视图进行缩放、旋转等变换的区域。如图 1-30 所示为选择平面视图窗口时的视图导航区域，单击其中右下角有黑色三角标记的按钮，还可提供扩展按钮集供用户选择。

图 1-30 视图导航区域及扩展按钮集

- 【缩放】按钮 ：用于缩小或放大视图，包括【透视】视图窗口。
- 【缩放所有视图】按钮 ：与【缩放】按钮的作用基本相同。不同之处在于该功能同时对 4 个视图都有效。不过需要注意的是，它不能缩放【摄像机】视图。
- 【最大化显示】按钮 ：当该按钮中长方体图案是白色时，其作用是将视图中被选择的对象最大化地显示。当该按钮中长方体图案是灰色时，其功能是对整个场景进行自动调整。用户可以单击该按钮右下角的三角标志，在打开的上述两个按钮之间选择使用。
- 【所有视图最大化显示】按钮 ：与【最大化显示】按钮 的作用基本相同。不同之处在于该功能同时对 4 个视图都有效。
- 【缩放区域】按钮 ：用于局部缩放视图。当【透视】视图被激活时，该按钮位置会显示为【视野】按钮 。
- 【平移视图】按钮 ：用于平面移动视图显示区域范围。
- 【环绕】按钮 ：用于按轴心旋转角度调整显示视图。单击该按钮后，当前选择的视图窗口中会显示一个带有 4 个控制点的黄色圆圈。
- 【最大化视口切换】按钮 ：选中任意一个视图，并单击该按钮，将会在 3ds Max 界面中单独显示该视图窗口，而不显示其他视图窗口。如果用户再次单击，则可以切换回原来视图窗口分布的状态。

1.3 3ds Max 2010 的有关概念

了解 3ds Max 2010 中的常用概念，将有助于用户今后的创作工作。本节将着重介绍对象、层级、材质和贴图等动画制作时常用到的概念。

1.3.1 对象

3ds Max 是一款面向对象的软件。用户创建的每一个事物都是对象，如几何体、摄像机、光源、修改器、位图、材质贴图等都是对象。场景也是对象，是与其他事物不同的对象，它包括了光源、摄影机、空间和辅助对象。

1. 面向对象的特征

面向对象编程是一种编写软件的方法，在软件设计、制作方面得到了广泛的应用。3ds Max 就是面向对象的软件。对象具有某些属性，同时只能对对象施加某些有效的操作。而从用户的角度来看，面向对象最重要的方面是它如何影响界面。

2. 参数化对象

3ds Max 的大多数对象都是参数化对象，即由参数集合或者设置来定义对象，而不是由对象的显示形式来定义对象。每一类型的对象具有不同的参数，创建具有初识参数，施加的修改器也有其参数，创建的摄影机和灯光等也都是由参数来定义的。

例如，对一个参数化球体，3ds Max 用半径和线段数来定义。用户可以在任何时候改变参数，从而改变该球体的显示形式。用户甚至可以使参数连续变化来制作动画。这也是 3ds Max 的强大功能的体现，用户只需变化一个参数就可以制作动画。

在命令面板上单击【长方体】按钮，然后在场景中拖拽，确定长方体的底面，释放鼠标左键，上下移动光标确定长方体的高度，即可创建一个长方体，如图 1-31 所示。将光标移到面板的空白处，此时光标变为手形，向上拖动面板，可以看到【参数】卷展栏显示在屏幕上，如图 1-32 所示。

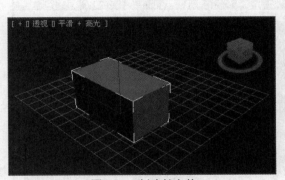

图 1-31　创建长方体　　　　　　　图 1-32　【参数】卷展栏

3. 次对象

次对象是指可以被选择和操作的物体的任何组成元素。构成网格的众多表面中的一个表面就是一个次对象例子，3ds Max 中可以操作的次对象如下。

- 图形对象的顶点、线段和样条线。
- 网格和面片对象的顶点、边、面和元素。
- NURBS 对象的点、曲线和曲面。
- 放样对象的运算对象。
- 布尔对象的运算对象。
- 变形对象的目标。
- 编辑修改器的范围框和中心。
- 动画关键帧的轨迹。

在 3ds Max 2010 中，最常见的操作就是给物体施加【编辑网格】修改器，然后可以通过【修改】面板上的【选择】卷展栏下的按钮来选择次对象。

知识点

每个次对象仍可以有自己的次对象，因此次对象也是有层次结构的。

①3.2 层级

在 3ds Max 中，所有事物的组织都是有层级结构的，就像 Windows 资源管理器中的文件夹一样。较高层代表一般的信息，较低的层代表更详细的信息。

1. 场景的层级结构

选择【图形编辑器】|【轨迹视图-曲线编辑器】命令，即可打开全部场景的层级结构图，如图 1-33 所示。

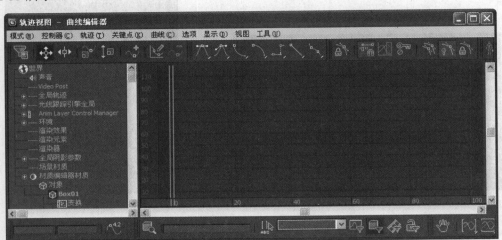

图 1-33　场景的层级结构

最上面一层的【世界】代表了整个场景，用户可以通过改变它在【轨迹视图】中的轨迹来对场景中所有的事物作全局性的改变。

【世界】下面的选项，分别代表了场景中不同的事物，其中最下面的【对象】选项代表场景中所有的造型，下面一个层级中列出了场景中所有的造型，在这些选项等级下还有许多层次，用来支持场景中每个事物的细节。

2. 对象的层级结构

对象也具有层级结构，使用链接对象的工具，能够建立一个层级结构，从而使应用于一个对象的变换能够被链接于该对象的对象继承。层级结构的顶层称为根，在其下面有链接对象的对象称为父对象，父对象下面的对象称为子对象。

这种层级结构广泛应用于动画制作之中，例如，一个机器人的手是链接在胳膊上的，而胳膊是链接在身体上的。身体的移动会带动胳膊和手的运动，同样胳膊的运动也会带动手的运动。

因此身体就是胳膊的父对象，而胳膊就是手的父对象。

1.3.3　材质与贴图

由 3ds Max 最初生成的对象仅仅具有几何外形，而没有表面纹理，也没有丰富的颜色和亮度，这显然不符合动画制作的要求。因此，3ds Max 还提供了用于处理对象表面的材质和贴图功能，使制作出来的对象能更加真实、生动。

1. 材质

材质是指定给物体表面的一种信息，它的一个直接意思就是物体由什么样的物质构造而成，不仅仅包含表面纹理，还包括了物体对光的属性，如反光强度、反光方式、反光区域、透明度等一系列属性。总之，材质会影响到对象的颜色、反光度和透明度。如图 1-34 所示的是同一模型应用不同材质的效果。

2. 贴图

贴图具体指的是物体材质表面的纹理，利用贴图，可以在不增加模型的复杂度的情况下就突出表现对象细节，并且可以创建反射、折射、凹凸、镂空等多种效果，因此使用贴图制作动画可以增强模型的质感，完善模型的造型，创建的场景效果也更真实。如图 1-35 所示的是应用了反射贴图效果的气球。

图 1-34　材质应用

图 1-35　贴图应用

1.4　自定义 3ds Max 2010 工作环境

在 3ds Max 2010 中，用户可以根据自己的使用习惯自由安排工作界面，以便于更好地创建模型、添加材质和制作动画。

1.4.1　自定义工具栏

在 3ds Max 2010 中，工具栏是用户制作模型或者动画时最常使用的工具，针对个人工作需要，用户可以将一些常用的工具按钮放在工具栏上以便于随时取用，而对于一些不常用的工具按钮，则可以将其删除。

若想要更改工具栏，可以选择【自定义】|【自定义用户界面】命令，会打开【自定义用户界面】对话框。然后在该对话框中，打开【工具栏】选项卡，如图 1-36 所示。

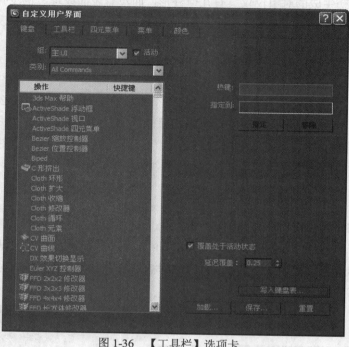

图 1-36 【工具栏】选项卡

在【工具栏】选项卡的左侧【操作】列表框中，选择要添加的工具或命令，然后将其拖动至操作界面中所需放置位置释放鼠标，即可将该工具或命令放置至工具栏中，如图 1-37 所示。用户如果在新添加工具的按钮上单击右键，会打开如图 1-38 所示的快捷菜单。

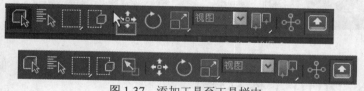

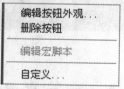

图 1-37 添加工具至工具栏中 　　　　图 1-38 新添加工具按钮的快捷菜单

在该快捷菜单中，用户可以选择【编辑按钮外观】命令，打开【编辑宏按钮】对话框。通过该对话框，用户可以对添加工具的按钮图标进行重新设置。如果选择【删除】按钮，即可将添加的工具按钮从工具栏中删除。

1.4.2 自定义布局

通常情况下，3ds Max 2010 中的视图窗口都是按照 4 视图等分分布的，不过有时为了操作的便捷，也可以对视图的分布形式进行自定义调整。

【例 1-2】在 3ds Max 中打开一个模型文件，然后改变 3ds Max 的视图布局。

(1) 启动 3ds Max 2010 后，单击【应用程序】按钮，然后选择【打开】命令，打开一个已创建的模型文件。

(2) 移动光标至两个视图中间或者 4 个视图的中间位置，光标变成 时，按下鼠标并拖动，即可改变各个视图的窗口大小，如图 1-39 所示。

(3) 在视图交界处单击右键，在打开的快捷菜单中选择【重置布局】命令，可将视图恢复为最初的状态。

(4) 在任意视图名称的左侧单击 按钮，在打开的快捷菜单中选择【配置】命令，打开如图 1-40 所示的【视口配置】对话框。

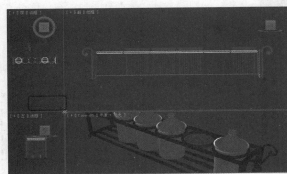

图 1-39　使用光标改变视图的窗口大小

图 1-40　【视口配置】对话框

(5) 在该对话框中，单击【布局】标签，打开【布局】选项卡。

(6) 在【布局】选项卡中，单击如图 1-41 所示的按钮，设置更改视图的布局模式。设置完成后，单击【确定】按钮，得到如图 1-42 所示的布局效果。

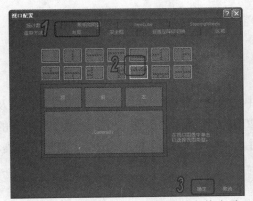

图 1-41　设置【布局】选项卡的参数选项

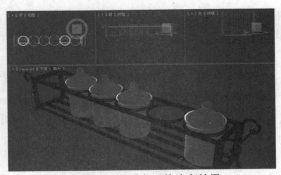

图 1-42　视图布局的改变效果

计算机 基础与实训教材系列

①4.3 自定义快捷键

在 3ds Max 2010 中预置了很多快捷键，不过这些快捷键的设置可能与用户的使用习惯不一致，这时可以通过自定义功能来重新定义快捷键。在打开的【自定义用户界面】对话框中，单击【键盘】标签，打开如图 1-43 所示的【键盘】选项卡。

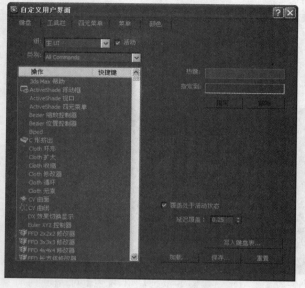

> ◢ **提示**
>
> 事实上，由于快捷键组合也很有限，所以在 3ds Max 2010 的默认情况下，被系统指定快捷键的功能选项很少，用户应该酌情自定义常用功能的快捷键。

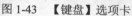

图 1-43　【键盘】选项卡

在【键盘】选项卡的左侧列表框中选择要更改其快捷键的命令，再单击【移除】按钮，即可将当前设置的快捷键删除；然后单击【热键】文本框，在键盘上按下所需快捷键，接着单击【指定】按钮，即可设置新的快捷键。

①.5 上机练习

本章首先介绍了 3ds Max 的特点和应用领域、中文版 3ds Max 2010 主界面的组成部分以及一些常用概念的含义，最后介绍了自定义 3ds Max 2010 工作界面的操作方法。通过掌握本章的内容之后，用户可以对 3ds Max 2010 有初步了解，并为将来使用 3ds Max 2010 完成建模、渲染、动画制作等各项工作打下坚实的基础。

①5.1 查看模型文件

在 3ds Max 中打开一个模型文件，然后分别用放大和旋转【透视】视图显示模式查看。

(1) 启动 3ds Max 2010 后,单击【应用程序】按钮,然后选择【打开】命令,打开一个创建的模型文件。

(2) 在视图导航区域中,单击【缩放】按钮。

(3) 单击【透视】视图窗口,然后在其窗口中按下并向上拖动光标,即可放大视图显示,得到如图 1-44 所示的效果。

图 1-44 放大视图效果

(4) 在视图导航区域,单击【环绕】按钮。

(5) 单击【透视】视图窗口,然后在其窗口中按下并向任意方向拖动光标,即可旋转视图显示,得到如图 1-45 所示的效果。

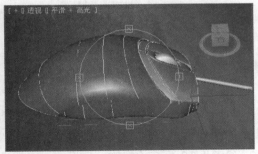

图 1-45 视图旋转结果

①5.2 自定义工作环境

启动 3ds Max 2010 后,使用【自定义用户界面】添加新按钮到工具栏并设置自定义快捷键方案。

(1) 启动 3ds Max 2010 后,在菜单栏上选择【自定义】|【自定义界面】选项,打开【自定义用户界面】窗口。

(2) 首先打开【工具栏】选项卡,然后在左侧的【操作】列表中分别选中【Cloth 环形】和【Cloth 扩大】选项拖动到工具栏上,添加新按钮后的工具栏如图 1-46 所示。

图 1-46　添加新按钮到工具栏

(3) 单击【键盘】标签，打开【键盘】选项卡，在左侧的【操作】列表中选中【L 形挤出】选项，然后将光标定位到右侧的【热键】文本框中，再按下 Alt+L 快捷键，完成后单击【指定】按钮即可，如图 1-47 所示。

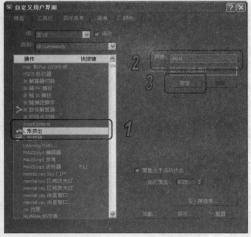

图 1-47　指定快捷键

知识点

在如图 1-47 所示的【键盘】选项卡中，单击【保存】按钮可以将设置的快捷键方案保存成文件，单击【加载】按钮则可以将该文件加载到当前程序中。

1.6　习题

1. 修改 3ds Max 2010 的视图界面显示方式，使其左方为【顶】视图、【前】视图和【左】视图 3 个小视图，右方为【透视】视图。

2. 参考 1.5.2 小节的实例，根据自己习惯设置工具栏上的工具按钮，并设置快捷键方案。

第2章

创建与编辑基本二维图形

学习目标

在 3ds Max 2010 中，用户可以通过对二维模型的创建与编辑，为创建更复杂造型的三维模型打下基础。本章介绍了在 3ds Max 2010 中创建和编辑二维图形的方法和技巧。通过这些操作方法，用户可以直接使用【图形】面板中的命令选项创建形体，然后通过【修改】面板调整形体以得到所需形状。

本章重点

- 创建多种基本二维图形的方法
- 墙矩形的创建
- 通道的创建
- T 形样条线的创建
- 编辑顶点的方法
- 编辑分段的方法
- 编辑样条线的方法

2.1 创建二维图形

在 3ds Max 2010 中，用户可以直接创建线、矩形、椭圆、圆、弧、星形、圆环、多边形、文本、截面、螺旋线共 11 种二维图形。

3ds Max 2010 的二维造型功能与以前版本相比有很大的不同。其中能创建的形体在原来的一些标准几何图形(如圆、矩形)的基础上，又增加了星形等二维形体，去掉了原来徒手绘图的功能，将原来的一些创建开曲线和闭曲线的功能移到了【修改】面板中。

②.1.1　创建线

线是 3ds Max 中最简单，也是最基础的二维图形。使用【图形】创建命令面板中的【线】命令可以绘制出任何形状的二维图形。

在【创建】面板中单击【图形】按钮，然后单击【图形】面板中的【线】按钮，即可打开【线】命令面板。下面简单介绍该命令面板中各个部分的功能。

1．【创建方法】卷展栏

【创建方法】卷展栏如图 2-1 所示，用户可以在该面板中设置创建的曲线节点的类型。

图 2-1　【创建方法】卷展栏

知识点

二维曲线的 4 种节点类型，其中有 3 种可以在创建时直接创建出来，正如面板中【拖动类型】选项区域中所示。

实际上，曲线的节点类型影响的是节点两端的线段的类型，二维曲线的 4 种节点类型分别为：【角点】，表示两端的线段都是直线；【平滑】，表示通过该节点的线段是平滑的，但是曲线的曲率不能调节，只能通过调节相邻节点的位置来调节；Bezier(贝塞尔)，表示经过该节点的曲线可以通过两个控制手柄来调节形状，两个控制手柄始终在一条直线上，保持与曲线相切；【Bezier 角点】，与 Bezier 曲线方式类似，但是两个控制手柄并不在一条直线上，可以单独进行调节。

创建二维线条时，不能直接创建出贝塞尔角点方式的曲线，只能通过编辑命令将其转换为这种类型。

创建二维样条曲线时，可以通过拖动或者移动鼠标来产生线条轨迹。在【线】命令面板中，【初始类型】选项区域设置的是移动鼠标可以创建的线条类型；【拖动类型】选项区域设置的是拖动鼠标可以创建的线条类型。

2．【渲染】卷展栏

使用【渲染】卷展栏，如图 2-2 所示，用户可以对渲染的有关参数进行调节。

在 3ds Max 2010 中，二维曲线可以像三维模型一样进行渲染输出。在【线】命令面板中，【厚度】文本框用于设置二维曲线的粗细程度；【边】文本框用于设置曲线的横截面图形的边的数目；【角度】文本框用于设置横截面的角度，这种角度只有在边数比较少时才能够看到。

如果启用【在渲染中启用】复选框，则可以对绘制的模型进行渲染；启用【生成贴图坐标】复选框，可以自动生成贴图坐标。

3. 【插值】卷展栏

二维样条曲线的节点之间的圆滑程度决定于插值数值，实际上两个节点之间的曲线是由很多子线段构成的，插值就是用于控制这些子线段的。在【插值】卷展栏中，【步数】文本框用于设置子线段的数量，如图 2-3 所示。如果选中【优化】复选框，则可以在不影响线条形状的前提下，尽可能地减少子线条的数目。如果选中【自适应】复选框，则计算机会自动根据需要设置【步数】数值。

图 2-2　【渲染】卷展栏

图 2-3　【插值】卷展栏

②.1.2　创建圆、椭圆和圆环

圆和椭圆是两种常见的图形，圆可以看成椭圆的特殊形式。【椭圆】命令面板的【参数】卷展栏中，【长度】文本框用于设置椭圆的长轴，【宽度】文本框用于设置椭圆的短轴；【圆】命令面板的【参数】卷展栏中只有【半径】选项，用于设置圆的半径大小；由于圆环是由两个同心的二维图形组成的，因此圆环的【参数】卷展栏中包括【半径 1】和【半径 2】选项，分别用于设置圆环的内外圆半径。如图 2-4 所示为 3 种图形的参数面板。

圆   椭圆   圆环

图 2-4   圆、椭圆和圆环的参数面板

在 3ds Max 2010 中，圆和椭圆都是由 4 个顶点设定的，而顶点之间的线段数量是由【插值】卷展栏中的【步数】选项确定的。如果设置步数为 0，则圆形会成为正方形。

要创建圆、椭圆或者圆环，可在【创建】面板中单击【图形】按钮，然后单击【图形】面板中对应的图形按钮，然后在命令面板中设置好相关参数后，在视图中单击即可创建相关图形，如图 2-5 所示。

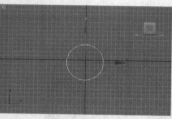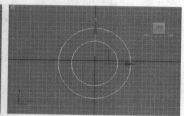

图 2-5   创建的圆、椭圆和圆环

②.1.3   创建弧

在【创建】面板中单击【图形】按钮，然后单击【图形】面板中的【弧】按钮，即可打开【弧】命令面板，如图 2-6 所示，其中各选项的功能说明如下。

- 【端点-端点-中央】：这种建立方式是先引出一条直线，然后以该直线的两个端点为弧的两个端点，然后移动鼠标确定弧长。
- 【中间-端点-端点】：这种建立方式是先引出一条直线作为圆弧的半径，然后移动鼠标确定弧长，这种建立方式在建立扇形的时候应用较多。
- 【半径】：设置圆弧的半径大小。

- 【从】/【到】：设置弧起点和终点的角度。
- 【饼形切片】：选中该复选框后，可以建立封闭的扇形。
- 【反转】：将弧线方向反转。

通过对这些选项和参数的设置，可以使用【弧】工具制作各种圆弧曲线和扇形，如图 2-7 所示。

图 2-6　【弧】工具的卷展栏

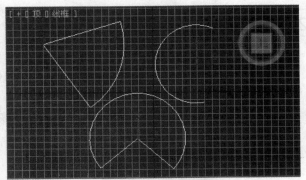

图 2-7　创建弧形和扇形

②.1.4　创建多边形

在【创建】面板中单击【图形】按钮，然后单击【图形】面板中的【多边形】按钮，即可打开【多边形】命令面板。可以使用【多边形】工具制作任意边数的正多边形，通过一些参数设置，也可以制作圆角多边形。

【多边形】工具的【参数】卷展栏如图 2-8 所示，各选项功能如下。

- 【半径】：设置多边形的半径大小。
- 【内接】/【外接】：确定以外切圆半径还是内切圆半径作为多边形的半径。
- 【边数】：设置多边形的边数。
- 【角半径】：制作带圆角的多边形，设置圆角的半径大小。如图 2-9 所示为设置角半径为 60 的六边圆角多边形。
- 【圆形】：设置多边形为圆形。

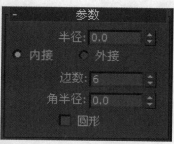

图 2-8 多边形【参数】卷展栏

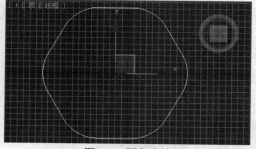

图 2-9 圆角多边形

2.1.5 创建文本

文本在三维设计领域应用很广泛，在 3ds Max 2010 中，可以使用计算机中的字体创建文本。

在【创建】面板中单击【图形】按钮，然后单击【图形】面板中的【文本】按钮，即可打开【文本】命令面板，如图 2-10 所示为【参数】卷展栏和【插值】卷展栏。

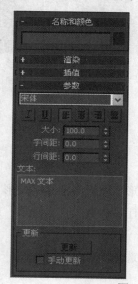

图 2-10 【文本】命令面板

通过如图 2-10 所示的【文本】命令面板可以看出，文本的参数选项与 Windows 系统中的文字处理软件的参数类似。用户可以在该命令面板中设置字体、对齐格式和文字大小等。

- 【字体列表】：可从下拉列表中选择要创建文本所使用的字体。
- 【斜体】：创建斜体文本。
- 【下划线】：创建下划线文本。
- 【左对齐】：将文本左对齐。
- 【居中】：将文本居中对齐。

- 【右对齐】：将文本右对齐。
- 【对正】：将文本填充整个文本编辑框。
- 【大小】：设置文本尺寸。
- 【字间距】：设置文本中文字间距。
- 【行间距】：设置文本行与行之间的间距。
- 【文本】：在该编辑框中设置并输入文本。
- 【更新】：单击该按钮，把视图中的文本更新为文本编辑框中用户最新的修改结果。
- 【手动更新】：选中该复选框，用户在文本编辑框中对文本的修改，只有单击【更新】按钮时才会显示最近修改结果。

【例 2-1】创建二维文字。

(1) 单击【创建】命令面板上的【图形】按钮，并在下拉列表框中选择【样条线】选项。

(2) 单击面板中的【文本】按钮，打开【文本】命令面板。

(3) 在【参数】卷展栏中的【文本】文本框中输入文字"3ds Max 2010"。

(4) 在【参数】卷展栏中设置字体为【华文彩云】，【大小】为 100，【字间距】为 10，设置【行间距】为 20，如图 2-11 所示。

(5) 设置好参数后，在任意视图中单击，则输入的文字就出现在了视图中，如图 2-12 所示为【顶视图】中的文字样式。

图 2-11 设置字体参数

图 2-12 在视图中创建文字

(6) 展开【渲染】卷展栏，在其中选中【在渲染中启用】复选框；选择【渲染】单选按钮，设置【厚度】为 2.0，如图 2-13 所示。

(7) 在工具栏中单击【渲染产品】按钮 ，渲染完成后的效果如图 2-14 所示。

图 2-13 设置【渲染】卷展栏中的参数选项

图 2-14 渲染效果

②.1.6 创建星形

星形是一种实用性很强的二维图形。在现实生活中可以看到很多横截面为星形的物体。通过调整星形的参数选项，用户可以创建出多种形状各异的星形图形。在【创建】面板中单击【图形】按钮，然后单击【图形】面板中的【星形】按钮，即可打开【星形】命令面板，如图 2-15 所示。

图 2-15 【星形】命令面板

绘制星形时，可以通过其【参数】卷展栏设置内径、外径和角点数，从而绘制出五角星或者六角星等图形。其中，【半径 1】和【半径 2】文本框分别用于设置内切圆和外接圆的半径，【点】文本框用于设置星形的顶点数目。

在【星形】命令面板中，通过修改【扭曲】参数选项，可以使星形呈风扇叶片形状，如图 2-16 所示。

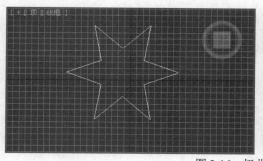 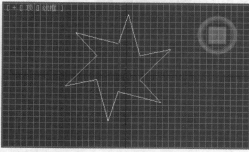

图 2-16 扭曲前后的星形

在【星形】命令面板中，通过设置【圆角半径 1】和【圆角半径 2】的数值，可以使星形图案呈圆弧状，如图 2-17 所示。

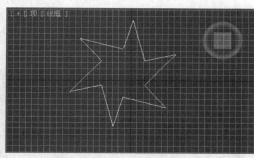 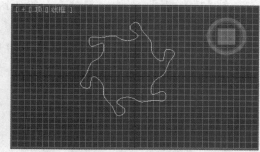

图 2-17 圆角前后的星形

②.1.7 创建螺旋线

螺旋线是一种立体的二维模型，实际应用比较广泛，常常通过对其进行放样造型，创建螺旋形的楼梯、螺丝等。

在【创建】面板中单击【图形】按钮，然后单击【图形】面板中的【螺旋线】按钮，即可打开【螺旋线】命令面板，如图 2-18 所示。

在【螺旋线】命令面板的【参数】卷展栏中，【半径 1】文本框用于设置螺旋线的顶部半径；【半径 2】文本框用于设置螺旋线的底部半径；【高度】文本框用于设置螺旋线的高度；【圈数】文本框用于设置螺旋线的圈数；【偏移】文本框用于设置螺旋线向顶部或底部集中的程度，其数值范围在 －1～1 之间；【顺时针】和【逆时针】单选按钮用于设置螺旋线的方向。

图 2-18 【螺旋线】命令面板

知识点

　　如果【高度】文本框中的值设置为 0.0 时，则偏移效果不可视。

【例 2-2】创建塔状螺旋线。

(1) 单击【创建】命令面板上的【图形】按钮，并在下拉列表框中选择【样条线】选项。

(2) 单击面板中的【螺旋线】按钮，打开【螺旋线】命令面板。

(3) 在【顶】视图中绘制螺旋线，如图 2-19 所示。

(4) 打开【修改】命令面板，在【参数】卷展栏中设置【圈数】为 10，【高度】为 100，【半径 1】为 70，【半径 2】为 20，如图 2-20 所示。

图 2-19 创建一条螺旋线

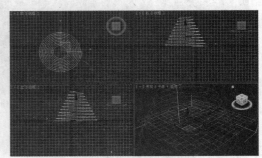

图 2-20 设置圈数和高度后的结果

(5) 在【修改】命令面板上展开【渲染】卷展栏，在其中选中【在渲染中启用】复选框；选择【渲染】单选按钮，设置【厚度】为 4，【边】为 20，如图 2-21 所示。

(6) 激活【透视】视图，单击【渲染产品】按钮，渲染完成后的效果如图 2-22 所示。

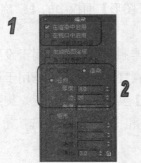

图 2-21 设置渲染选项

图 2-22 渲染输出结果

②.1.8　创建截面

在 3ds Max 中截面是不能被单独创建的，它是由一个平面截取一个立体模型而得到的横截面图形。创建截面时，视图中会显示一个线框，表示一个虚拟平面。移动或旋转该平面，可以与视图中的三维模型相交，这时截取相交的横截面即可创建截面。

在【创建】面板中单击【图形】按钮，然后单击【图形】面板中的【截面】按钮，即可打开【截面】命令面板。

在如图 2-23 所示的【截面参数】卷展栏中，单击【创建图形】按钮，即可执行截取平面的操作。在【更新】选项区域中，用户可以设置【移动截面时】、【选择截面时】或【手动】更新视图的方式。在【截面范围】选项区域中，选择【无限】单选按钮，则截取截面的平面无限大；选择【截面边界】单选按钮，则自动显示截取平面的边界；选择【禁用】单选按钮，则截面不显示外框。【颜色块】显示的是截面的颜色，用户可单击该色块，在打开的【颜色选择器】对话框中设置截面的颜色。

在如图 2-24 所示的【截面大小】卷展栏中，可以通过【长度】文本框设置截面的长度，通过【宽度】文本框设置截面的宽度。

图 2-23　【截面参数】卷展栏

图 2-24　【截面大小】卷展栏

②.2　创建扩展样条线图形

扩展样条线是基本样条线的延伸，也相对复杂一些，通常用于完成一些基本样条线无法直接完成的任务，主要包括 Wrectangle、通道、角度、三通、宽法兰等。

②.2.1　创建墙矩形

墙矩形——Wrectangle 是 walled rectangle 的缩写，它的用法与【圆环】相似，可以通过两个同心矩形创建封闭的形状，而每个矩形都由 4 个顶点组成，如图 2-25 左图所示。Wrectangle 扩展样条线的参数如图 2-25 右图所示。

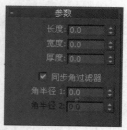

图 2-25　Wrectangle 示例及其参数

- 【长度】：控制 Wrectangle 的长度大小。
- 【宽度】：控制 Wrectangle 的宽度大小。
- 【角半径 1】：如果启用【同步角过滤器】复选框，【角半径 2】不可用，角半径 1 控制 Wrectangle 的内侧角和外测角的半径，同时保持截面的厚度不变；如果禁用【同步角过滤器】复选框，则角半径 1 仅控制 Wrectangle 4 个外侧角的半径。
- 【角半径 2】：禁用【同步角过滤器】复选框时，该选项可用，控制 Wrectangle 的 4 个内侧角的半径。

　　要创建 Wrectangle 扩展样条线，用户只需打开【图形】创建命令面板，并在下拉列表中选择【扩展样条线】，单击【墙矩形】按钮。然后在任一视口中单击并拖动鼠标定义外部的矩形，最后移动鼠标定义内部的矩形即可。

②.2.2　创建通道

　　使用通道可以创建一个闭合形状类似"C"的样条线，如图 2-26 所示。用户可以通过参数来控制通道样条线部分的垂直腿和水平腿之间的内部角和外部角。

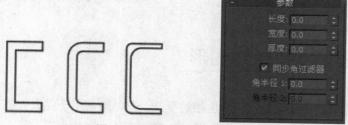

图 2-26　通道及其控制参数

　　要创建通道扩展样条线，用户只需单击【通道】按钮，然后在任一视口中单击并拖动鼠标确定通道的外围边界，然后释放鼠标，移动并确定通道的厚度单击即可。通道的控制参数功能与 Wrectangle 相似，这里不再介绍。

②.2.3　创建 T 形

使用 T 形可以创建一个闭合形状为"T"的样条线,如图 2-27 所示。通过【厚度】微调框可以控制 T 形的厚度,通过【角半径】微调框可以控制垂直腿与水平腿相交时的内侧角的半径。

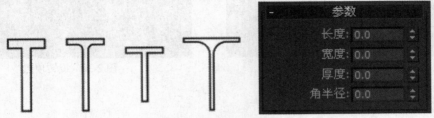

图 2-27　T 形及其控制参数

除了上面介绍的 3 种扩展样条线以外,中文版 3ds Max 2010 还提供了角度、宽法兰扩展样条线,如图 2-28 所示。它们的创建方式与上面介绍的 3 种相似,读者可参考帮助内容。

图 2-28　角度和宽法兰扩展样条线

②.3　编辑二维模型

在实际应用中,人们经常需要对二维模型进行各种修改和编辑。一般步骤就是在选择所要修改的二维模型后,在【修改】命令面板中选择【编辑样条线】命令,然后在打开的卷展栏中对二维模型进行加工编辑。

②.3.1　编辑顶点

创建图形对象后,打开【修改】命令面板,然后选择【修改器】|【编辑样条线】命令,再单击【选择】卷展栏中的【顶点】按钮█,即可编辑顶点。

1．移动和旋转顶点

选择工具栏中的【选择并移动】工具✛,然后单击任何一个顶点并拖动,即可改变该顶点的位置,如图 2-29 所示。如果单击工具栏中的【选择并旋转】工具↻,然后单击顶点并拖动,即可旋转顶点,如图 2-30 所示。

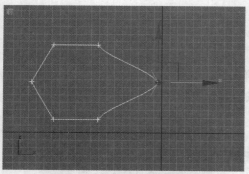

图 2-29　移动顶点位置

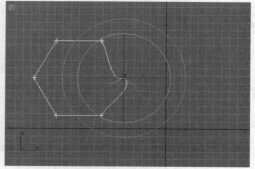

图 2-30　旋转顶点

2. 改变顶点的类型

要调整顶点的类型，可以在选择的顶点位置右击，在打开的快捷菜单中选择要使用的顶点类型。

- 【Bezier 角点】类型：提供控制柄，并允许两侧的线段成任意的角度。
- Bezier 类型：由于 Bezier 曲线的特点是通过多边形控制曲线，因此它提供了该点的切线控制柄，可以用它调整曲线。如图 2-31 所示为调整 Bezier 曲线控制柄画面。
- 【角点】类型：顶点的两侧为直线段，允许顶点两侧的线段为任意角度。
- 【平滑】类型：顶点的两侧为平滑连接的曲线线段。

3. 同时调整一组顶点

如果要调整一组顶点，可以先在视图中选择多个顶点，这时位于选择视图中的所有顶点以红色显示，如图 2-32 所示。选择顶点后，移动其中的任何一个，其余的顶点也会同时移动。

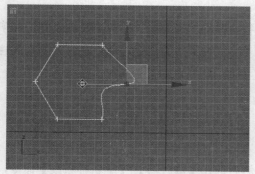

图 2-31　调整 Bezier 曲线控制柄画面

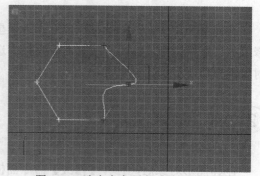

图 2-32　选中多个顶点后以红色显示

选择多个顶点后，选中【锁定控制柄】复选框并选择【全部】单选按钮，则移动其中任意顶点的控制柄，其余顶点的控制柄会同时相应调整；如果选择【锁定控制柄】复选框并选择【相似性】单选按钮，则仅移动一侧的控制柄。

4. 顶点的编辑

展开【编辑样条线】命令面板中的【几何体】卷展栏，设置该卷展栏中的选项，可以进行插入顶点、连接顶点、对顶点圆弧过渡或倒角过渡等操作。

- 单击【创建线】按钮，可以在场景中进行新的曲线绘制操作，如图 2-33 所示。操作完成后，创建的新的曲线会与当前编辑的对象组合。
- 单击【连接】按钮，将光标移动至所需连接曲线的第一个端点位置，然后将其拖动到另一个端点位置，如图 2-34 所示。释放鼠标，即可连接曲线。

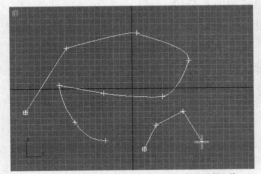
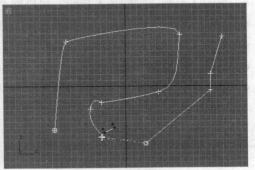

图 2-33　在场景中进行新的曲线绘制操作　　图 2-34　连接曲线

- 单击【插入】按钮，在曲线上单击，即可在曲线上插入一个顶点，如图 2-35 所示。
- 选择顶点后，单击【断开】按钮，即可从该顶点位置断开曲线，这时该顶点将呈现方块形状，如图 2-36 所示。

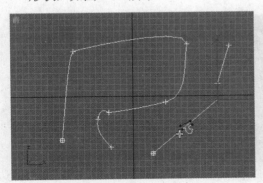
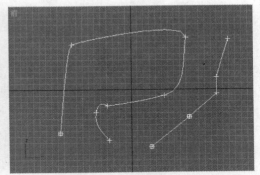

图 2-35　插入一个顶点　　图 2-36　打断后的曲线的顶点位置出现方块

- 选择顶点后，再单击【删除】按钮，即可将其删除。这时，与其连接的两段线段随之变为直线。
- 单击【圆角】按钮后，单击并拖动顶点，即可调整该顶点为圆角。
- 单击【切角】按钮后，单击并拖动顶点，即可调整该顶点为切角。
- 选择顶点后，单击【设为首顶点】按钮，即可将该顶点设置为曲线的第一个顶点。
- 选择顶点后，单击【附加】按钮，然后单击一个非编辑状态的顶点，即可将它们合并为一个对象。

②.3.2 编辑分段

在【编辑样条线】命令面板中，单击【分段】按钮■，即可进入分段编辑状态。这时，直接在曲线上单击，即可选择所需分段。

选择分段后，可以通过使用【编辑样条线】命令面板中的按钮进行如下操作。

- 单击【隐藏】按钮，可以隐藏选定的线段。
- 单击【全部取消隐藏】按钮，可以取消隐藏的所有分段。
- 单击【删除】按钮，可以删除选择的分段。
- 单击【断开】按钮，然后在曲线上单击，即可由单击点位置断开选择的分段。
- 单击【附加】按钮，然后单击两个非编辑状态的对象，即可将两个对象合并在一起。
- 单击【分离】按钮，可以将选择的分段分离为一个单独的对象。

②.3.3 编辑样条线

在【编辑样条线】命令面板中，单击【样条线】按钮■，即可进入样条线编辑状态，如图 2-37 所示。在该状态下，用户可以进行如下操作。

- 单击【轮廓】按钮，然后单击一条曲线并拖动，可以为该曲线创建轮廓线条，如图 2-38 所示。

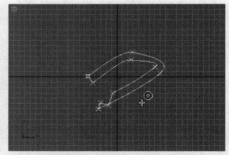

图 2-37　单击【样条线】按钮　　　　　　图 2-38　为选定的曲线创建轮廓线条

- 单击【镜像】按钮，可以镜像选择的对象。该按钮右边的 3 个图标按钮分别代表【水平镜像】、【垂直镜像】和【双向镜像】3 种运算方式。
- 单击【布尔】按钮，可以进行布尔运算。该按钮右边的 3 个图标按钮分别代表【合并】、【相减】和【相交】3 种运算方式。
- 选择所需操作的对象后，单击【修剪】按钮，再单击选择一个对象，即可将该对象与前面选择的对象相交的部分裁剪，如图 2-39 所示。

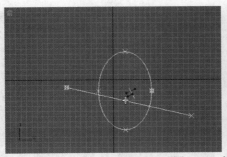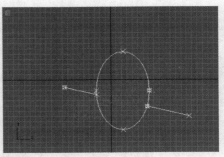

图 2-39　裁剪曲线

- 选择所需操作的对象后，单击【延伸】按钮，再单击另一个对象，即可将该对象延伸并与前面选择的对象连接。
- 单击【分解】按钮，可以将选定的对象分解为多个样条或者独立的样条对象。
- 选择所需操作的对象后，单击【闭合】按钮，即可自动将该对象的起始点和终止点连接，形成闭合对象。

至此二维对象的编辑操作就介绍完毕了。利用上面介绍的方法，用户可以创建或者通过编辑生成各种形式的二维造型，从而创建出丰富多样的三维物体。

②.4　上机练习

本章主要介绍了在 3ds Max 2010 中线、圆、椭圆和圆环、星形、文本、螺旋线和截面等二维图形的创建，以及扩展样条线的创建；另外还介绍了二维模型的编辑操作。其中，用户应重点掌握顶点、线段和样条线的编辑操作。

在掌握本章内容之后，用户可以熟练创建常用的二维图形并能对其进行各种编辑修改，从而为之后创建更为复杂的三维模型打下基础。在后面的章节中，将介绍通过对二维图形的挤出和放样等操作，将其转换为三维模型的方法。

②.4.1　使用截面截取图形

下面通过一个实例，演示通过截面截取圆锥图形的方法。

(1) 启动 3ds Max 2010 后，然后在【创建】面板中单击【几何体】按钮，然后在【几何体】面板中单击【圆锥体】按钮。

(2) 在【顶】视图中创建一个圆锥，设置圆锥的参数，【半径 1】为 50，【边数】为 32，【高度】为 100，其他采用默认值，如图 2-40 所示。

(3) 在【创建】面板中单击【图形】按钮，在打开的面板中单击【截面】按钮。

(4) 在【前】视图中拖动鼠标创建一个平面，如图 2-41 所示。

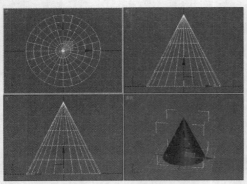
图 2-40　创建圆锥

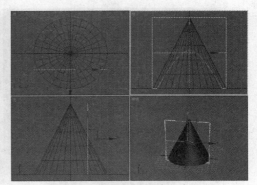
图 2-41　拖动鼠标创建一个平面

(5) 在【截面参数】卷展栏中单击【创建图形】按钮，打开【命名截面图形】对话框，如图 2-42 所示。在该对话框中输入截面名称，然后单击【确定】按钮关闭对话框。

(6) 单击工具栏中的【选择对象】按钮，在视图中选中圆锥和截面，并将它们删除，视图中只留下一个圆锥截面，如图 2-43 所示。

图 2-42　【命名截面图形】对话框

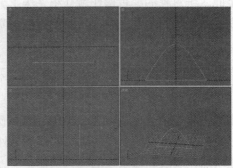
图 2-43　在视图中产生的圆锥截面

2.4.2　制作跳绳模型

本例通过一些基本的几何体和图形工具创建跳绳模型，另外读者需要掌握多个修改器的使用、对顶点和线段的编辑等知识点。

(1) 启动 3ds Max 2010 后，在命令面板中选择【矩形】工具，然后在顶视图中创建一个长度和宽度分别为 272 和 31.5 的矩形，然后将其命名为"跳绳把手"，如图 2-44 所示。

(2) 选择跳绳把手对象，然后打开【修改】命令面板，在【修改器列表】中选择【编辑样条线】修改器，将选择集定义为【顶点】，然后在【几何体】卷展栏中单击【优化】按钮，在矩形上添加顶点，并调整顶点位置，如图 2-45 所示。

图 2-44　创建矩形

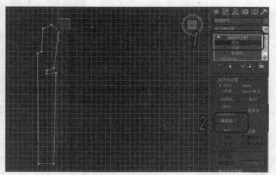

图 2-45　调节顶点

(3) 在【修改器列表】中选择【车削】修改器，然后在【参数】卷展栏中单击【方向】选项组中的 Y 按钮和【对齐】选项组中的【最小】按钮，如图 2-46 所示。

(4) 选择跳绳把手对象，对齐后选择【编辑】|【克隆】命令进行复制，然后调整复制出的对象位置，并将其旋转一定角度，如图 2-47 所示。

图 2-46　使用车削

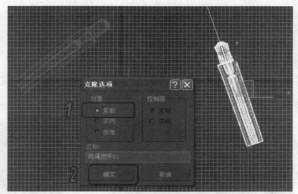

图 2-47　复制并调整对象

(5) 在命令面板中选择【线】工具，然后在顶视图中绘制线，将其命名为"绳"。进入【修改】命令面板，将选择集定义为【顶点】，然后对其顶点进行调整。在【渲染】卷展栏中，选中【在渲染中启用】和【在视口中启用】复选框，将【径向】下的【厚度】设置为 10，如图 2-48 所示。

(6) 在命令面板中选择【长方体】工具，在顶视图中绘制一个长方体，然后在【参数】卷展栏中将【长度】、【宽度】和【高度】分别设置为 2600、3000 和 1，然后将其命名为"底板"，颜色设置为白色，如图 2-49 所示。

图 2-48　创建并调整线对象

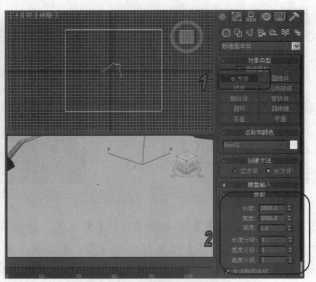

图 2-49　创建长方体

(7) 选择【创建】|【摄影机】|【标准】|【目标】工具，在顶视图中创建一架目标摄影机，将【镜头】设置为 50，然后在视图中调整它的位置，如图 2-50 所示。选择透视图，按 C 键将其转换为摄影机视图。

(8) 选择【创建】|【灯光】|【标准】|【天光】工具，在顶视图中创建一盏天光，使用默认参数，然后在视图中调整天光的位置，如图 2-51 所示。

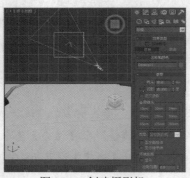

图 2-50　创建摄影机

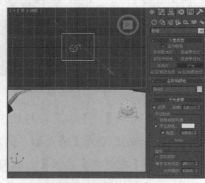

图 2-51　创建天光

(9) 在工具栏中单击【渲染设置】按钮，此时打开【渲染设置：默认扫描渲染器】对话框，在【高级照明】选项卡中，将高级照明设置为【光跟踪器】，如图 2-52 所示，然后关闭该窗口即可。

(10) 选择【创建】|【灯光】|【标准】|【泛光灯】工具，在顶视图中创建一盏泛光灯，在【强度/颜色/衰减】卷展栏中将【倍增】设置为 0.3，然后在视图中调整泛光灯的位置，如图 2-53所示。

图 2-52 设置高级照明

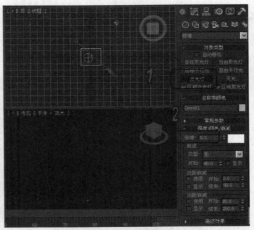

图 2-53 创建泛光灯

(11) 在【常规参数】卷展栏中单击【排除】按钮，打开【排除/包含】对话框，在左侧的列表框中选择【底板】选项，然后单击按钮 ，将【底板】排除泛光灯的照射，如图 2-54 所示。

(12) 在工具栏中单击【材质编辑器】按钮，打开【材质编辑器】对话框，选择一个新的材质样本球，设置其材质参数，如图 2-55 所示。主要设置如下：

① 在【明暗器基本参数】卷展栏中，将明暗器类型设置为 Blinn。

② 在【Blinn 基本参数】卷展栏中，将【环境光】和【漫反射】的 RGB 值都设置为 209、0、0，将【自发光】设置为 24，在【反射高光】选项组中将【高光级别】和【光泽度】分别设置为 96 和 62。

③ 在场景中选择【跳绳把手】对象，然后单击【将材质指定给选定对象】按钮指定材质。

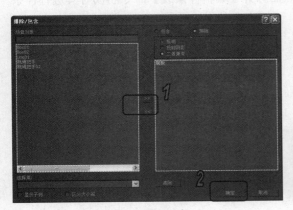

图 2-54 排除【底板】对象

图 2-55 为【跳绳把手】设置材质

(13) 选择一个新的材质样本球，然后设置其材质参数，如图 2-56 所示。主要设置如下：

① 在【明暗器基本参数】卷展栏中，将明暗器类型设置为 Blinn。

② 在【Blinn 基本参数】卷展栏中，将【环境光】和【漫反射】的 RGB 值都设置为 0、0、0，将【自发光】设置为 15，在【反射高光】选项组中将【高光级别】和【光泽度】分别设置为 75 和 21。

计算机 基础与实训教材系列

③ 在场景中选择【绳】对象，然后单击【将材质指定给选定对象】按钮指定材质。

(14) 选择摄影机视图，单击【渲染产品】按钮进行渲染，渲染效果如图 2-57 所示，最后选择【另存为】命令将场景文件保存即可。

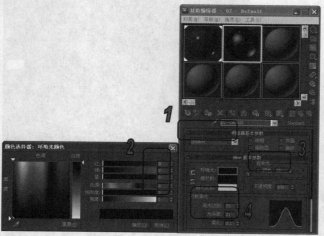

图 2-56　为【绳】设置材质

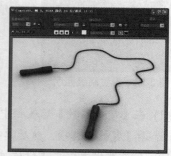

图 2-57　渲染结果

2.5　习题

1. 参考 2.2.3 小节的内容，在 3ds Max 2010 中尝试创建图 2-28 中的各种扩展样条线。

2. 打开【图形】面板创建一个圆环形状，然后打开【编辑样条线】命令面板对其进行样条线的编辑操作。

第3章 创建三维基本体模型

学习目标

3ds Max 2010 提供的三维基本体模型可分为标准基本体和扩展基本体两种，它们的结构简单，创建方法较为便捷。用户可以通过相应的创建基本体命令，在视图中简单操作直接生成基本体。本章将详细介绍 3ds Max 2010 中常用三维基本体的创建与编辑方法。

本章重点

- 创建常用标准基本体的创建方法
- 了解各标准基本体的参数设定
- 创建常用扩展基本体的操作方法
- 精确创建基本体的操作方法

3.1 创建标准基本体

在 3ds Max 2010 中，用户可以通过【创建】命令面板中的【标准基本体】子面板来创建标准基本体。在【创建】命令面板中单击【几何体】按钮 ，然后在下拉列表框中选择【标准基本体】选项，即可打开标准基本体的命令面板，如图 3-1 右图所示。

另外，在命令面板执行【创建】|【几何体】|【标准基本体】命令或者在菜单栏中选择【创建】|【标准基本体】下的任一子菜单选项，也可打开【标准基本体】创建命令面板，如图 3-1 左图所示。

用户可以在 3ds Max 2010 中创建【长方体】、【球体】、【圆柱体】、【圆环】、【茶壶】、【圆锥体】、【几何球体】、【管状体】、【四棱锥】和【平面】等 10 种标准基本体。本节就以几种常用的标准基本体为例，介绍标准基本体的创建与设置方法。

图 3-1   【标准基本体】创建命令面板及打开方式

③.1.1　长方体

长方体是 3ds Max 2010 中比较简单且最为常用的标准基本体。它的形状是由【长度】、【宽度】和【高度】3 个参数选项设定的，它的网格分段是由【长度分段】、【宽度分段】和【高度分段】3 个参数选项设定的。

启动 3ds Max 2010 后，在【创建】面板中单击【几何体】按钮 ，然后在下拉列表框中选择【标准基本体】选项，再单击【对象类型】选项区域中的【长方体】按钮。在【透视】视图中，单击并拖动鼠标，这时视图中会出现一个矩形。在合适位置释放鼠标，即可创建长方体的底面。向上移动光标，移至合适的高度时单击，即可创建整个长方体，如图 3-2 所示。

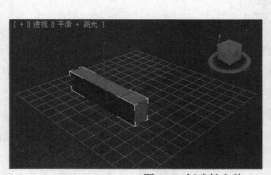 

图 3-2　创建长方体

使用【长方体】命令进行操作时，用户可以通过设置制作出立方体模型。要在视图中创建立方体，只需选择【创建方法】卷展栏中的【立方体】单选按钮，就可以在视图中使用【长方体】命令创建出立方体模型了，如图 3-3 所示。这里用户也可以先创建长方体模型，然后在【创

建】命令面板的【参数】卷展栏中，设置【长度】、【宽度】和【高度】文本框中的参数数值
为同一数值，创建立方体模型。

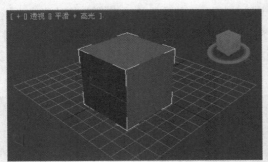

图 3-3　创建立方体

③.1.2　球体

创建球体模型时，用户只需设定【半径】和【分段】文本框中的数值，即可确定球体的大
小及形状。3ds Max 2010 中提供了【球体】和【几何球体】两种球体模型。

1. 球体

【球体】模型又称【经纬球体】模型，它的表面细分网格是由一组组平行的经线和纬线垂
直相交组成的。

要在 3ds Max 2010 中创建球体，可以在【创建】面板中单击【几何体】按钮 ，然后在
下拉列表框中选择【标准基本体】选项，再单击【对象类型】选项区域中的【球体】按钮。在
【透视】视图中，单击并向外拖动鼠标，即可创建一个逐渐增大的球体。拖动球体至合适体积
后，释放鼠标即可，如图 3-4 所示。

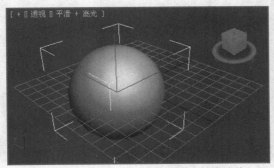

图 3-4　创建球体

如图 3-4 右图所示为【球体】命令面板的【参数】卷展栏，在该卷展栏中各主要参数选项

的作用如下。

- 【半径】文本框：该文本框用于控制球体的完整性，其数值范围为 0~1。【半径】文本框中的数值越大，球体就越不完整。在【半径】文本框中，当数值为 0 时，不对球体产生任何影响，球体仍保持其完整性；当数值为 0.5 时，球体会变为标准的半球体；当数值为 1 时，球体在视图中消失。如图 3-5 左图所示为设置【半径】文本框中的数值为 0.3 时的球体模型，如图 3-5 右图所示为设置【半径】文本框中的数值为 0.5 时的球体模型。

图 3-5 设置不同【半径】数值时的球体

- 【切除】和【挤压】单选按钮：这两个单选按钮用于设定半球的生成方式。如果选择【切除】单选按钮，则以直接去除完整球体部分的方式创建半球，这种生成方式不会导致网格之间的密度发生改变；如果选择【挤压】单选按钮，则以将球体挤压进去的方式创建半球，这种生成方式会导致网格之间的密度增加。
- 【切片启用】复选框：选中该复选框，用户可以通过设置【切片从】和【切片到】文本框中的数值，得到任意弧度的球体。如图 3-6 所示为选中【切片启用】复选框后，设置【切片从】文本框中的数值为 30，【切片到】文本框中的数值为 330，创建的半球体模型。

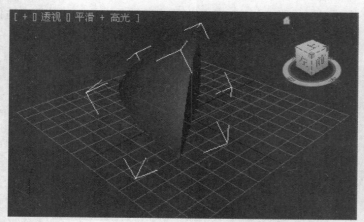

图 3-6 创建的半球体模型

- 【轴心在底部】复选框：该复选框用于设定球体坐标系中心是否位于球体中心。默认情况下，该复选框处于禁用状态，即球体坐标系的中心就位于球体中心。如果选中该复选框，则会以创建的球体起始点作为球体坐标系中心。

2. 几何球体

几何球体是 3ds Max 2010 提供的另一种球体模型，它的表面细分网格是由众多的小三角面组成的。

要在 3ds Max 2010 中创建几何球体，可以在【创建】面板中单击【几何体】按钮 ◯，然后在下拉列表框中选择【标准基本体】选项，再单击【对象类型】选项区域中的【几何球体】按钮。在【透视】视图中，单击并向外拖动鼠标，即可创建一个逐渐增大的几何球体。拖动几何球体至合适体积后，释放鼠标即可，如图 3-7 所示。

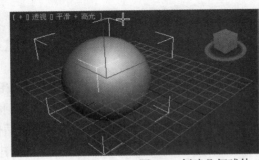

图 3-7　创建几何球体

如图 3-7 右图所示为【几何球体】命令面板的【参数】卷展栏，在该卷展栏中各主要参数选项的作用如下。

- 【基点面类型】选项区域：该选项区域用于设定几何球体表面基本组成单位的类型，有【四面体】、【八面体】和【二十四面体】3 种几何球体类型。
- 【平滑】复选框：该复选框用于设置几何球体表面是否光滑。默认情况下，【平滑】复选框为选中状态，即几何球体的表面光滑度近似于球体。如果取消选中该复选框，则几何球体的表面会以其基本组成单位的形态显示。如图 3-8 所示为取消选中【平滑】复选框创建的几何球体。
- 【半球】复选框：该复选框用于设置几何球体为完整几何球体或半几何球体。默认情况下，【半球】复选框为取消选中状态，即完整的几何球体。如果选中该复选框，则几何球体会变为半几何球体，如图 3-9 所示。

📖 知识点

选择不同的几何球体类型，将决定创建几何球体的基础。例如选中【四面体】单选按钮后，3ds Max 将以四面体为基础创建几何球体。

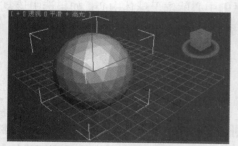

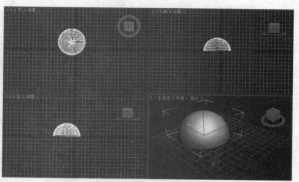

图 3-8　取消选中【平滑】复选框创建的几何球体　　图 3-9　选中【半球】复选框时的几何球体

③.1.3　圆柱体

圆柱体也是 3ds Max 2010 中较为常用的标准基本体。用户可以通过设置【半径】和【高度】文本框中的数值，设定其体积大小；通过设置【高度分段】、【端面分段】和【边数】文本框中的数值，设定其细分网格数量。

要在 3ds Max 2010 创建圆柱体，可以在【创建】面板中单击【几何体】按钮 ◯ ，然后在下拉列表框中选择【标准基本体】选项，再单击【对象类型】选项区域中的【圆柱体】按钮。在【透视】视图中，单击并拖动鼠标，这时视图中会出现一个圆形。拖动至合适位置时释放鼠标，即可创建圆柱体的底面。 向上移动光标，移至合适的高度时单击，即可创建整个圆柱体，如图 3-10 所示。

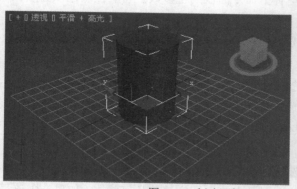

图 3-10　创建圆柱体

在【圆柱体】命令面板的【参数】卷展栏中，如果设置【边数】文本框中的数值并取消选中【平滑】复选框，则可以将圆柱体变为正多边形棱柱。如图 3-11 所示为在【圆柱体】命令面板的【参数】卷展栏中，设置【边数】文本框中的数值为 8，并取消选中【平滑】复选框后创建的多边形棱柱。

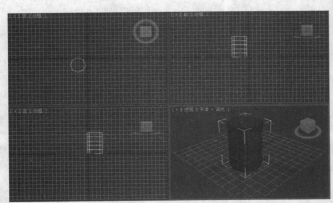

图 3-11　创建正多边形棱柱

③.1.4　茶壶

茶壶是一种结构颇为复杂的物体。不过，用户可以在 3ds Max 中通过茶壶创建命令，非常方便地在场景中创建茶壶模型。

【例 3-1】创建茶壶。

(1) 启动 3ds Max 2010，在【创建】面板中单击【几何体】按钮 ◯，然后在下拉列表框中选择【标准基本体】选项，再单击【对象类型】选项区域中的【茶壶】按钮。

(2) 在【透视】视图中，单击并向外拖动鼠标，即可创建一个逐渐增大的茶壶。

(3) 拖动茶壶至合适体积后，释放鼠标即可，如图 3-12 所示。

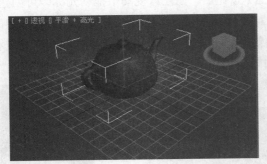

图 3-12　创建茶壶

在【茶壶】命令面板的【参数】卷展栏中，用户可以通过选中【茶壶部件】选项区域里的【壶体】、【壶把】、【壶嘴】或【壶盖】复选框，设置所要创建的茶壶的元素部分，如图 3-12 右图所示。如图 3-13 所示为只选中【茶壶部件】选项区域中的单个复选框后创建的效果。

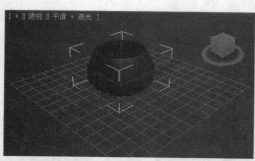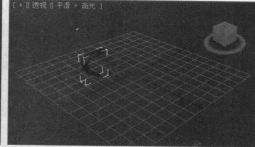
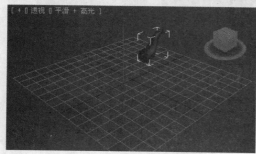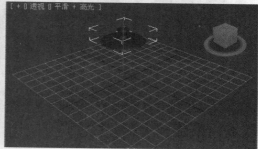

图 3-13　选中【茶壶部件】选项区域中的单个复选框后创建的效果

③.1.5　平面

平面是一种特殊的基本三维模型，可以认为是没有厚度的长方体，在渲染时可以无限放大。平面应用比较广泛，常用来创建大型场景的地面或墙体。此外，用户可以为平面模型添加噪波等修改器，来创建陡峭的地形或波涛起伏的海面。

在【对象类型】卷展栏下单击【平面】按钮后，在任意视图中拖动光标即可创建一个平面，如图 3-14 左图所示。其参数面板如图 3-14 右图所示，其中，【渲染倍增】区域中的【缩放】用于设置平面的长度和宽度在渲染时的倍增量，【密度】用于设置平面的长度分段和宽度分段在渲染时的倍增量，创建的平面模型如图 3-14 左图所示。

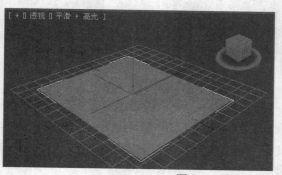

图 3-14　创建平面模型

③.2　扩展基本体的创建

扩展基本体是标准基本体的延伸，是比标准基本体更复杂的三维模型。在命令面板执行【创建】|【几何体】|【扩展基本体】命令或者在菜单栏选择【创建】|【扩展基本体】下的任一子菜单选项，如图 3-15 左图所示，均可打开【扩展基本体】创建命令面板，如图 3-15 右图所示。

中文版 3ds Max 2010 中的扩展基本体包含异面体、环形结、切角长方体、环形波、油罐、纺锤等，如图 3-16 所示，下面本节通过创建异面、切角长方体、软管和环形波来介绍扩展基本体的创建方法。

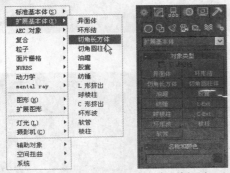

图 3-15　【扩展基本体】创建命令面板及打开方式

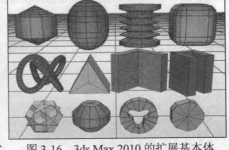

图 3-16　3ds Max 2010 的扩展基本体

计算机基础与实训教材系列

③.2.1　创建异面体

异面体是一种常用的扩展基本体，它具有棱角鲜明的形状特点。启动 3ds Max 2010 后，在【创建】面板中单击【几何体】按钮○，然后在下拉列表框中选择【扩展基本体】选项，再单击【对象类型】选项区域中的【异面体】按钮。接着在【透视】视图中，单击并向外拖动鼠标，即可创建一个逐渐增大的异面体。拖动异面体至合适体积后，释放鼠标即可，如图 3-17 所示。

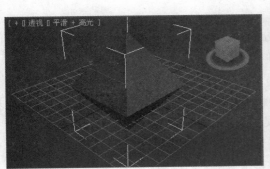

图 3-17　创建异面体

【异面体】命令面板中的【系列】选项区域用于选择生成异面体的类型，如图 3-17 右图所示。默认情况下，选择【四面体】单选按钮。如图 3-18 所示为在【系列】选项区域中选择不同的单选按钮生成的异面体模型。

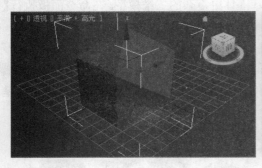

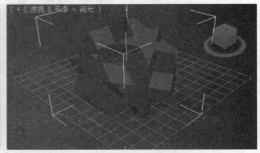

图 3-18　在【系列】选项区域中选择不同的单选按钮生成的异面体模型

【异面体】命令面板中的【系列参数】选项区域用于设置异面体顶点和面之间的形状转换；【轴向比率】选项区域用于设置由三角形、四边形和五边形这 3 种基本平面组成的异面体表面的数值；【顶点】选项区域用于设置异面体每个面的内部几何体细分方式，有【基点】、【中心】及【中心和边】3 种方式供用户选择。

③.2.2　创建切角长方体

切角长方体实际上就是在长方体的各条棱边设定切角，使每条棱边变为光滑的圆弧。它的大小和形状是由【长度】、【宽度】、【高度】和【圆角】文本框中的数值设定的。

【例 3-2】创建切角长方体。

(1) 启动 3ds Max 2010，在【创建】命令面板中单击【几何体】按钮 ◎，然后在下拉列表框中选择【扩展基本体】选项，再单击【对象类型】选项区域中的【切角长方体】按钮。

(2) 在【透视】视图中，单击并拖动鼠标，这时视图中会出现一个矩形。

(3) 拖动至合适位置时释放鼠标，即可创建切角长方体的底面。

(4) 向上移动光标，移至合适的高度时单击，即可设置切角长方体的高度。

(5) 向切角长方体的坐标轴心处移动光标，设置切角长方体的切角角度。设置合适的切角角度后单击，即可创建切角长方体，如图 3-19 所示。

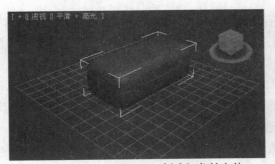

图 3-19　创建切角长方体

在创建切角长方体的过程中，用户可以通过设置【参数】卷展栏中的参数选项，创建出立方体和球体模型。如图 3-20 所示为设置【长度】、【宽度】和【高度】文本框中的数值均为 80，【圆角】文本框中的数值为 0，创建出的立方体。

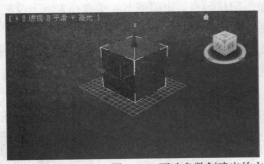

图 3-20　更改参数创建出的立方体

如图 3-21 所示为设置【长度】、【宽度】和【高度】文本框中的数值均为 60，【圆角】文本框中的数值为 40，【圆角分段】文本框中的数值为 20，创建出的球体。

图 3-21　更改参数创建出的球体

计算机基础与实训教材系列

③.2.3 创建软管

软管用于连接两个对象，其本身可以进行动态的变形，类似于弹簧，但却不具备弹簧的动力学属性。在【扩展基本体】创建命令面板单击【软管】按钮，【创建】命令面板显示软管的创建参数，如图 3-22 所示。

- 【端点方法】：选中【自由软管】单选按钮，将创建一个独立的软管，同时【自由软管参数】选项区域可用；选中【绑定到对象轴】单选按钮，创建一个与其他对象相连的软管，同时【绑定对象】选项区域可用。

- 【绑定对象】：设置与软管相连的两个对象以及软管在与它们相连时附近曲线的张力大小。

- 【自由软管】：设置软管的长度或垂直高度。

- 【公用软管参数】：【分段】可用于控制软管的光滑程度，值越大，软管表面越光滑，默认为 45；选中【启用柔体截面】复选框，可以设置软管中间截面，使软管中间有节 (即软管的直径不是沿长度固定不变的)；【起始位置】用于设置软管的柔体截面开始处(从软管起始端开始)；【结束位置】用于设置软管的柔体截面结束处(从软管末端开始)；【周期数】用于设置软管柔体截面的起伏数目，也即圈数；【直径】用于设置柔体截面外部相对于内部的宽度(即凹进去的程度)，如果为负值，则比总体直径要小，如果为正值，则比总体直径大；【平滑】单选按钮组用于对软管进行光滑处理的范围；选中【可渲染】复选框，则可用指定的设置对软管进行渲染；选中【生成贴图坐标】复选框，可设置坐标对软管应用材质和贴图。

- 【软管形状】：用于设置软管截面的形状，有圆形、矩形和 D 截面 3 种形状可选。

图 3-22　软管的创建参数

③.2.4 创建环形波

相对其他扩展基本体，环形波的结构较为复杂。用户既可以创建静态的环形波，也可以创建动态的环形波，如图 3-23 所示。此外，利用它的【外边波折】和【内边波折】参数，还可以轻松地设计出具有齿轮效果的模型。在【扩展基本体】创建命令面板中单击【环形波】按钮，【创建】命令面板显示其创建参数，如图 3-24 所示。

- 【环形波大小】：用于设置环形波的基本控制参数。其中，【半径】文本框用于设置环形波的外半径；【径向分段】文本框用于设置沿半径方向环形波内外曲面之间的分段数目；【环形宽度】文本框用于设置环形波的宽度；【边数】文本框用于设置环形波曲面沿圆周方向的分段数目；【高度】文本框用于设置环形波的高度；【高度分段】文本框用于设置环形波高度方向的分段数目。

- 【环形波计时】：用于设置环形波从零增长到最大时的动画。选中【无增长】单选按钮，将创建一个静态环形波；选中【增长并保持】单选按钮，可在下面的【开始时间】、【增长时间】和【结束时间】文本框中设置环形波的单个增长周期；选中【循环增长】单选按钮，可在【开始时间】、【增长时间】和【结束时间】文本框中设置环形波重复增长。

图 3-23　动态环形波

图 3-24　环形波的控制参数

- 【外边波折】：用于设置环形波外部边在环形波动画过程中的形状。选中【启用】复选框，该选项区域可用；【主周期数】用于设置围绕环形波外部波的边数；【宽度波动】用于设置主波大小以调整环形波外边宽度百分比；【爬行时间】用于设置每一主波绕环形波外边增长一周所需帧数；【次周期数】用于设置每一主波周期中产生的随机小波数目；【宽度波动】用于设置随机小波的大小以调整其宽度百分比；【爬行时间】用于设置每一小波绕主波一周所需帧数。

- 【内边波折】：用于设置环行波内部边在环形波动画过程中的形状。其选项区域各参数意义与【外边波折】相同，只是它们控制的是环形波的内边。

要创建静态的环形波，只需在【扩展基本体】创建命令面板单击【环形波】按钮，然后在视图区单击并拖动鼠标确定环形波外半径，释放鼠标，来回移动确定环形波内半径后单击，即可创建一个静态的环形波，如图 3-25 左图所示。如果要创建动态的环形波，只需在该环形波参数面板中，对【环形波计时】、【外边波折】和【内边波折】选项区域进行设置，如图 3-25 右图是对左图静态环形波进行设置后某一帧的效果。

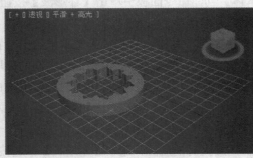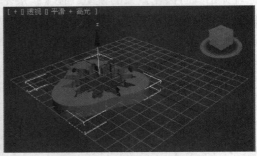

图 3-25　创建静态与动态环形波

计算机基础与实训教材系列

③.3　调整创建的基本体

在 3ds Max 2010 中，用户可以在创建三维基本体模型时，通过设置【创建】命令面板中的各个参数选项生成基本体。

③.3.1　常用参数的修改

在三维基本体的【创建】命令面板中，【参数】卷展栏是设置三维基本体创建参数选项的区域。通过修改【参数】卷展栏中的参数选项，用户可以对创建的三维基本体进行更加精确的调整。【参数】卷展栏中参数的修改方法一般有如下两种。

● 移动光标至文本框选项右侧的微调按钮位置，单击增大减小微调按钮，即可增大或减小文本框中的数值。
● 在参数选项的文本框中，输入所需参数数值。

③.3.2　精确修改参数

在创建三维基本体时，如果仅对基本体的尺寸、大小要求精确，则可以在【参数】卷展栏中使用键盘输入达到要求。不过，若是在繁杂场景中创建对象，通常也会对基本体的坐标位置要求准确。这时用户可以使用键盘来精确修改参数。

【例 3-3】精确修改基本体的参数选项。

(1) 启动 3ds Max 2010，在【创建】面板中单击【几何体】按钮，然后在下拉列表框中选择【标准基本体】选项，再单击【对象类型】选项区域中的【四棱锥】按钮。

(2) 展开【四棱锥】命令面板中的【键盘输入】卷展栏。

(3) 分别在 X、Y、Z 文本框中设置精确的坐标参数值，这里分别设置 X、Y、Z 文本框中的数值为 0、2、0。

(4) 设置【宽度】文本框中的数值为 60，【深度】文本框中数值为 40，【高度】文本框中的数值为 120。设置完成后的效果如图 3-26 所示。

(5) 单击【键盘输入】卷展栏中的【创建】按钮，即可按照【键盘输入】卷展栏中设置的参数选项创建四棱锥，且被创建的四棱锥建立在舞台中央，如图 3-27 所示。

图 3-26 通过键盘设置参数

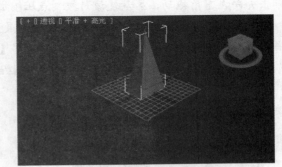

图 3-27 精确创建四棱锥

3.4 上机练习

本章详细介绍了如何创建基本的三维参数模型，基本三维模型是许多复杂模型的基本组成元素，掌握这些基本的三维参数模型的创建，将为将来的建模工作打下良好的基础。另外，中文版 3ds Max 2010 还为用户提供了 100 多种修改器，以便应用于不同的三维设计需求。本节将通过实例演示由基本三维模型创建具体模型的方法。

3.4.1 制作酒杯

(1) 启动 3ds Max 2010，执行【创建】|【几何体】|【标准基本体】命令，打开【标准基本体】创建命令面板。

(2) 单击【圆柱体】按钮，在【顶】视图创建一个圆柱体。在【参数】卷展栏将【半径】设置为 15.0，【高度】设置为 60.0，【高度分段】设置为 10，【端面分段】设置为 20，【边数】设置为 18，选中【平滑】复选框，如图 3-28 所示。

(3) 在修改器堆栈打开修改器列表，在其中选择 FFD 圆柱体将其应用于当前选中的圆柱体。在修改器堆栈中，展开【FFD(圆柱体)4×6×4】选项组，选择【控制点】选项，进入 FFD 圆柱体的点子对象级，如图 3-29 所示。

图 3-28　设置圆柱体参数

图 3-29　选择 FFD 修改器并选中控制点

(4) 右击【前】视图将其激活，用鼠标框选圆柱体的第 3 行控制点，单击主工具栏的【选择并均匀缩放】按钮，此时【前】视图出现一个黄色的压缩面。将指针移向该面，当形状改变时，单击并向左下角拖动，尽量使该行控制点压缩成一个点，如图 3-30 所示。

(5) 右击【顶】视图将其激活，首先用鼠标框选最里面 5 圈的控制点，将指针移向压缩平面，单击并向左下角拖动，如图 3-31 所示。同时观察【透视】视图，当酒杯内表面基本呈现时释放，如图 3-32 左图所示。最后，再次单击主工具栏的【选择并均匀压缩按钮】将其释放。

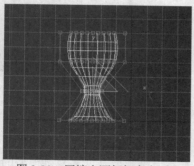
图 3-30　压缩出酒杯杯身表面

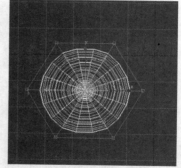
图 3-31　压缩出酒杯内表面

(6) 此时的酒杯模型表面比较粗糙，如图 3-32 右图所示，这主要是因为它是由圆柱体修改而来，圆柱体分段数虽然设置较高，但仍不能保证修改后酒杯模型表面的完全光滑。打开修改器列表，选择网格平滑器，将其应用于刚修改后的酒杯模型，在【参数】卷展栏中选中【自动平滑】复选框即可，如图 3-33 所示。

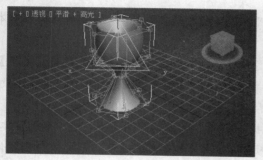

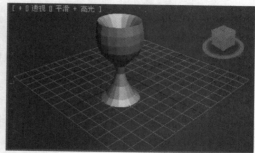

图 3-32　透视视图下的酒杯

(7) 此时，单击工具栏上的【渲染产品】按钮，即可将模型渲染，效果如图 3-34 所示。最后将场景文件保存。

图 3-33　对 FFD 修改后的模型表面平滑处理

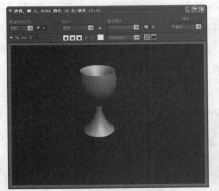

图 3-34　渲染后的效果

3.4.2　制作软管模型

(1) 启动 3ds Max 2010 后，首先来创建软管连接的两个对象模型。打开【扩展基本体】创建命令面板，单击【切角长方体】按钮，在【顶】视图创建一个切角长方体，在【参数】卷展栏中设置【长度】、【宽度】、【高度】和【圆角】分别为 100.0、100.0、20.0 和 35.0。

(2) 单击主工具栏的【选择并移动】按钮，在【左】视图单击选中刚创建的切角长方体，按住 Shift 键，拖动切角长方体沿 Y 轴移动一段距离，复制切角长方体，如图 3-35 所示。

(3) 在【扩展基本体】创建命令面板单击【软管】按钮，在【顶】视图切角长方体左上角单击并左右移动指针确定好软管直径后单击，上下移动确定软管高度后单击，便成功创建一个软管，如图 3-36 所示。

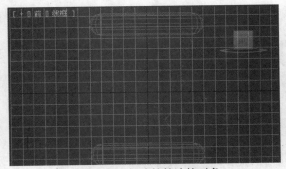

图 3-35　创建软管连接对象

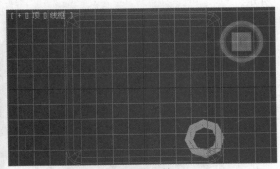

图 3-36　创建软管

(4) 在【软管参数】卷展栏【端点方法】区域选中【自由软管】单选按钮；在【自由软管参数】区域将【高度】设置为112(实际操作中用户可根据软管连接的两个对象间的距离来设置软管长度)；在【软管形状】区域，选中【圆形软管】单选按钮，将【直径】设置为25.0。其他参数保持默认状态。

(5) 在【前】视图，单击主工具栏【选择并移动】按钮，拖动软管沿Y轴移动使它与两个切角长方体相连。在软管选中状态下，打开【层次】命令面板。单击【轴】按钮，在【调整轴】卷展栏中单击【仅影响轴】按钮，视图中出现软管的轴心点，以粗箭头显示。单击主工具栏【对齐】按钮，在【前】视图单击下面的切角长方体，打开【对齐当前选择】对话框，如图3-37左图所示。在该对话框中保持默认设置，单击【确定】按钮，软管的轴心点与下面的切角长方体完全对齐，如图3-37右图所示。再次单击【仅影响轴】按钮将其释放。

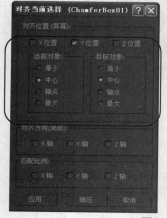
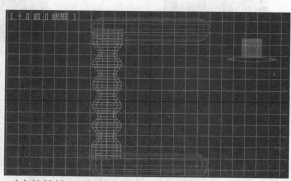

图3-37 对齐软管轴心到切角长方体

(6) 在【顶】视图选择软管，单击主工具栏的【选择并旋转】按钮，【顶】视图出现软管的旋转轨道。按住Shift键，沿轨道旋转软管，当旋转到切角长方体右上角时释放鼠标，系统打开【克隆选项】对话框，如图3-38左图所示。然后将【副本数】设置为3，单击【确定】按钮，系统自动绕切角长方体轴心复制出了3个软管，观察【透视】视图中的效果，如图3-38右图所示。

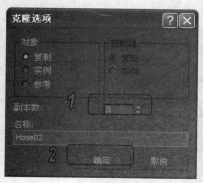
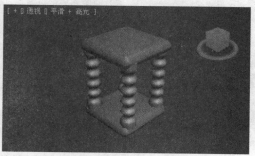

图3-38 旋转复制软管

将软管轴心对齐到底部的切角长方体,是为了当对软管进行旋转复制时,使副本能以下面的切角长方体为中心对齐。旋转复制与沿轴向复制的原理都是相同的,都是利用 Shift 键进行的。

③.4.3　制作座椅模型

本节通过标准基本体、扩展基本体和样条线组合实现模型的创建,另外修改器的使用也是本节重点,用户应当熟悉并掌握相关应用。

(1) 启动 3ds Max 2010 后,在命令面板中选择【长方体】工具,然后在顶视图中创建一个长度、宽度和高度分别为 130、130 和 5 的矩形,然后将其命名为"金属板",如图 3-39 所示。

(2) 在工具栏中单击【材质编辑器】按钮,打开【材质编辑器】对话框,选择一个新的材质样本球,设置其材质参数,如图 3-40 所示。主要设置如下。

① 在【明暗器基本参数】卷展栏中,将明暗器类型设置为【金属】。

② 在【金属基本参数】卷展栏中,将【环境光】的 RGB 值设置为 132、132、132,将【漫反射】的 RGB 值设置为 150、150、150,在【反射高光】选项组中将【高光级别】和【光泽度】分别设置为 100 和 57。

③ 在【贴图】卷展栏中,单击【漫反射颜色】右侧的 None 按钮,打开【材质/贴图浏览器】对话框,双击【位图】选项,如图 3-41 所示。然后在打开的【选择位图图像文件】对话框中选择素材中的【金属.jpg】文件,然后单击【打开】按钮将其打开,如图 3-42 所示。

图 3-39　创建长方体

图 3-40　打开材质编辑器

图 3-41　双击位图选项

图 3-42　选择素材文件

④ 单击【转到父对象】按钮，返回父级材质面板，单击【反射】右侧的 None 按钮，打开【材质/贴图浏览器】对话框，选择【光线跟踪】并单击【确定】按钮，并将【反射】的数量设置为 30，如图 3-43 和图 3-44 所示。

⑤ 在场景中选择【金属板】对象，然后单击【将材质指定给选定对象】按钮指定材质。

(3) 在命令面板中选择【圆柱体】工具，然后在顶视图中创建一个圆柱体，在【参数】卷展栏中将【半径】和【高度】设置为 11.5 和 266，【高度分段】和【端面分段】都设置为 1，并将其命名为"支架"，如图 3-45 所示。

图 3-43　设置光线跟踪

图 3-44　设置反射数量

(4) 在命令面板中选择【弧】工具，然后在顶视图中创建一条弧线，将其命名为"脚踏 01"。在【渲染】卷展栏中，选中【在渲染中启用】和【在视口中启用】复选框，并将【厚度】设置为 8，如图 3-46 所示。

图 3-45　创建圆柱体

图 3-46　创建弧

（5）在命令面板中选择【圆柱体】工具，然后在前视图中创建一个圆柱体，在【参数】卷展栏中将【半径】和【高度】设置为 3.5 和 50，【高度分段】和【端面分段】都设置为 1，并将其命名为 "脚踏 02"，如图 3-47 所示。

（6）在工具栏中单击【材质编辑器】按钮，打开【材质编辑器】对话框，选择一个新的材质样本球，将其命名为 "金属支架"，然后设置其材质参数，如图 3-48 所示。主要设置如下。

- 在【明暗器基本参数】卷展栏中，将明暗器类型设置为【金属】。
- 在【金属基本参数】卷展栏中，将【环境光】的 RGB 值设置为 0、0、0，将【漫反射】的 RGB 值都设置为 253，在【反射高光】选项组中将【高光级别】和【光泽度】分别设置为 100 和 86。

图 3-47　创建圆柱体

图 3-48　打开【材质编辑器】对话框

- 在【贴图】卷展栏中，单击【漫反射颜色】右侧的 None 按钮，打开【材质/贴图浏览器】对话框，双击【位图】选项，如图 3-49 所示。然后在打开的【选择位图图像文件】对话框中选择素材中的【支架贴图.tif】文件，然后单击【打开】按钮进入【反射】层级面板，如图 3-50 所示。在【坐标】卷展栏中将【平铺】下的 U、V 值分别设置为 0.4 和 0.1，如图 3-51 所示。

- 单击【转到父对象】按钮，返回父级材质面板，在场景中选中【支架】、【脚踏01】和【脚踏02】对象，单击【将材质指定给选定对象】按钮指定材质，如图 3-52 所示。

图 3-49　创建并调整线对象

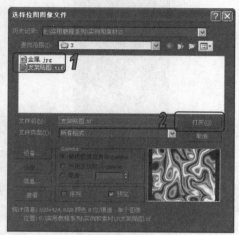

图 3-50　创建长方体

图 3-51　设置【平铺】坐标值

图 3-52　为对象指定材质

(7) 在命令面板中选择【切角长方体】工具，在顶视图中创建一个切角长方体，在【参数】卷展栏中将【长度】、【宽度】、【高度】和【圆角】分别设置为 115、115、50 和 5，将【长度分段】、【宽度分段】和【高度分段】都设置为 7，【圆角分段】设置为 3，并将其命名为"坐垫"，如图 3-53 所示。

(8) 在修改器堆栈打开修改器列表，在其中选择【FFD 4×4×4】修改器选项，选择【控制点】选项，在【FFD 参数】卷展栏中选中【显示】选项组中的【晶格】复选框，然后在视图中调整切角长方体下方的控制点，如图 3-54 所示。

图 3-53　创建切角长方体

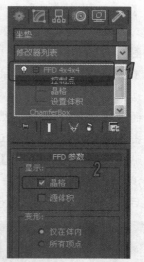

图 3-54　选择控制点进行修改

(9) 在命令面板中选择【矩形】工具，在顶视图中创建一个矩形，在【参数】卷展栏中将【长度】和【宽度】都设置为 113，【角半径】设置为 6，并将其命名为"边"。在【渲染】卷展栏中，选中【在渲染中启用】和【在视口中启用】复选框，将【厚度】设置为 2，【边】设置为 4，如图 3-55 所示，然后在视图中调整其位置。

(10) 同时选中【坐垫】和【边】两个对象，在修改器堆栈打开修改器列表，选择【UVW 贴图】修改器，然后选择 Gizmo。在【参数】卷展栏中，选中【贴图】选项组中的【长方体】单选按钮，并将【长度】、【宽度】和【高度】都设置为 70，如图 3-56 所示。

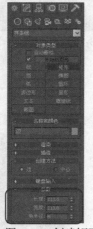

图 3-55　创建矩形

图 3-56　使用【UVW 贴图】修改器

(11) 在工具栏中单击【材质编辑器】按钮，打开【材质编辑器】对话框，选择一个新的材质样本球，将其命名为"皮革"，设置其材质参数。主要设置如下。

- 在【明暗器基本参数】卷展栏中，将明暗器类型设置为 Phong。
- 在【Phong 基本参数】卷展栏中，将【环境光】和【漫反射】的 RGB 值都设置为 174、174、174，在【反射高光】选项组中将【高光级别】和【光泽度】分别设置为 67 和 39，如图 3-57 所示。
- 在【贴图】卷展栏中，单击【漫反射颜色】右侧的 None 按钮，打开【材质/贴图浏览器】对话框，双击【位图】选项，然后在打开的【选择位图图像文件】对话框中选择素材中的【皮革.jpg】文件，然后单击【打开】按钮将其打开，如图 3-58 所示。
- 单击【转到父对象】按钮返回父级材质面板，在【贴图】卷展栏中，将【漫反射颜色】的贴图类型拖拽至【凹凸】右侧的 None 按钮，如图 3-59 所示。然后在弹出的【复制(实例)贴图】对话框中将方法设置为【实例】，然后单击【确定】按钮，如图 3-60 所示。最后，将【凹凸】的【数量】设置为 40。

图 3-57　打开材质编辑器

图 3-58　选择【皮革】贴图

图 3-59　将贴图拖动到【凹凸】选项

图 3-60　选择【实例】方法复制

(12) 在命令面板中选择【长方体】工具，在顶视图中创建一个长方体，在【参数】卷展栏中将【长度】、【宽度】和【高度】分别设置为 3500、3500、0.1，将其命名为"底板"，将颜色设置为白色，并在视图中调整其位置，如图 3-61 所示。

(13) 选择透视图，在视图中调整好椅子的观察角度，然后按 Ctrl+C 组合键创建摄影机，如图 3-62 所示。

图 3-61　创建长方体作为底板

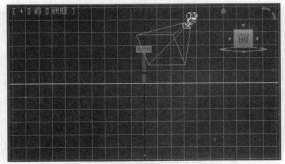

图 3-62　创建摄影机

(14) 在命令面板中选择【天光】工具，在顶视图中创建一盏天光，调整其位置，如图 3-63 所示。

(15) 在工具栏中单击【渲染设置】按钮，打开【渲染设置：默认扫描线渲染器】对话框，切换到【高级照明】选项卡，在【选择高级照明】卷展栏中设置【光跟踪器】选项，如图 3-64 所示。

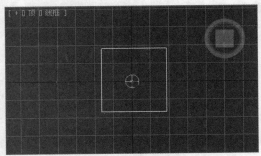

图 3-63　创建天光

图 3-64　设置【光跟踪器】选项

(16) 在命令面板中选择【泛光灯】工具，在顶视图中创建一盏泛光灯，调整其位置，如图 3-65 所示。

计算机 基础与实训教材系列

(17) 在【常规参数】卷展栏中，单击【排除】按钮，打开【排除/包含】对话框，选择【底板】对象，单击 ≫ 按钮，将【底板】对象排除泛光灯的照射，如图 3-66 所示，然后单击【确定】按钮。

(18) 选择 Camera01 视图，然后单击工具栏中的【渲染产品】按钮进行渲染，效果如图 3-67 所示，最后将场景文件保存。

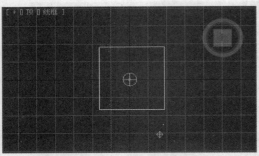

图 3-65　创建泛光灯

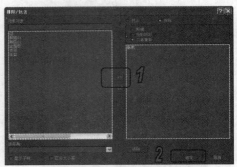

图 3-66　设置泛光灯相关选项

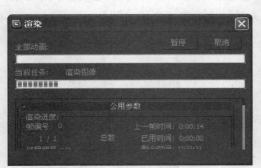

图 3-67　渲染产品

③.5　习题

1. 参考 3.4.1 小节的实例，制作一个沙漏形状的模型。

2. 参考 3.4.2 小节的实例，结合切角长方体和软管制作模型。

3. 参考 3.4.3 小节的实例，制作座椅模型。

第**4**章

对象的操作

学习目标

在 3ds Max 图形化的界面窗口中，用户要掌握 3ds Max 2010 的建模、渲染、动画制作等各项操作，首先需要熟练地掌握 3ds Max 中关于对象的基本操作方法。本章就具体介绍在 3ds Max 中通过菜单选项、命令按钮等操作方式，选择和变换对象的技巧。

本章重点

- 选择对象的方法
- 移动与旋转对象的方法
- 变换多个对象的方法
- 使用组管理对象的方法

4.1 选择对象

对一个或一组对象进行编辑前，需要选择该对象。在 3ds Max 中，对象的选择方法很多，用户可以使用鼠标单击选择，也可以通过一定区域选择该范围内的所有对象，还可以通过对象的名称属性选择特定的对象。

4.1.1 使用鼠标选择对象

单击选择对象是最简单的选择对象的方法。用户可以使用工具栏中的【选择对象】工具、【选择并移动】工具或【选择并旋转】工具等选择对象。当光标位于空白区域时，光标显示为箭头标识，如图 4-1 左图所示；当光标位于没有选择的对象上时，光标显示为【十】字标识，如图 4-1 右图所示；使用【选择对象】工具单击对象，光标会显示为如图 4-2 左图所示的效果，这时对象会以白色线框显示或显示白色外框。由于选择对象前后的光标和对象显示状态是不同的，因此用户只需注意光标和对象的显示状态，就可以判断对象是否已经被选择。使用【选择并旋转】工具选择对象时，光标显示为一个圆圈的形状，此时拖动光标可以旋转对象，如图 4-2 右图所示。

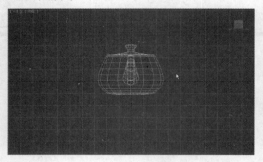

图 4-1 光标位于不同位置时的标识

图 4-2 选择对象和旋转对象

④.1.2 通过区域选择

通过区域选择的方法，可以选择多个对象。想要通过区域选择对象，用户可以先移动光标至所需选择的对象周围，然后拖动出一个虚线矩形区域，将对象包含在其中。拖动至合适范围后释放鼠标，即可选择该区域中的全部对象，如图 4-3 所示。

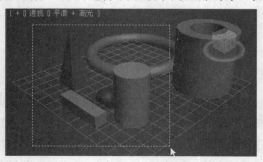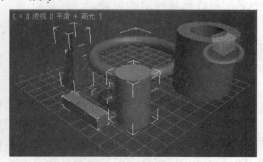

图 4-3 通过区域选择对象

通过区域选择对象时,区域选择的形状可以是矩形,也可以是圆形或其他图形。3ds Max 中默认的区域选择形状是矩形,如果想要切换其他区域选择形状,可以单击【矩形选择区域】按钮██并稍作停留,打开如图 4-4 所示的按钮菜单,在不释放鼠标左键的情况下,移动鼠标选择所需的区域选择工具。下面简要介绍一下各区域选择工具的使用方法。

图 4-4 区域选择形状按钮菜单

- 【矩形选择区域】工具██:要定义一个矩形选择区域,用户可以在视图中单击定义矩形区域的一个起始点,然后拖动鼠标至合适位置定义其对角点的位置,释放鼠标后,即可选择所定义范围中的对象。
- 【圆形选择区域】工具██:要定义一个圆形选择区域,用户可以在视图中单击定义圆形区域的中心,然后拖动鼠标至合适位置定义圆形区域的半径距离,释放鼠标后,即可选择所定义范围中的对象。
- 【围栏选择区域】工具██:要定义一个围栏选择区域,用户可以在视图中单击并拖动鼠标,绘制多边形的第一条线段;然后释放鼠标,这时光标会附有一个【橡皮筋线】,并固定在释放点位置;移动光标并单击,即可定义围栏的下一个线段。移动光标至围栏创建时的起始点(光标显示为【十】字形状)并单击,即可选择所定义范围中的对象。这里用户也可以通过双击完成操作。
- 【套索选择区域】工具██:要定义一个套索选择区域,用户可以在视图中单击并围绕所需选择的对象拖动出绘制区域。完成绘制后再释放鼠标,即可选择所定义范围中的对象。
- 【绘制选择区域】工具██:要定义一个绘制选择区域,用户可以在视图中单击并拖动鼠标,移动光标至对象上,然后释放鼠标,即可选择所定义范围中的对象。在拖动过程中,光标会显示为圆圈标志。

3ds Max 提供了窗口模式和交叉模式两种区域选择模式。如果选择交叉模式,包含在选择区域框线之内或者与框线相接触的对象都会被选择;如果选择窗口模式,只有完全包含在选择区域框线之内的对象才会被选择。

如果用户想要设置区域选择模式,可以选择【编辑】|【选择区域】命令,然后在打开的级联菜单中选择所需的区域选择模式;也可以单击工具栏中的【窗口/交叉】按钮,切换区域选择模式。

④.1.3 通过对象名称选择

由于在 3ds Max 中每个对象都有名称，因此用户可以根据对象的名称进行选择。在 3ds Max 场景中创建对象时，会自动对创建的对象命名，如 Sphere01、Sphere02、Cylinder01、Cylinder02 等。名称的前半部分是对象的类型，后半部分是对象的序号。

要通过对象的名称选择对象，可以单击工具栏中的【按名称选择】按钮，打开【从场景选择】对话框，如图 4-5 所示。在该对话框的列表框中，显示了场景中所有对象的名称。被选择的对象名称，以反白显示。在该列表框中，用户可以选择单个对象，也可以按住 Ctrl 键选择多个对象。如果想选择多个连续的对象，可以先选择连续对象中的第一个对象，然后按住 Shift 键并选择最后一个对象。

另外，在菜单栏中选择【工具】|【显示浮动框】命令，可以打开【显示浮动框】对话框。该对话框与【从场景选择】对话框相同，唯一的差别在于它们的操作模式不同。使用【显示浮动框】对话框时，无须关闭对话框就可以在视图中看到选择对象后的效果，如图 4-6 所示。

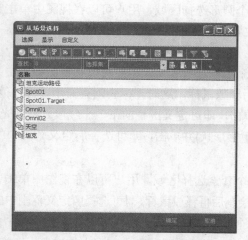

图 4-5 【选择对象】对话框

图 4-6 【显示浮动框】对话框

在【从场景选择】对话框中，单击【全选】按钮，可以选择列表框中显示的所有对象；单击【全部不选】按钮，可以取消所有对象的选择状态；单击【反转】按钮，可以反选当前的选择对象，即所有选择的对象取消选择，所有未选择的对象被选择。另外，在【从场景选择】对话框中单击【名称】标签，可以按照对象名称的字母顺序排列对象；单击【类型】标签，可以按照对象类型的名称顺序排列对象；单击【颜色】标签，可以按照对象颜色顺序排列对象；单击【面】标签，可以按照每个对象中面的数量排序对象。

④.1.4　使用对象选择集

在 3ds Max 2010 中，所有对象的选择都是暂时的。在实际应用中，常常会需要多次选择同一对象。用户可以将 3ds Max 中的多个对象定义为一个选择集，这样只需选择该选择集，即可选择其中的所有对象。

如果要向选择集中添加选择对象，可以按住 Ctrl 键，然后在任意视图中逐一单击各个未选择的对象；也可以按住 Ctrl 键，然后在任意视图中使用区域选择对象操作方式，添加多个对象。

如果要选择视图中的所有对象，可以选择菜单栏中的【编辑】|【全选】命令。如果要从选择集中取消选择的对象，可以按住 Ctrl 键，然后在任意视图中逐一单击各个已选择的对象；也可以按住 Ctrl 键，然后在任意视图中使用区域选择方式，取消选择一个区域中的多个对象。如果要取消视图中所有对象的选择，可以选择菜单栏中的【编辑】|【全部不选】命令。

要创建选择集，可以先在场景中选择所需操作的对象，然后在工具栏的【命名选择集】文本框中输入该选择集的名称，再按 Enter 键确定。

要选择创建的选择集，可以单击工具栏中【命名选择集】文本框右侧的三角按钮，这时会显示如图 4-7 所示的下拉列表框。单击选择集名称，即可选择该选择集。

对于创建的选择集，还可以对其进行编辑设置。选择菜单栏中的【编辑】|【管理选择集】命令，可打开【命名选择集】对话框，如图 4-8 所示。通过该对话框，即可设置选择集。也可以单击【编辑命名选择集】按钮 ，打开【命名选择集】对话框。

图 4-7　【命名选择集】下拉列表框　　　　图 4-8　【命名选择集】对话框

在【命名选择集】对话框中，各主要按钮的作用如下。

- 【创建新集】按钮 ：单击该按钮，可以创建一个新的选择集。
- 【删除】按钮 ：单击该按钮，可以删除当前选择的选择集。
- 【添加选定对象】按钮 ：选择选择集并在视图中选择其他对象后，单击该按钮，即可将选择的对象添加到选择的选择集中。

- 【减去选定对象】按钮：选择选择集并在视图中选择选择集中的对象后，单击该按钮，可以删除选择集中选择的对象。
- 【选择集内的对象】按钮：单击该按钮，可以选择选择集中的对象。
- 【按名称选择对象】按钮：单击该按钮，将打开【选择对象】对话框。
- 【高亮显示选定对象】按钮：单击该按钮，可以高亮显示当前选择的对象。

④.2 对象的基本变换

在场景中选择对象后，可以对其进行变换处理。在 3ds Max 中，用户可以改变对象在三维空间的位置，也可以改变对象的大小，还可以通过弯曲或拉伸等操作，任意改变对象的形状。

④.2.1 认识坐标系

在 3ds Max 中，选择不同的坐标系会对对象的坐标轴方位产生影响。对象的默认坐标系为【视图】坐标系。用户可以在工具栏的【参考坐标系】下拉列表框中，自由设置所需的坐标系类型，如图 4-9 所示。

【参考坐标系】下拉列表框中，各个坐标系的作用如下。

- 【视图】坐标系：选择该坐标系，可以在正交视图中使用【屏幕】坐标系，也可以在类似【透视】视图这样的非正交视图中使用【世界】坐标系。
- 【屏幕】坐标系：当选择不同的视图时，坐标系的轴会发生相应的变化。选择该坐标系，可以使 XY 平面始终平行于视图，而 Z 轴指向屏幕内。
- 【世界】坐标系：不论选择何种视图，X、Y、Z 轴都固定不变。XY 平面总是平行于【顶】视图，Z 轴则垂直于【顶】视图向外。在 3ds Max 2010 中，各视图左下角显示的坐标就是【世界】坐标系。
- 【父对象】坐标系：选择该坐标系，即使用选择对象的父对象的局部坐标系。
- 【局部】坐标系：选择该坐标系，即使用选择对象的局部坐标系。如果不止一个对象被选择，那么每一个对象都围绕本身的坐标轴变换。
- 【万向】坐标系：与【局部】坐标系类似，也使用选择对象的坐标系。如果对象被选择，那么都将围绕本身的坐标轴变换。不过使用【万向】坐标系时，不能同时选择多个对象。
- 【栅格】坐标系：当默认主栅格被激活时，【栅格】坐标系的作用与【视图】坐标系相同。
- 【拾取】坐标系：使用场景中另一个对象的坐标系。选择【拾取】坐标系，然后单击场景中的对象，即可使该对象的名称显示在【参考坐标系】下拉列表框中，如图 4-10 所示。

图 4-9　【参考坐标系】下拉列表框　　　　图 4-10　对象名称显示于【参考坐标系】下拉列表框中

④.2.2　沿单一坐标轴方向移动

在 3ds Max 2010 中，用户可以在限定的坐标轴轴向上移动对象。在场景中创建对象，然后在工具栏的【参考坐标系】下拉列表框中选择【世界】坐标系，这时所有视图中的坐标轴即可调整方向为匹配【世界】坐标系；接下来选择创建的对象，单击工具栏中的【选择并移动】按钮，移动光标至视图中单一坐标轴轴向箭头上并单击，即可按照指定轴向移动对象。

④.2.3　在指定的坐标平面内移动

在 3ds Max 中，用户可以在限定的坐标平面内移动对象。

【例 4-1】创建一个球体对象，然后在 XY 坐标平面上移动该对象。

(1) 启动 3ds Max 2010 后，在【创建】面板中单击【几何体】按钮，然后在下拉列表框中选择【标准基本体】选项，再单击【对象类型】选项区域中的【球体】按钮，接着在场景中创建一个球体对象，如图 4-11 左图所示。

(2) 选择【坐标系】下拉列表框中的【世界】坐标系，即可调整所有视图中的坐标系为【世界】坐标系。

(3) 选择创建的对象，再单击工具栏中的【选择并移动】按钮，移动光标至【透视】视图中的 XY 坐标轴组成的平面上，这时选择的平面将以黄色显示，如图 4-11 右图所示。

(4) 在【前】视图中移动对象，可以看到对象只能沿着 X 轴方向移动，即该对象只能左右移动。

(5) 在【顶】视图中移动对象，可以看到对象能同时沿着 X 轴和 Y 轴方向移动，即该对象能够在【顶】视图中任意移动。

(6) 在【左】视图中移动对象，可以看到对象只能沿着 Y 轴方向移动，即该对象只能左右移动。

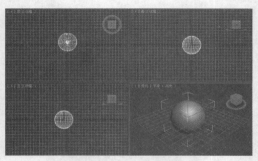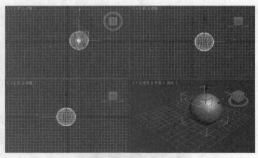

图 4-11   移动光标至【透视】视图中的 XY 坐标平面上

(7) 在【透视】视图中移动对象，可以看到对象只能沿着 X 轴和 Y 轴方向移动，即该对象只能在水平面内任意移动。

4.2.4   绕单一坐标轴旋转

在 3ds Max 中，用户可以在限定的坐标轴轴向上旋转对象。首先应选择【坐标系】下拉列表框中的【世界】坐标系，将所有视图中的坐标系设置为【世界】坐标系。接着选择视图中的对象，再单击工具栏上的【选择并旋转】按钮 ，当移动光标至视图中某一轴的箭头上时，按下鼠标左键并拖拽，此时对象只能绕选定的轴旋转。如图 4-12 所示是一个茶壶围绕 Z 坐标轴旋转。

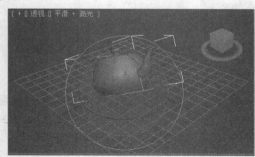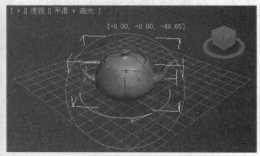

图 4-12   使对象围绕 Z 坐标轴旋转

4.2.5   绕指定坐标平面旋转

在 3ds Max 中，用户可以在限定的特定坐标平面(即两个坐标轴方向)内旋转对象。用户可以在场景中创建对象，然后在工具栏的【参考坐标系】下拉列表框中，选择【世界】坐标系。这时所有视图中的坐标轴，即可调整方向为匹配【世界】坐标系；再选择创建的对象，单击工具栏中的【选择并旋转】按钮 ，移动光标至视图中两个坐标轴轴向组成的平面上，即可按照指定的两个轴向平面移动对象，而选择的平面轴会以黄色显示。

④.2.6 绕点对象旋转

在 3ds Max 中，点对象是一种辅助对象。由于它只是提供几何空间中的位置，因此点对象是不可渲染的对象。点对象有自己的坐标系，如果用户想以场景中的某点为中心旋转对象，点对象是最佳的选择。

【例 4-2】创建一个圆锥体对象和一个点对象，通过设置使圆锥体只能绕点对象旋转。

(1) 启动 3ds Max 2010 后，在【创建】面板中单击【几何体】按钮，然后在下拉列表框中选择【标准基本体】选项，再单击【对象类型】选项区域中的【圆锥体】按钮，接着在场景中创建一个圆锥体对象。

(2) 在【创建】命令面板中，单击【辅助对象】按钮 ，然后单击【对象类型】卷展栏中的【点】按钮，如图 4-13 所示。

(3) 在任意视图中单击，即可创建一个【点】对象。

(4) 选择【坐标系】下拉列表框中的【拾取】坐标系。

(5) 选择创建的点对象，这时【坐标系】下拉列表框中会显示出 Point01 字样，即可说明已经将点对象 Point01 设置成为坐标轴中心，如图 4-14 所示。

图 4-13 单击【点】按钮   图 4-14 选择创建的点对象

(6) 在工具栏上选择【使用变换坐标中心】按钮，单击工具栏中的【选择并旋转】按钮，然后选中圆锥体。

(7) 在各个视图中旋转对象，可以看到对象只能绕着点对象 Point01 旋转。

④.2.7 多个对象的变换

对选择集进行旋转或缩放变换时，轴心点的选择有以对象的轴心点为变换中心、以选择集中心为变换中心、以当前坐标系原点为变换中心 3 种情况。下面就对这 3 种情况进行简要介绍。

1. 以轴心点为变换中心

要以轴心点为变换中心，可以在场景中创建并选择对象，再单击工具栏中的【使用轴点中心】按钮，然后选择工具栏中所需的变换工具，并移动光标至视图中的坐标轴轴向上。如图4-15所示即为以轴心点为变换中心旋转对象。

2. 以选择中心为变换中心

要以选择中心为变换中心，可以在场景中创建并选择对象，再单击工具栏中的【使用选择中心】按钮，然后选择工具栏中的变换工具，并移动光标至视图中的选择对象显示的坐标系上。如图4-16所示即为以选择中心为变换中心旋转对象。

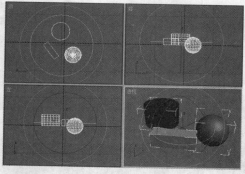
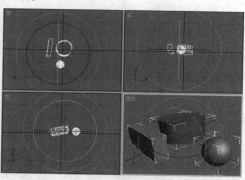

图 4-15　以轴心点为变换中心旋转对象　　　　图 4-16　以选择中心为变换中心旋转对象

3. 以当前坐标中心为变换中心

要以当前坐标中心为变换中心，可以在场景中创建并选择对象，再单击工具栏中的【使用变换坐标中心】按钮，然后选择工具栏中的变换工具，并移动光标至视图中的坐标轴轴向上。如图4-17所示即为以当前坐标中心为变换中心旋转对象。

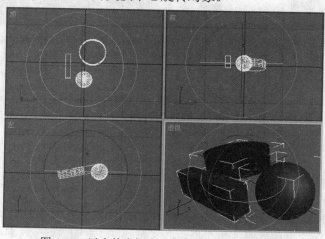

图 4-17　以当前坐标中心为变换中心旋转对象

计算机 基础与实训教材系列

4.3 复制对象

在三维设计中，对于相同或相似的模型，不必重新创建，只需将原始模型复制，然后对副本进行修改和加工，以提高工作效率，节省宝贵的设计时间。中文版 3ds Max 2010 中的复制模型与原始模型间存在 3 种关系：复制关系、参考关系和实例关系。

- 复制关系：所创建的复制模型完全独立于原模型，原模型的任何修改不会影响到复制模型，而复制模型的修改也同样不会影响到原模型，如图 4-18(a)所示。
- 参考关系：参考关系是一种单向的关系，表现为复制模型对原模型的依赖性。也就是说原模型的修改会影响到复制模型，而复制模型的修改对原模型没有影响，如图 4-18(b)所示。
- 实例关系：这是一种双向的关系，表现为复制模型与原模型之间相互的依赖性，它们之间任何一方的改变都会影响到另一方，如图 4-18(c)所示。

(a) 复制关系　　　　　　(b) 参考关系　　　　　　(c) 实例关系

图 4-18　3 种复制关系效果对比

4.3.1 菜单复制

选中希望被复制的对象，选择【编辑】|【克隆】命令，将会打开【克隆选项】对话框，如图 4-19 所示。在【对象】单选按钮组选择要复制的类型；在【名称】文本框中输入克隆对象的名字；在【控制器】单选按钮组中选择克隆控制器的类型(只有当所选对象包含了两个或多个层次链接对象时，该选项区域才会被激活)。单击【确定】按钮，这时在原对象处产生了一个新的对象，它与原对象重合在一起。

图 4-19　【克隆选项】对话框

提示

如果希望将复制的对象与原始对象分开，可以利用主工具栏中的【选择并移动】按钮。

计算机基础与实训教材系列

④.3.2 利用 Shift 键复制

对象在进行移动、旋转或缩放变换时，利用 Shift 键可以方便、快捷地实现对象的复制。常用的方法有边移动边复制、边旋转边复制和边缩放边复制。

1. 边移动边复制

单击主工具栏的【选择并移动】按钮，按住 Shift 键，在视图中选中要复制的对象，然后拖动该对象沿某个坐标轴移动一段距离，释放鼠标，系统将自动打开【克隆选项】对话框，如图 4-20 左图所示。在【对象】单选按钮组设置复制关系，在【副本数】文本框设置复制数量，单击【确定】按钮，系统将在光标拖动的轨道上自动创建出复制对象，如图 4-20 右图所示。

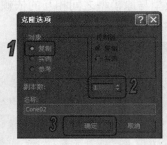
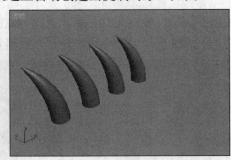

图 4-20 边移动边复制

利用 Shift 键边移动边复制实质上是一种线性复制，它生成的复制阵列有两个方面的特点：一方面，阵列的中心线从原对象轴心一直穿过所有复制对象的轴心；另一方面，复制对象之间的距离与原对象到第一个复制对象之间的距离相等。这些都可以从图 4-20 右图中直接观察出来。

2. 边旋转边复制

单击主工具栏的【选择并旋转】按钮，按住 Shift 键，在视图中选中要复制的对象，然后拖动该对象沿某个旋转轨道旋转一定角度(可配合状态栏观察旋转角度，为美观起见，本例旋转角度为 30 度)，释放鼠标，系统将自动打开【克隆选项】对话框。在【对象】单选按钮组设置复制关系，在【副本数】文本框设置复制数量(本例设置为 11)，单击【确定】按钮，系统将在光标拖动的轨道上等角度地自动创建出复制对象，如图 4-21 所示。

3. 边缩放边复制

单击主工具栏的缩放下拉按钮，选择一种缩放方式，按住 Shift 键，在视图中单击选中要复制的对象，然后对对象进行缩放，释放鼠标，系统将自动打开【克隆选项】对话框。对复制类型和数量进行设置，单击【确定】按钮，系统将按缩放方式进行等比例复制。缩放复制的副本对象与原始对象是重叠在一起的。如图 4-22 所示是进行均匀缩放复制并将它们分开后的效果。

图 4-21   边旋转边复制   图 4-22   边缩放边复制

缩放复制对象有以下特点：变换中心作为缩放的中心，一方面，当复制对象越来越小时，它们的轴心点趋于变换中心点；另一方面，当复制对象越来越大时，它们的轴心点则趋于背向变换中心。对于这两种缩放方式，读者可分别进行尝试，并在视图中观察相应的效果。

④.3.3   镜像复制

镜像复制是指沿某个坐标轴或平面对原始对象进行复制，在镜像复制的过程中，可以决定是否保留原始对象以及创建何种类型的复制对象。

在视图中选中要进行镜像复制的原始对象，选择【工具】|【镜像】命令，或者单击工具栏中的【镜像】按钮，打开【镜像：屏幕坐标】对话框，如图 4-23 所示。在【镜像轴】区域设置镜像复制的对称轴或对称平面，并设置偏移量；在【克隆当前选择】区域设置镜像复制对象的类型。单击【确定】按钮，即可完成镜像复制。

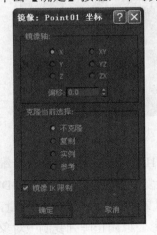

提示

镜像复制其实是根据对象本身的轴心点来决定的，系统的默认状态是【仅影响轴】，也可以进行改变，方法是单击【修改】命令面板的【层次】按钮，进入【层次】面板，在【调整轴】卷展栏下对轴心进行更改即可。

图 4-23   【镜像：屏幕坐标】对话框

镜像复制所产生的模型实质上是原模型的一种成像，所以进行镜像复制时，在设置镜像复制对象类型时如果选择【不克隆】，则不复制对象。

镜像复制是一种重要的复制方法，在 3ds Max 2010 中有重要的用途，不仅可以镜像三维参

计算机基础与实训教材系列

数对象，也可以镜像曲线、曲面等，如图 4-24 所示。有兴趣的读者可进一步参阅有关资料。

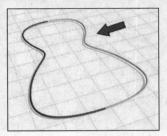

图 4-24　镜像复制曲线与曲面

④.3.4　阵列复制

阵列复制可以快速、精确地复制出大批量的对象，除了可以对整个阵列进行整体修改编辑外，还可以对阵列中的每一个对象进行独立编辑。阵列复制所生成的许多效果是组合使用 Shift 键方式所无法比拟的，常用的阵列复制类型有 3 种：线性阵列复制、曲线阵列复制和螺旋式阵列复制，主要通过【阵列】对话框来完成，如图 4-25 所示。

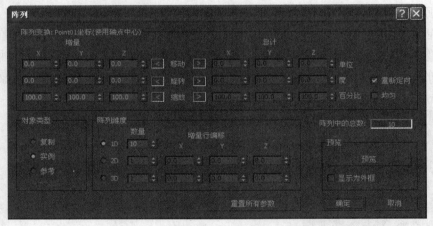

图 4-25　【阵列】对话框

- 【阵列维度】：用于设置进行阵列复制的维度。选中 1D 单选按钮，可进行一维线性阵列复制，在后面的【数量】列对应的文本框中可设置复制数量；选中 2D 或 3D 单选按钮，可进行二维或三维阵列复制，在【数量】列对应的文本框中可设置复制数量，在【增量行偏移】列对应的 X、Y、Z 文本框中可设置行偏移，以防止阵列复制中对象重叠。
- 【阵列变换】：显示了当前活动坐标系(如屏幕坐标系)和变换中心(如使用轴点中心)。在【增量】选项组可设置各个复制对象沿各个轴的距离、旋转程度和缩放程度；在【总计】选项组可设置第 1 个复制对象和最后一个复制对象间的总距离、旋转角度和缩放比例（【增量】和【总计】选项组在设置时只能选其一）；选中【重新定向】复选框，复

制对象绕世界坐标旋转的同时，将绕其局部轴旋转；选中【均匀】复选框，将禁用 Y
和 Z 文本框，从而使复制对象沿 X 轴均匀缩放。

- 【阵列中的总数】：显示阵列复制后复制对象总数。
- 【预览】：单击【预览】按钮，可在视图中预览阵列复制效果；选中【显示为外框】复
  选框，可在预览阵列复制效果时将复制对象以边框形式而不是几何体形式来显示。
- 【对象类型】：设置阵列复制对象的类型。

1. 线性阵列复制

线性阵列复制就是将一个对象或多个对象沿一个或多个方向进行复制。许多对象，如一棵
树、一辆汽车都可以作为线性阵列复制的原始对象。线性阵列复制分为一维线性阵列复制、二
维线性阵列复制和三维线性阵列复制。

2. 曲线阵列复制

曲线阵列复制中的所有复制对象都有一个共同的轴心点。因而，进行曲线阵列复制时，必
须先设置好进行阵列复制的轴心点。坐标系的轴心点、球体的轴心点或者组合对象的轴心点，
都可以作为整个阵列的轴心，对象本身的轴心也可以作为整个阵列的轴心点。

曲线阵列复制与线性阵列复制方法相似，都是通过【阵列】对话框来设置。但是曲线阵列
复制是由原对象绕某个中心点进行旋转复制而产生的，而线性阵列复制则是原对象沿某个或几
个方向轴进行移动复制而产生。

3. 螺旋式阵列复制

螺旋式阵列复制是通过旋转和移动相结合的方式来生成复制对象的，因而它与曲线阵列复
制一样，也需要有共同的轴心点。它的用法与线性阵列复制相似。

④.3.5 间隔复制

间隔复制是指在指定的路径上或是两点之间对原对象进行批量的复制。原对象可以是复制
对象、实例对象或参考对象的任意一种。通过间隔复制，可以设定复制对象之间的距离，也可
以通过对齐变换使复制对象的轴心点与曲线保持一致。选择【工具】|【对齐】|【间隔工具】命
令，即可打开【间隔工具】对话框，如图 4-26 所示，其中的各选项的主要功能如下。

- 【拾取路径】：单击该按钮，然后单击视图中的样条线作为间隔复制的路径。
- 【拾取点】：单击该按钮，然后在栅格线上单击起点和终点，系统将自动在起点和终点
  间创建样条线作为间隔复制的路径。
- 【参数】：选中【计数】复选框，可在后面文本框中设置间隔复制对象的数量；选
  中【间距】复选框，可在后面文本框中设置复制对象之间的距离；选中【始端偏移】
  复选框，可在后面文本框中设置路径起始端的偏移量；选中【末端偏移】复选框，可在

后面文本框中设置路径末端的偏移量；分布下拉列表中提供了间隔复制对象沿路径分布的多种方式，用户可进行选择，默认方式为【均匀分隔，对象位于端点】。

- 【前后关系】：设置间隔复制对象前后之间的间距方式。选中【边】单选按钮，则根据间隔对象的相对边确定间距；选中【中心】单选按钮，则根据间隔对象的中心确定间距；选中【跟随】复选框，可将间隔复制对象的轴点与样条线的切线对齐。
- 【对象类型】：设置间隔复制对象的类型。

提示

在 3ds Max 2010 中，【间隔工具】对话框的默认快捷键是 Shift+I。

图 4-26　【间隔工具】对话框

【例 4-3】练习使用间隔复制。

(1) 将场景重置。在命令面板执行【创建】|【图形】|【样条线】命令，打开【样条线】创建命令面板。单击【弧】按钮，在【顶】视图中创建一条弧线，作为进行间隔复制的路径，如图 4-27 所示。

(2) 执行【创建】|【标准基本体】|【球体】命令，在【顶】视图中创建一个球体模型，作为进行间隔复制的原始对象。

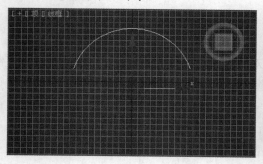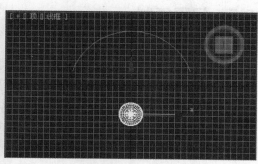

图 4-27　绘制弧形

(3) 选择【工具】|【对齐】|【间隔工具】命令，打开【间隔工具】对话框，在该对话框中单击【拾取路径】按钮，在视图区中选择弧线，在【计数】文本框中输入 10，在【前后关系】选项区域中选中【中心】单选按钮，在【对象类型】单选按钮组选中【实例】单选按钮，然后单击【应用】按钮，如图 4-28 所示。最后场景中得到的效果如图 4-29 所示。

图 4-28 【间隔工具】对话框

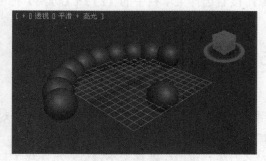

图 4-29 间隔复制效果

4.4 使用组管理对象

在 3ds Max 中,用户可以将多个对象成组,然后通过组来管理对象。对组的操作比较灵活,用户可以将组作为一个对象设置动画、编辑和修改,也可以对组中的对象分别设置动画、编辑和修改。在 3ds Max 中,创建组的命令都被放置在【组】菜单中。

要将多个对象成组,可以在场景中选择多个对象,然后选择菜单栏中的【组】|【成组】命令,打开如图 4-30 所示的【组】对话框。在该对话框中,在【组名】文本框中设置组的名称。设置完成后,单击【确定】按钮,即可为选择的对象创建组。这时,在视图中单击组中的任意对象,即可选择整个组,如图 4-31 所示。

图 4-30 【组】对话框

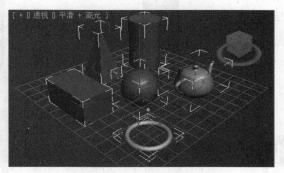

图 4-31 选择组

用户也可以向已有的组中添加对象,具体方法为:先在场景中选择要添加的对象,然后选择菜单栏中的【组】|【附加】命令,接下来单击已创建的【组】中的任意对象即可。

另外，用户还可以拆分已创建的组。只需在场景中选择所需拆分的组，然后选择菜单栏中的【组】|【解组】命令即可。如果用户想要拆分组中的一个或几个对象，可以先在场景中选择所需的【组】，再选择菜单栏中的【组】|【打开】命令，然后在场景中选择需要拆分的一个或多个对象，接着选择菜单栏中的【组】|【分离】命令，最后选择【组】|【关闭】命令。

4.5　对象的排列对齐

　　使用【对齐】工具，用户可以精确地设置多个对象之间的相对位置。3ds Max 2010 中的对齐工具有 6 个，如图 4-32 所示。

　　要对齐对象，可以先选择多个对象，再选择工具栏中所需的【对齐】工具。这时光标会变成与对齐工具图标形状一致的形状，然后在目标对象上单击，即可打开如图 4-33 所示的【对齐当前选择】对话框。在该对话框中，设置所需参数选项后，单击【确定】按钮，即可按照选择的工具对齐对象。

图 4-32　【对齐】工具

图 4-33　【对齐当前选择】对话框

4.6　上机练习

　　本章主要对 3ds Max 2010 中关于对象的基本操作方法进行了详细介绍，用户在掌握本章知识点之后，应能够对创建的模型熟练地进行选择、移动、旋转、复制和对齐等操作。另外，利用如二维阵列复制等特殊的复制方法，还可以为特殊模型的创建提供便利。

④6.1　复制对齐对象

(1) 将场景重置。在场景中创建一个桌子和椅子模型，如图 4-34 左图所示。利用复制对齐所要制作的效果如图 4-34 右图所示。

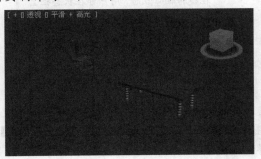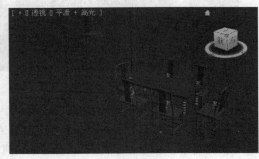

图 4-34　复制对齐使用效果

(2) 在该场景中，很显然椅子是复制对齐的源对象，但目标对象不是桌子。不妨尝试一下，选中椅子模型，选择【工具】|【克隆并对齐】命令，打开【克隆并对齐】对话框，单击【拾取】按钮，在视图中选中桌子模型，效果如图 4-35 所示。显然，桌子不适合作为目标对象，否则至少需要 6 个椅子作为源对象。

(3) 现在尝试另外一种方法，以辅助对象作为复制对齐的目标对象。执行【创建】|【辅助对象】|【标准】命令，打开【标准辅助对象】创建命令面板。单击【点】按钮，在【参数】卷展栏中选中【三角架】复选框(否则点在视图中不可见)，在【顶】视图桌子模型四周创建 6 个点辅助对象，如图 4-36 所示。

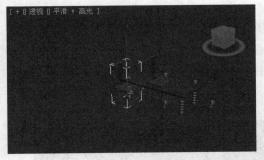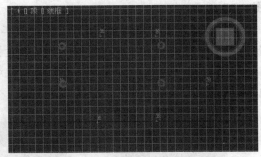

图 4-35　以桌子作为目标对象的复制对齐效果　　　图 4-36　创建 6 个点辅助对象

(4) 打开【克隆并对齐】对话框，单击【拾取】按钮，在视图中分别单击选择这 6 个点辅助对象，发现复制对齐后的对象虽然可以围绕在桌子四周，但椅子朝向不正确，这需要调整辅助对象的轴心点。

(5) 在【顶】视图选择其中一个点辅助对象，打开【层次】命令面板，单击【轴】按钮，在【调整轴】卷展栏单击【仅影响轴】按钮，【顶】视图将显示其轴心点，单击主工具栏的【选择并旋转】按钮，旋转该点辅助对象的轴心点，使其 X 轴指向桌子模型。用同样的方法调整其

计算机 基础与实训教材系列

他 5 个点辅助对象的轴心点坐标,使它们的指向如图 4-37 所示。

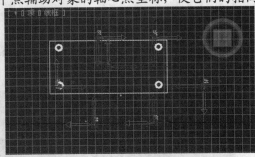

图 4-37　调整辅助对象轴点坐标

　　(6) 再次单击【仅影响轴】按钮将其释放,在主工具栏轴点对齐方式的下拉按钮下选择【使用轴点中心】。打开【克隆并对齐】对话框,在视图中单击椅子模型作为源对象,单击【拾取】按钮,在视图中依次单击各个点辅助对象,即可得到如图 4-34 右图所示的复制对齐效果。

4 6.2　创建地板模型

　　利用二维阵列复制创建方格地板。

　　(1) 将场景重置后,在命令面板执行【创建】|【几何体】|【扩展基本体】命令,打开【扩展基本体】创建命令面板。

　　(2) 单击【切角长方体】按钮,在【顶】视图中创建一个切角长方体。在【参数】卷展栏中将【长度】和【宽度】设置为 10.0,【高度】设置为 1.0,【圆角】设置为 0.3,将【长度分段】、【宽度分段】、【高度分段】和【圆角分段】分别设置为 5,选中【平滑】复选框,如图 4-38 所示。

　　(3) 在切角长方体选中状态下,选择【工具】|【阵列】命令,打开【阵列】对话框。在【阵列维度】区域选中 2D 单选按钮,在【数量】文本框中输入 10.0,在后面的 Y 文本框中输入 10.0;在【阵列变换】区域【增量】选项组中的【移动】对应的 X 文本框中输入 10.0,如图 4-39 所示。

图 4-38　设置切角长方体参数

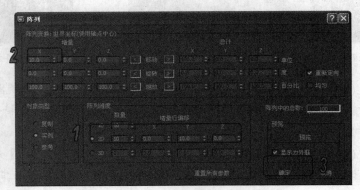

图 4-39　【阵列】对话框

（4）为了减小系统预览阵列复制的负担，在【预览】区域选中【显示为外框】复选框，单击【预览】按钮后，【透视】视图中的效果如图 4-40 所示。

（5）单击【确定】按钮后，即可保留设置并退出【阵列】对话框，此时的【透视】视图中的效果如图 4-41 所示。

（6）选中所有阵列复制对象模型，为它们设计方格木质贴图并进行渲染，即可得到所需的方格木质地板。

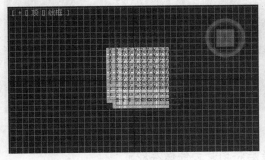
图 4-40　预览效果

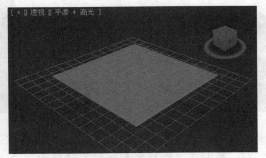
图 4-41　阵列复制创建地板模型

④6.3　创建 DNA 模型

使用阵列工具创建 DNA 的脱氧核糖核酸模型。

（1）将场景重置后，在命令面板执行【创建】|【几何体】|【标准基本体】命令，在左视图中创建一个球体和一个圆柱体，如图 4-42 所示。

（2）选择左侧的球体，然后在工具栏上单击【选择并移动】按钮，按下 Shift 键将其平移到右侧，在弹出的【克隆选项】中选择【复制】单选按钮，然后单击【确定】按钮，复制后位置如图 4-43 所示。

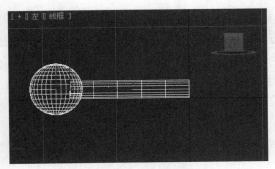
图 4-42　创建球体和圆柱体

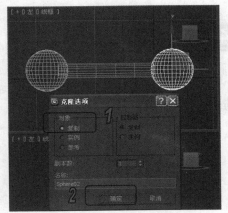
图 4-43　复制球体

(3) 将场景中的所有对象选中，然后选择【组】|【成组】命令，在弹出的【组】对话框中将其命名为"单链"，然后单击【确定】按钮，如图 4-44 所示。

(4) 激活顶视图，在菜单栏中选择【工具】|【阵列】命令，然后在弹出的【阵列】对话框中设置相关参数，如图 4-45 所示。

图 4-44　将多个对象成组

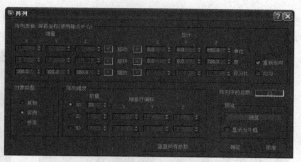

图 4-45　设置【阵列】对话框中的参数

(5) 单击【渲染产品】按钮，将场景渲染，最后将场景文件保存即可。

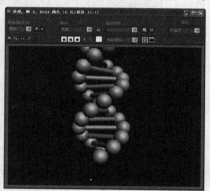 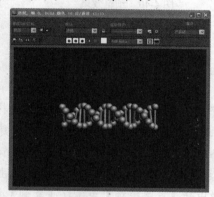

图 4-46　设置【阵列】对话框中的参数

4.7　习题

1. 在场景中绘制多个对象，使用区域选择方法，选中部分对象进行对齐操作，并沿 Z 轴进行移动。

2. 将【习题 1】中的对象分为两个组，对其中一组进行旋转操作，对另一组进行缩放操作。

第5章　使用编辑器修改对象

学习目标

在 3ds Max 2010 中，用户可以使用【修改】命令面板中的修改命令编辑创建的对象。使用修改命令，不仅可以改变对象的形状，还可以改变物体子对象的数量与位置等。本章主要讲述【修改】命令面板及常用修改命令的使用方法和技巧。

本章重点

- 设置和使用修改器
- 应用【噪波】修改器
- 应用【涟漪】修改器
- 应用 FFD 修改器

⑤.1　使用【修改】命令面板

在 3ds Max 中选择修改命令后，用户就可以通过【修改】命令面板为创建的对象设置所需的参数选项。

⑤.1.1　【修改】命令面板的构成

一般对象的编辑，需要通过多个修改器的配合使用才能达到最终效果。在 3ds Max 2010 中，用户使用过的修改命令，都会放置在【修改】命令面板的【修改器列表】下方的列表框中。该列表框称为修改器堆栈，如图 5-1 所示。

图 5-1 修改器堆栈

所有对对象进行的创建、修改等操作，均会按次序放置在修改器堆栈中。先执行的操作会放置在列表的最下方，后执行的操作会放置在列表的最上方。

创建对象后，用户可随时单击命令面板中的【修改】标签进入【修改】命令面板。使用修改命令可以对对象进行各种变形修改，同时使用这些命令也可对对象的子级进行修改编辑，如点、面、线段等。

在 3ds Max 中，用户可以对同一对象同时使用多个修改命令。这些修改命令都会存储在修改器堆栈中，用户可以随时选择这些命令并重新修改其参数选项，也可以删除修改器堆栈中应用的修改命令。

修改器堆栈中的各个主要按钮的作用如下。

- 【锁定堆栈】按钮 ：该按钮用于锁定修改命令堆栈在当前对象上，即使随后选择场景中别的对象，修改命令仍作用于锁定的对象。
- 【显示最终结果开/关切换】按钮 ：该按钮用于切换显示对象的最终修改效果。
- 【使唯一】按钮 ：该按钮用于决定对象关联功能是否独立。单击该按钮后，会断开当前对象与其他使用统一编辑修改功能的对象的连接。该操作不可恢复，因此使用时需要注意。另外，该操作只作用于当前选择的对象。
- 【从堆栈中移出修改器】按钮 ：单击该按钮后，用户可以从堆栈中删除选择的修改命令。
- 【配置修改器集】按钮 ：单击该按钮，会打开如图 5-2 所示的快捷菜单。在该快捷菜单中，用户可以选择【显示按钮】、【显示列表中的所有集】等配置命令。
- 图标 ：使用修改命令编辑对象时，该图标会显示在使用的修改命令前。这时修改对象的四周会显示一个桔黄色的边框。该边框用于控制对象的形状。单击该图标，可以将当前操作暂存在堆栈中，这时操作名称在修改器堆栈中显示为桔黄色。

在【修改】命令面板中除了上面介绍的修改器堆栈外，还有【修改器列表】。如图 5-3 所示为【修改器列表】下拉列表框。

图 5-2　【配置修改器集】按钮的快捷菜单　　　　图 5-3　【修改器列表】下拉列表框

⑤.1.2　修改器设置

单击【修改】命令面板中的【配置修改器集】按钮，可以打开【配置修改器集】按钮的快捷菜单。其中，各主要命令的作用如下。

- 【配置修改器集】命令：选择该命令，将打开【配置修改器集】对话框，如图 5-4 所示。在该对话框中，用户可以添加或删除修改器。
- 【显示按钮】命令：选择该命令，可以将各种修改器以按钮形式显示在命令面板中。通过单击所需按钮，即可进入所选择的修改器。
- 【显示列表中的所有集】命令：选择该命令，可以在【修改器列表】中显示所有的修改器。未选择该命令时，在修改器下拉列表中只显示与当前编辑相关的修改器。

在【配置修改器集】按钮的快捷菜单中，3ds Max 按照每种修改器的作用对命令进行了分类，这样用户可以很方便地编辑和选择所需的修改器。

⑤.1.3　修改器的使用

在 3ds Max 2010 中，使用修改器的方法很多，常用的有如下几种。

- 在【修改器列表】的下拉列表框中，选择所需要的修改器名称。
- 选择【修改器】命令菜单中的命令。
- 单击【修改】命令面板中的【配置修改器集】按钮，在打开的快捷菜单中选择【显示按钮】命令，然后在快捷菜单中选择所需类别的修改器，即可在【修改】命令面板中显示该类别的所有修改器按钮。

⑤.2 应用修改命令

3ds Max 为用户提供了大量的修改命令。通过这些命令，用户可以对对象进行弯曲、噪波、涟漪等修改。本节就常用的修改命令为例进行简要的介绍。

⑤.2.1 使用【弯曲】修改器

【弯曲】命令主要用于对对象进行弯曲修改。用户构建的实体造型都可根据需要应用【弯曲】命令。弯曲修改器作用在对象指定的轴向上。在【修改】命令面板的【修改器列表】下拉列表框中选择【弯曲】命令，命令面板即可显示为如图 5-5 所示的状态。

图 5-4 【配置修改器集】对话框   图 5-5 【弯曲】命令面板

在【弯曲】命令面板中，各个参数选项的作用如下。

- 【弯曲】选项区域：【角度】文本框用于设置弯曲的角度，该角度是指与选择轴向垂直于平面的角度。【方向】文本框用于设置弯曲的方向，该方向是指与选择轴向平行于平面的角度。
- 【弯曲轴】选项区域：该选项区域用于设置弯曲的轴向。默认方向为 Z 轴。
- 【限制】选项区域：选中【限制效果】复选框后，用户可以对对象的弯曲范围加以限制。
- 【上限】与【下限】文本框：【上限】文本框用于设置从对象中心到选择轴向正方向的弯曲范围；【下限】文本框用于设置从对象中心到选择轴向负方向的弯曲范围。

用户在场景中创建对象后，单击命令面板中的【修改】标签，打开【修改】命令面板。在该命令面板的【修改器列表】下拉列表框中选择【弯曲】命令，即可看到视图中的对象上出现了一个桔黄色的外框，在【弯曲】命令的【参数】卷展栏中设置所需参数，即可应用弯曲效果。如图 5-6 所示为创建的长方体对象在【弯曲】命令的【参数】卷展栏中，设置【角度】文本框中的数值为 120，【方向】文本框中的数值为 60，【弯曲轴】选项为 Y 选项的弯曲效果。

 知识点

创建的对象需要设置足够数量的段数，如果没有段数或者段数较少，则在进行弯曲修改后立方体造型不发生变化或被弯曲的表面不够光滑。

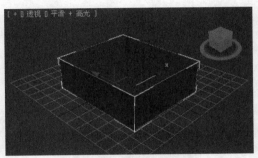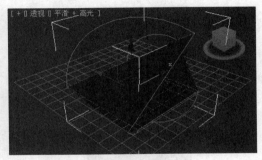

图 5-6　【弯曲】命令编辑效果

⑤.2.2　使用【噪波】修改器

　　【噪波】命令可以在不破坏对象表面细节的情况下，使对象的表面突起、破裂和扭曲，通常用于制作山峰、沙丘和波浪等模型对象。

　　在【修改】命令面板的【修改器列表】下拉列表框中选择【噪波】命令，命令面板即可显示为如图 5-7 所示的状态。

　　在【噪波】命令面板中，各个参数选项的作用如下。

- 【噪波】选项区域：该选项区域用于控制噪波的出现，及由此引起的在对象的物理变形上的影响。【种子】文本框用于设置噪波的起始点；【比例】文本框用于设置噪波影响(不是强度)的大小，数值越大产生的噪波越平滑，默认值为 100；【分形】复选框用于根据当前设置产生分形效果，默认设置为取消选中状态；【粗糙度】文本框用于设置分形变化的程度，数值越低分形越精细，其数值范围为 0~1.0，默认值为 0；【迭代次数】文本框用于设置分形功能使用的迭代数目，如果使用较小的迭代次数配合使用较少的分形能量，能够生成更平滑的噪波效果。

- 【强度】选项区域：该选项区域用于设置噪波的强度，其中 X、Y 和 Z 分别代表 3 个不同方向的噪波效果强度。

- 【动画】选项区域：该选项区域用于设置噪波的动画效果。如果选中【动画噪波】复选框，系统将自动为噪波设置动画效果。【频率】文本框用于设置正弦波的周期，调节噪波效果的速度；【相位】文本框用于设置移动基本波形的开始和结束点。

　　【例 5-1】应用【噪波】命令制作海面涌动动画。

　　(1) 启动 3ds Max 2010 后，在【创建】面板中单击【几何体】按钮，然后在下拉列表框中选择【标准基本体】选项，再单击【对象类型】选项区域中的【平面】按钮。

　　(2) 在【顶】视图中，单击并拖动鼠标，至合适大小时释放鼠标，即可创建一个平面，然后在【参数】卷展栏中设置参数选项为如图 5-8 所示的效果。

图 5-7　【噪波】命令面板　　　　　　　　图 5-8　设置【参数】卷展栏中的参数选项

（3）在选择平面的前提下，打开【修改】命令面板，然后在【修改器列表】下拉列表框中选择【噪波】命令。

（4）在【噪波】命令面板的【噪波】选项区域中，设置【种子】文本框中的数值为 10；选中【分形】复选框，并设置【粗糙度】文本框中的数值为 0.5，【迭代次数】文本框中的数值为 10。在【强度】选项区域中，设置 Z 文本框中数值为 20。这样创建的平面即可被处理为如图 5-9 所示的效果。

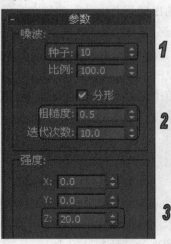

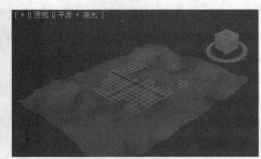

图 5-9　【噪波】处理平面的效果

（5）在【噪波】命令面板中，选中【动画噪波】复选框，设置【频率】文本框中的数值为 0.5。

（6）在动画播放区域单击【播放】按钮，即可播放动画效果。如图 5-10 所示为动画过程中其中一帧的画面效果。

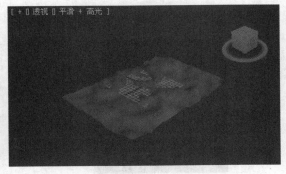

图 5-10 动画过程中其中一帧的画面效果

⑤.2.3 使用【涟漪】修改器

【涟漪】命令与【波浪】命令类似，都是按正弦曲线偏移节点。它们的不同之处在于，【涟漪】命令是从 Gizmo 中心产生一个放射状的正弦曲线，类似于投石于水中的效果。在【修改】命令面板的【修改器列表】下拉列表框中选择【涟漪】命令，命令面板即可显示为如图 5-11 所示的状态。

在【涟漪】命令面板中，各个参数选项的作用如下。

- 【振幅 1】文本框：用于设置对象表面沿着 X 轴方向的振幅。
- 【振幅 2】文本框：用于设置对象表面沿着 Y 轴方向的振幅。
- 【波长】文本框：用于设置波峰之间的距离。
- 【相位】文本框：用于转移对象上的涟漪图案。如果设置正数数值，则可以使图案向内移动；如果设置负数数值，则可以使图案向外移动。
- 【衰退】文本框：用于限制从中心生成的波的效果。默认值 0.0 意味波将从中心无限产生。增加【衰退】数值，则波浪振幅会随中心距离逐渐减小。

【例 5-2】应用【涟漪】命令制作泛波动画。

(1) 启动 3ds Max 2010 后，在【创建】面板中单击【几何体】按钮，然后在下拉列表框中选择【标准基本体】选项，再单击【对象类型】选项区域中的【平面】按钮。

(2) 在【顶】视图中，单击并拖动鼠标，至合适大小时释放鼠标，即可创建一个平面，然后在【参数】卷展栏中，设置参数选项为如图 5-12 所示的效果。

(3) 在选择平面的前提下，打开【修改】命令面板，然后在【修改器列表】|【下拉列表框中选择【涟漪】命令。

图 5-11 【涟漪】命令面板 　图 5-12 设置【参数】卷展栏中的参数选项

(4) 在【涟漪】命令面板中，设置【振幅 1】文本框中的数值为 10，【振幅 2】文本框中的数值为 10，【波长】文本框中的数值为 50，【相位】文本框中数值为 1，如图 5-13 左图所示。这样创建的平面即可被处理为如图 5-13 右图所示的效果。

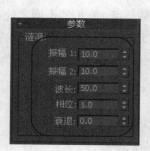
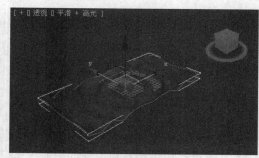

图 5-13 设置【涟漪】命令面板中的参数选项

(5) 移动时间滑块至第 100 帧位置，然后单击动画控制区域中的【自动关键点】按钮，开启自动创建关键点功能。

(6) 移动时间滑块至第 0 帧位置，然后设置【涟漪】命令面板的【相位】文本框中的数值为 0.0，如图 5-14 所示。

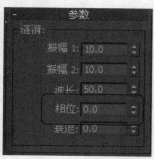
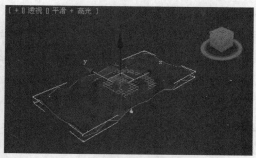

图 5-14 设置【涟漪】命令面板的【相位】文本框中的数值

(7) 移动时间滑块至第 100 帧位置，然后设置【涟漪】命令面板的【相位】文本框中的数值为 1.0。单击【自动关键点】按钮，停止自动创建关键点功能。

(8) 在动画播放区域单击【播放】按钮，即可播放动画效果。如图 5-15 所示为动画过程中其中一帧的画面效果。

⑤.2.4　使用【倾斜】修改器

【倾斜】命令可以在对象中产生均匀的偏移，使用它可以设置任何轴向上倾斜的数量和方向，还可以限制对象的部分倾斜。

在【修改】命令面板的【修改器列表】下拉列表框中选择【倾斜】命令，命令面板即可显示为如图 5-16 所示的状态。

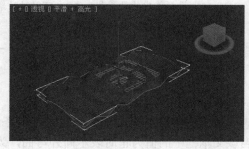

图 5-15　动画过程中其中一帧的画面效果　　　　图 5-16　【倾斜】命令面板

在【倾斜】命令面板中，各个参数选项的作用如下。

- 【倾斜】选项区域：在该选项区域中，【数量】文本框用于设置倾斜效果的程度；【方向】文本框用于设置相对于水平平面的倾斜方向。
- 【倾斜轴】选项区域：该选项区域用于设置倾斜的轴向，默认为 Z 轴。
- 【限制】选项区域：如果选中【限制效果】复选框，用户可以对对象的倾斜区域进行设置。【上限】文本框用于设置从对象的中心到所选轴向正方向的倾斜范围；【下限】文本框用于设置从对象中心到所选轴向负方向的倾斜范围。

如图 5-17 所示为创建的管状体在【倾斜】命令面板中，设置【数量】文本框中的数值为60，【方向】文本框中的数值为 90 时的倾斜效果。

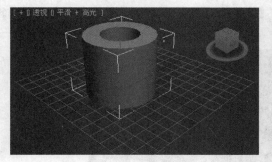

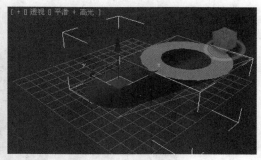

图 5-17　【倾斜】命令编辑效果

计算机 基础与实训教材系列

⑤.2.5　使用【锥化】修改器

【锥化】命令可通过缩放对象的两端产生锥化轮廓，一端放大而另一端缩小。在【修改】命令面板的【修改器列表】下拉列表框中选择【锥化】命令，命令面板即可显示为如图 5-18 所示的状态。

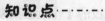

知识点

　　使用【锥化】命令可以在两组轴向上设置锥化的数量和曲线，也可以对对象的一部分进行锥化效果设置。

图 5-18　【锥化】命令面板

在【锥化】命令面板中，各个参数选项的作用如下。

- 【锥化】选项区域：在该选项区域中，【数量】文本框用于调整锥化的程度；【曲线】文本框用于调整锥化的弯曲效果，当该文本框中的值为正时表示向外弯曲，为负值表示向内弯曲。

- 【锥化轴】选项区域：在该选项区域中，【主轴】选项用于设置锥化的中心样条或中心轴；【效果】选项用于设置锥化的方向轴或对称轴；如果选中【对称】复选框，则可以围绕主轴产生对称锥化。

- 【限制】选项区域：如果选中【限制效果】复选框，则可以对对象的锥化区域进行设置。【上限】文本框用于设置从对象的中心到所选轴向正方向的锥化范围；【下限】文本框用于设置从对象中心到所选轴向负方向的锥化范围。

【例 5-3】应用【锥化】命令制作锥化立方体模型动画。

(1) 启动 3ds Max 2010 之后，首先在【创建】面板中单击【几何体】按钮，接着在打开的下拉列表框中选择【标准基本体】选项，然后在【对象类型】选项区域中单击【长方体】按钮。

(2) 在【透视】视图中，绘制一个【长】、【宽】和【高】都为 80，长、宽和高度方向的段数都为 30 的立方体，如图 5-19 所示。

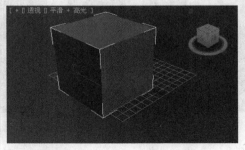

图 5-19　创建立方体

(3) 在选择立方体的前提下，在【修改】命令面板的【修改器列表】下拉列表框中选择【锥化】命令。

(4) 在【锥化】命令面板的【参数】卷展栏中，设置【数量】文本框中的数值为 - 0.5，【曲线】文本框中的数值为 - 1，即可改变立方体形状，如图 5-20 所示。

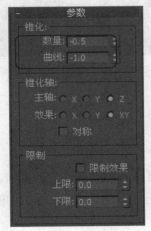 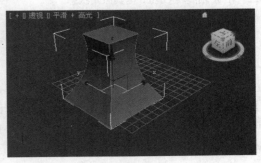

图 5-20 设置【参数】卷展栏中的参数选项

(5) 在【修改命令堆栈】中展开【锥化】命令，然后选择 Gizmo 子选项。

(6) 确定时间滑块在第 0 帧位置，然后单击动画控制区域中的【自动关键点】按钮，启动自动创建关键点功能。

(7) 移动时间滑块至第 50 帧位置，在工具栏中选择【选择并旋转】工具，然后在【透视】视图中沿 X 轴旋转变换 Gizmo，如图 5-21 所示。

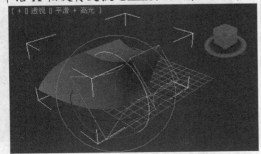

知识点

这时 Gizmo 线框会由橙色变为黄色，表示该结构框已经激活，用户可以使用各种变换工具对其进行编辑。对 Gizmo 的修改将影响到对象本身。

图 5-21 在【透视】视图中沿 X 轴旋转变换 Gizmo

(8) 移动时间滑块至第 100 帧位置，然后在【透视】视图中沿 X 轴旋转 Gizmo，使其恢复到原始状态，如图 5-22 所示。

(9) 单击【自动关键点】按钮，停止自动创建关键点功能。在动画播放区域单击【播放】按钮，即可播放动画效果。如图 5-23 所示为动画过程中其中一帧的画面效果。

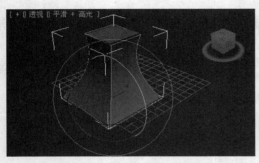

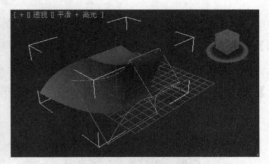

图 5-22　沿 X 轴旋转 Gizmo 至其原始状态　　　图 5-23　动画过程中其中一帧的画面效果

⑤.2.6　使用【波浪】修改器

【波浪】命令可以在对象上产生波浪效果。在【修改】命令面板的【修改器列表】下拉列表框中选择【波浪】命令，命令面板即显示为如图 5-24 所示的状态。该命令面板中的参数选项与【涟漪】命令面板相同。

【例 5-4】应用【波浪】命令制作波浪动画。

(1) 启动 3ds Max 2010 后，在【创建】面板中单击【几何体】按钮，然后在下拉列表框中选择【标准基本体】选项，再单击【对象类型】选项区域中的【长方体】按钮。

(2) 在【透视】视图中，绘制一个长为 300、宽为 600、高为 10，并且长、宽和高度方向的段数都为 20 的长方体，如图 5-25 所示。

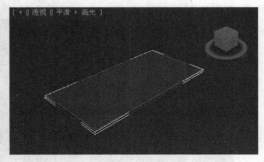

图 5-24　【波浪】命令面板　　　　　　　图 5-25　在【透视】视图中绘制长方体

(3) 单击动画控制区域中的【自动关键点】按钮，启动自动创建关键点功能，然后移动时间滑块至第 100 帧位置。

(4) 打开【修改】命令面板，选择【修改器列表】下拉列表框中的【波浪】命令，然后在【参数】卷展栏中设置【振幅 1】文本框中的数值为 20，【振幅 2】文本框中的数值为 20，【波长】文本框中数值为 50，如图 5-26 所示。

(5) 在【修改器堆栈】中展开【波浪】命令，选择 Gizmo 子项。

(6) 在工具栏中选择【选择并旋转】工具，然后选择【顶】视图，以 Z 轴旋转 Gizmo 对象，即可改变波浪的传播方向，如图 5-27 所示。

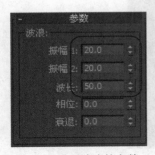

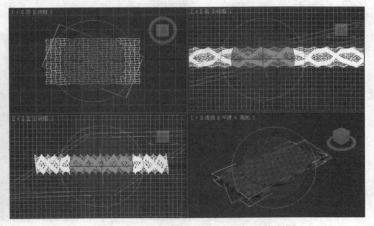

图 5-26　设置波浪的参数　　　　　图 5-27　改变波浪的传播方向后的视图

(7) 在【波浪】命令面板中设置【相位】为 2，即可改变波传送的相位。

(8) 单击动画控制区域中的【自动关键点】按钮，停止自动创建关键点功能。

(9) 在动画播放区域单击【播放】按钮，即可播放动画效果。如图 5-28 所示为动画过程中的画面效果。

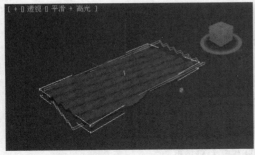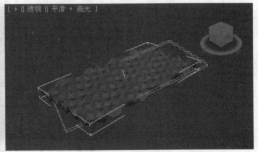

图 5-28　动画过程中画面效果

⑤.2.7　应用 FFD 命令

应用【FFD (自由形式变形器)】命令后，用户可以通过工具栏中的旋转、移动、缩放等工具调整各个控制点的位置，从而改变对象的外观形状。在使用 FFD 命令进行编辑时，用户可以在【修改器堆栈】中展开该命令，然后选择其子层次编辑模式，即可显示【控制点】、【晶格】和【设置体积】3 个参数选项。在 3ds Max 中，FFD 命令有 FFD 2×2×2、FFD 3×3×3、FFD 4×4×4、【FFD 长方体】和【FFD 圆柱体】5 种。这里以【FFD 长方体】为例介绍 FFD 命令。

在【修改】命令面板的【修改器列表】下拉列表框中选择【FFD 长方体】命令，命令面板即可显示为如图 5-29 所示的状态。

图 5-29 【FFD 长方体】命令面板

在【FFD 长方体】命令面板中，各个参数选项的作用如下。

- 【尺寸】选项区域：该选项区域用于调整源体积的单位尺寸，并可以设置晶格的控制点数目。单击【设置点数】按钮，即可在打开的【设置 FFD 尺寸】对话框中设置控制点的数量，如图 5-30 所示。

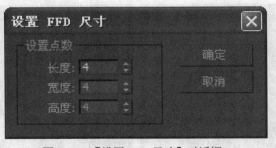

图 5-30 【设置 FFD 尺寸】对话框

- 【显示】选项区域：该选项区域用于设置 FFD 在视图中的显示参数选项。如果选中【晶格】复选框，则会显示连接控制点的线条；如果选中【源体积】复选框，则控制点和晶格会以未修改状态显示。
- 【变形】选项区域：该选项区域用于设置受 FFD 影响的顶点范围。选择【仅在体内】单选按钮，则只有位于源体积内的顶点会变形，源体积外的顶点不受影响；选择【所有顶点】单选按钮，则所有顶点都会变形，不管是位于源体积内部或外部，其具体情况取决于【衰减】选项中的数值；【衰减】选项仅在选择【所有顶点】单选按钮时可用，它用于设置 FFD 效果减为零时与晶格的距离，当数值为 0 时，顶点处于关闭状态，不衰减。
- 【张力】文本框：用于设置变形曲线的张力。张力越大，该顶点的影响范围越广，顶点周围的点都会向外突起。
- 【连续性】文本框：用于设置曲线变形的连续效果。

- 【选择】选项区域：用于设置控制点的选择方法。用户可以分别单击【全部 X】、【全部 Y】或【全部 Z】按钮，也可以同时单击多个按钮任意组合它们，然后在一个或多个轴向上选择控制点。
- 【控制点】选项区域：在该选项区域中，单击【重置】按钮，可以将所有控制点返回至其原始位置；单击【全部动画化】按钮，可以将【点 3】控制器指定给所有控制点，这样它们在【轨迹视图】中为可见。如果单击【与图形一致】按钮，则会在对象中心控制点位置之间沿直线延长线，将每一个 FFD 控制点移到修改对象的交叉点上。这时，如果选中【内部点】复选框，则仅控制受【与图形一致】影响的对象内部点；如果选中【外部点】复选框，则仅控制受【与图形一致】影响的对象外部点。【偏移】选项用于设置受【与图形一致】影响的控制点偏移对象曲面的距离。

⑤.3   上机练习

本章主要介绍了【修改】命令面板的使用方法，其中重点介绍了【噪波】、【锥化】和 FFD 命令的应用。在掌握本章内容后，用户应可以使用【修改】命令面板创建一些常用的基础模型，下面通过实例巩固相关知识点。

⑤.3.1   创建宝石模型

(1) 将场景重置，执行【创建】|【几何体】|【标准基本体】命令，打开【标准基本体】创建命令面板。

(2) 单击【球体】按钮，利用三维捕捉工具，在【顶】视图以中心珊格点为中心，单击并拖动鼠标，确定球体大小后释放，即可创建一个球体。

(3) 在【参数】卷展栏，将【半径】设置为 60.0，【分段】设置为 8，禁用【平滑】复选框，将【半球】设置为 0.5，其余参数保持默认设置，如图 5-31 所示。

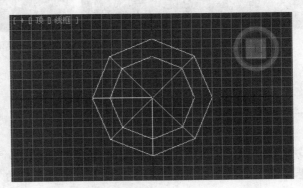

图 5-31 创建半球体

(4) 打开修改器列表，在其中选择锥化修改器，应用到当前创建的半球体上。在【参数】卷展栏，将【数量】设置为 1.0，【曲线】设置为 0.0，【主轴】设置为 Z 轴，【效果】设置为 XY，其他参数保持默认状态，如图 5-32 所示。

(5) 在修改器堆栈展开 Taper 修改器，选择 Gizmo，该项所在行高亮显示，如图 5-33 所示。同时，各个视图中同时出现半球体的 Gizmo 边框。

(6) 单击主工具栏【选择并移动】按钮，右击【左】视图将其激活，将指针移动到 Z 轴单击并上下拖动，直到半球体锥化效果如图 5-34 左图所示后释放。

计算机 基础与实训教材系列

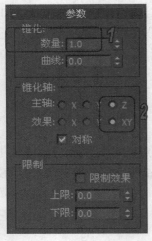

图 5-32　设置锥化参数

图 5-33　选择锥化方式

(7) 完成后，将场景文件保存，此时【透视】视图中的效果如图 5-34 右图所示。

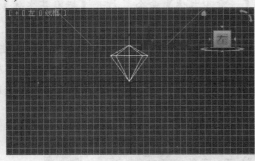
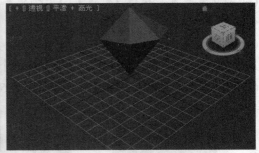

图 5-34　锥化效果制作的宝石模型

⑤.3.2　创建坐垫模型

(1) 启动 3ds Max 2010 后，在【创建】面板中单击【几何体】按钮，然后在下拉列表中选择【扩展基本体】选项，再单击【对象类型】选项区域中的【切角长方体】按钮。

(2) 在【透视】视图中，绘制一个长为 180、宽为 300、高为 20、圆角为 10，并且长、宽和高度方向的段数都为 10 的切角长方体，如图 5-35 所示。

(3) 在【修改】命令面板的【修改器列表】下拉列表框中，选择 FFD 4×4×4 命令，打开该修改器面板。

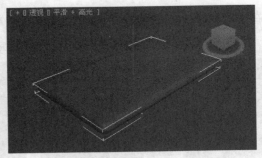

图 5-35　创建切角长方体

(4) 在【修改命令堆栈】中展开 FFD 4×4×4 命令，然后选择【控制点】子选项，进入编辑控制点模式，此时视图中的切角长方体出现可供编辑的控制点，如图 5-36 所示。

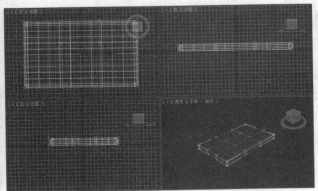

图 5-36　选择【控制点】子项

(5) 在【顶】视图中框选最左边的 4 个控制点，然后在工具栏中选择【选择并非均匀缩放】工具，再沿着 X 轴方向向左移动，即可收缩选择的控制点，如图 5-37 所示。

(6) 使用工具栏中的【选择并移动】工具，在【前】视图中沿着 Y 轴向下调整控制点位置，如图 5-38 所示。

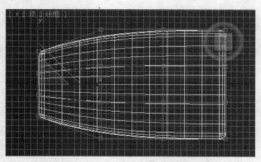

图 5-37　沿着 X 轴方向收缩选择的控制点

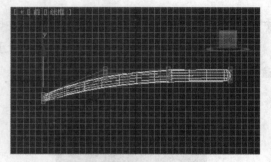

图 5-38　沿着 Y 轴向下调整控制点位置

(7) 在【顶】视图中选择中央的 4 个控制点，然后在【左】视图中沿着 Z 轴向下移动，即可形成中心部分凹陷效果，如图 5-39 所示。这样就完成了坐垫制作。

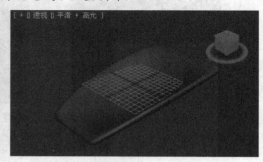

图 5-39　完成的坐垫形状

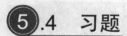

⑤.4　习题

1. 参考 5.3.1 小节的实例，练习使用锥化效果的使用。
2. 参考 5.3.2 小节的实例，练习使用 FFD 命令制作沙发模型。

第6章

复合建模方式

学习目标

在 3ds Max 2010 中，用户可以使用放样建模、变形放样等基础复合建模方式创建各种三维模型。另外，采用挤出建模方式可以将二维图形作为轮廓生成三维模型，采用车削建模方式可以将二维图形绕一定轴向旋转生成三维模型。

本章重点

- 了解变形、连接、离散、图形合并等常用复合建模方法
- 掌握放样建模的原理和方法
- 挤出建模的操作方法
- 车削建模的操作方法

6.1 放样建模

放样建模利用两个或两个以上的二维图形来创建三维模型，它源于古希腊的造船技术，为保证船体建造的大小，通常先做出船体的横截面，再插入不同的高度作为船体的支架，然后以龙骨为路径，在支架中沿着不同的截面进行装配，截面之间在装配的过程中会进行平滑。用截面在装配中不断升高的过程，就称为放样。

图 6-1 形象地说明了放样的过程，视图中的公路模型可以看作是 A 图形沿 B 图形不断生长的结果，由此可以看出，要利用放样创建模型，至少要有两个二维图形。通常情况下，一个图形作为放样的路径，另一个作为放样的截面。如图 6-1 中所示，图形 A 就是放样截面，而图形 B 就是放样路径。放样截面没有限制，可以有多个，形态也没有限制；放样路径则主要用来定义放样的深度，可以是开放的线段，也可以是封闭的曲线，但需要注意的是，放样路径只能有一条。

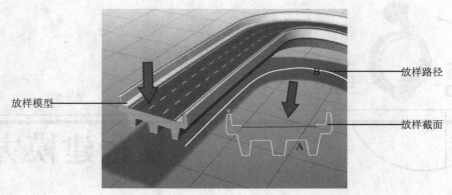

图 6-1　放样建模原理示意图

放样路径

放样模型

放样截面

6.1.1　放样参数

放样参数主要由【创建方法】、【曲面参数】、【路径参数】和【蒙皮参数】这 4 个卷展栏组成，如图 6-2 所示。

- 【创建方法】：用于确定是使用放样截面方式还是使用放样路径方式来创建放样模型，以及确定放样模型所使用的复制类型。如果使用放样路径方式，则在选中了放样截面图形后，单击【获取路径】按钮，可用于将路径指定给选定的截面图形或更改当前指定的路径；如果使用放样截面方式，则在选中了放样路径后，单击【获取图形】按钮，可用于将放样截面图形指定给选定的放样路径或更改当前指定的截面图形。

图 6-2　放样控制参数

- 【曲面参数】：用于控制放样曲面的光滑度以及是否沿着放样模型应用纹理贴图。【平滑】选项区域的【平滑长度】用于沿着路径的长度提供平滑曲面，当路径曲面或路径上的图形更改大小时，这类平滑非常有用；【平滑宽度】用于围绕横截面图形的周围边界提供平滑曲线，当图形更改顶点数或更改外形时，这类平滑非常有用。贴图选项区域的【应用贴图】用于选择是否使用放样贴图坐标；【长度重复】用于设置沿着路径的长度重复贴图的次数，【宽度重复】用于设置围绕横截面图形的周围边界重复贴图的次数；【规格化】确定路径顶点间距沿着路径长度和图形宽度如何影响贴图。【材质】选项区域的【生成材质 ID】用于在放样期间生成材质 ID 号；【使用图形 ID】用于提供使用样条线材质 ID 来定义 ID 的选择。

- 【路径参数】：用于控制沿着放样路径在各个间隔期间的图形位置。【路径】用于控制路径的级别；【捕捉】用于控制沿着路径图形之间的恒定距离；【启用】复选框用于确定是否启动捕捉；【百分比】用于将路径表示为路径总长度的百分比；【距离】用于表示路径第一个顶点的绝对距离；【路径步数】用于将图形置于路径步数和顶点上，而不是作为沿着路径的一个百分比或距离；【拾取图形】按钮用于将路径上的所有图形设置为当前级别；【上一个图形】按钮用于从路径级别的当前位置上沿路径跳到上一个图形上；【下一个图形】按钮用于从路径级别的当前位置上沿路径跳到下一个图形上。

- 【蒙皮参数】：用于调整放样模型网格的复杂性，通过控制面数来优化网格。【封口】选项区域的【封口始端】用于使路径第一个顶点处的放样端被封口；【封口末端】用于使路径最后一个顶点处的放样端被封口。【选项】区域的【图形步数】用于设置横截面图形的每个顶点之间的步数；【路径步数】用于设置路径的每个主分段之间的步数；【翻转法线】用于将法线翻转 180°，可使用此选项来修正内部外翻的对象；【自适应路径步数】如果启用，则分析放样，并调整路径分段的数目，以生成最佳蒙皮。

⑥.1.2 放样建模的操作步骤与条件

放样建模的基本步骤如下。

(1) 创建一个二维图形，可以是线段或封闭曲线，作为放样的路径。

(2) 创建一个或多个二维图形，作为放样生长的截面，可以是任意的二维图形。

(3) 选取作为放样路径的二维图形，执行【创建】|【复合】|【放样】命令，在【修改】参数面板的【创建方法】卷展栏下单击【获取图形】按钮，然后在视图中单击选择截面二维图形；或者选取作为放样截面的一个二维图形，执行【创建】|【复合】|【放样】命令，在【修改】参数面板的【创建方法】卷展栏下单击【获取路径】按钮，然后在视图中单击选择路径二维图形。由于放样截面不止一个，可以重复执行这些步骤。

关于放样建模的基本条件如下。

- 放样的截面图形和放样路径必须都是二维图形。
- 对于截面图形，可以是一个，也可以是任意多个，而放样路径却只能有一条。
- 截面图形可以是开放的图形，也可以是封闭的图形，但放样路径只能包含一条曲线，最典型的例如圆环就不能作为放样路径，因为它虽然是曲线，但包含两条曲线。

● 形状之间的过渡方法不是简单地用直线连接，而是采用合适的曲线来拟合，且可通过参数来调节曲线的光滑度。

【例6-1】通过放样创建模形。

(1) 在【顶】视图中创建一条圆弧和一个星形图形，如图6-3所示。

(2) 选择圆弧，作为放样路径。

(3) 在【创建】命令面板中单击【几何体】按钮，然后在其下方的下拉列表框中选择【复合对象】选项，接下来单击【复合对象】命令面板中的【放样】按钮，打开【放样】命令面板，如图6-4所示。

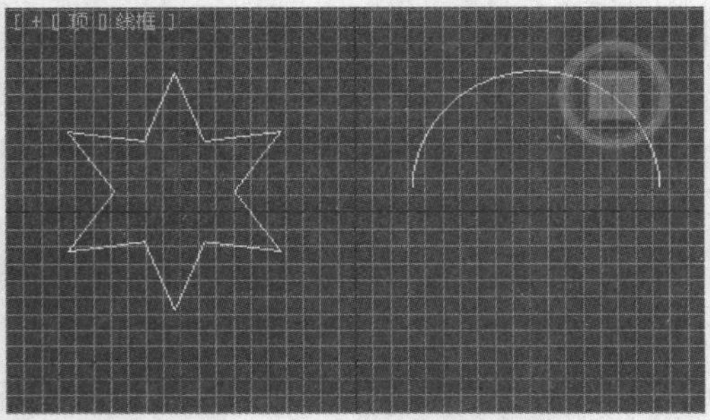

图6-3　创建圆弧和星形图形

图6-4　【放样】命令面板

(4) 在【创建方法】卷展栏中单击【获取图形】按钮，然后移动光标至视图中的星形图形上并单击，即可创建放样的三维模型，如图6-5所示。

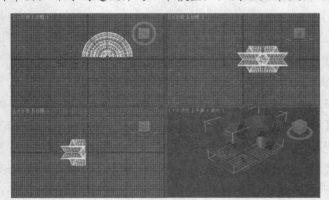

 提示

　　本例用户也可以尝试将星形作为放样路径放样建模，并比较创建的模型有什么不同。

图6-5　创建的三维模型

6.1.3 修改放样模型

如果对已完成的放样模型不太满意，用户还可以对该模型的截面和路径进行修改，从而达到修改整个放样模型的效果。

1. 修改放样截面

- 添加放样截面图形：放样模型的截面图形可以有多个，形状也可以是任意的。在【左】视图创建一个圆形，选中放样模型，打开【修改】命令面板，选中【路径参数】卷展栏下的【启用】复选框，选中【百分比】单选按钮，在【路径】文本框中输入 50，然后在【创建方法】卷展栏下单击【拾取图形】按钮，单击选择视图中的星形截面图形，生成效果如图 6-6 所示。

- 修改放样截面参数：创建放样模型时，在【创建方法】卷展栏选中【实例】单选按钮方式，那么通过修改放样截面图形，便可间接地修改放样模型。单击视图中的圆型截面对象，在【修改】参数面板中将它的【半径】修改为 45.0，此时放样模型效果如图 6-7 所示。

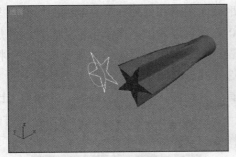
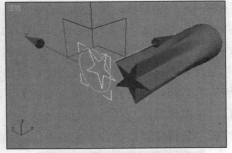

图 6-6 添加放样截面图形　　　　　　　图 6-7 修改放样截面参数

- 变换放样截面：选择场景中的放样模型，展开 Loft 修改器，选择图形子对象。在放样模型中，选择并移动圆形放样截面，可以发现放样模型随着圆形截面的移动而发生改变。这实际上是修改了截面图形的放样路径位置，同样移动并旋转星形截面图形，也会使放样模型发生相应改变，如图 6-8 所示。

- 复制放样截面：放样模型都是从路径的起点向终点进行放样的，即使放样路径的末端没有截面图形，路径上的最后一个截面图形也会沿着路径产生末端部分的放样模型。首先选择放样模型，进入它的图形子对象级，然后在放样模型上单击选择圆形截面图形。利用边移动边复制的方法将圆形截面图形复制，并将复制图形移动到放样路径的起始端，放样模型效果如图 6-9 所示。

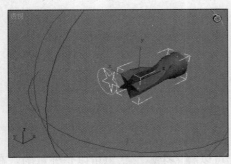

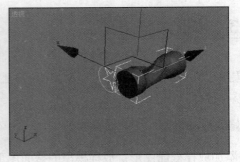

图 6-8 变换放样截面　　　　　　　　　图 6-9 复制放样截面

- 对齐放样截面：放样模型的表面是从各截面的起始点开始排列的。当放样路径上含有两个或两个以上的截面图形且放样截面的起始点不在同一条直线上时，便会造成放样模型的扭曲。要消除扭曲现象，就必须使截面图形的顶点位于同一平行路径上。选中放样模型，进入它的图形子对象级，在【图形命令】卷展栏下单击【比较】按钮，将会打开【比较】窗口，如图 6-10 左图所示。单击【比较】窗口中的【拾取图形】按钮，把光标移动到视图中放样模型的圆形截面一端，当光标变为斜向的"双十"字形状时单击圆形，将其选中，这时圆形截面将会出现在【比较】窗口中，此时光标的形状会变成一个斜向的"十"字加"一"字形状，用同样的方法将星形截面图形和另外一个复制的圆形截面图形也选择进去，如图 6-10 右图所示。从图 6-10 右图可以看出，黑色十字标志表示的是放样的路径，圆形和星形都有一个小圆点，它表示的是截面的起始点，需要做的就是将它们的起始点对齐。在【透视】视图中，单击选择圆形截面图形，利用主工具栏中的【选择并旋转】按钮，同时打开【角度捕捉】工具，分别旋转两个圆形截面，并观察【比较】窗口，使圆形截面与星形截面的起始点在一条直线上，如图 6-11 左图所示，此时【透视】视图中放样模型的扭曲现象消除了，如图 6-11 右图所示。

图 6-10 选取截面图形

2. 修改放样路径

放样不仅能够对二维截面图形进行添加和修改，同样也能对放样路径进行修改，从而改变放样模型的形状。在视图中，选中作为放样路径的直线，打开【修改】命令面板，展开 Line 修改器，进入顶点子对象级，选中直线的某个端点进行移动，放样模型则也随之改变，如图 6-12 所示。

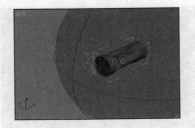

图 6-11 消除放样扭曲

6.2 编辑放样对象

3ds Max 提供了专门针对放样模型的编辑器，用户可以先选择放样模型，然后打开【修改】命令面板，通过如图 6-13 所示的【变形】卷展栏中的各类编辑器进行操作。

图 6-12 修改放样路径   图 6-13 【变形】卷展栏

6.2.1 【缩放】编辑器

【缩放】编辑器用于对放样截面进行缩放操作，以获得同形状的截面在路径的不同位置上的大小不同的效果。用户可以使用这种编辑器制作花瓶、圆柱等模型。

【例 6-2】使用【缩放】编辑器调整放样模型，制作花瓶模型。

(1) 在【创建】命令面板中单击【图形】按钮，打开【图形】命令面板，然后单击【线】按钮，在【前】视图中创建一条垂直的直线，如图 6-14 左图所示。

(2) 在【图形】命令面板中单击【圆】按钮，在【顶】视图中创建一个圆，并设置【半径】文本框中的数值为 50，如图 6-14 右图所示。

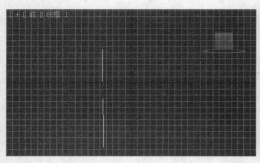 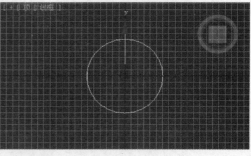

图 6-14　创建直线和圆形

(3) 在工具栏中选择【选择对象】工具，然后在视图中选择直线。

(4) 接着在【创建】命令面板中单击【几何体】按钮，然后在其下方的下拉列表框中选择【复合对象】选项，单击【复合对象】命令面板中的【放样】按钮，打开【放样】命令面板。

(5) 在【放样】命令面板的【创建方法】卷展栏中单击【获取图形】按钮，再选择【移动】单选按钮，如图 6-15 所示。

(6) 移动光标至视图中，单击圆形，即可放样创建一个圆柱体，如图 6-16 所示。

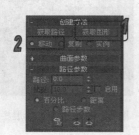 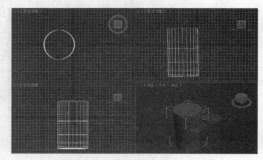

图 6-15　创建圆　　　　　　　　　　　　　　图 6-16　放样创建一个柱体

(7) 打开【修改】命令面板，然后在【变形】卷展栏中单击【缩放】按钮，打开【缩放变形】对话框，如图 6-17 所示。

(8) 在【缩放变形】对话框的工具栏中单击【显示 X 轴】按钮。默认情况下，该按钮为选择状态。

(9) 在【缩放变形】对话框的工具栏中单击【插入角点】按钮，然后在变形曲线(红色线)上单击加入一个控制点。使用同样的方法，在该对话框中加入多个控制点，如图 6-18 所示。

图 6-17　【缩放变形】对话框　　　　　　　图 6-18　在【缩放变形】对话框中加入多个控制点

(10) 在【缩放变形】对话框的工具栏中单击【缩放控制点】按钮，然后选择创建的控制点，上下移动调整缩放参数，最终调整为如图 6-19 所示的效果。这时创建的圆柱模型被调整成花瓶模型，如图 6-20 所示。

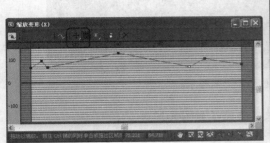

图 6-19　调整控制点

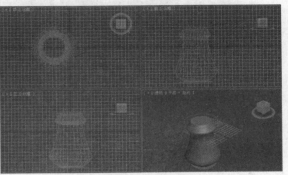

图 6-20　调整后的花瓶模型

(11) 在【缩放变形】对话框的工具栏中单击【移动控制点】按钮，然后单击控制点并右击，在打开的快捷菜单中选择【Bezier-平滑】命令。这样就可以通过调整控制点的控制柄平滑花瓶轮廓，使其曲面更加平滑柔和，如图 6-21 所示。

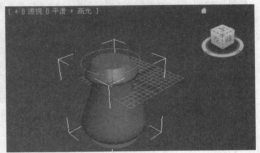

图 6-21　调整后的花瓶形状

6.2.2　【扭曲】编辑器

【扭曲】编辑器用于沿放样路径所在轴旋转放样截面图形，以形成扭曲。对放样模型进行扭曲可以创建钻头、螺丝等模型。

【例 6-3】使用【扭曲】编辑器调整放样模型。

(1) 选择【星形】工具，在顶视图中绘制一个星形图形，在【参数】卷展栏中，设置【半径 1】为 50，【半径 2】为 30，【点】为 4，如图 6-22 所示。

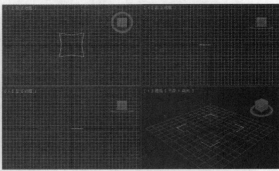

图 6-22　创建星形图形

(2) 使用【线】工具，在前视图中创建一个放样路径，如图 6-23 所示。

(3) 在场景中选择放样路径，然后选择【几何体】|【复合对象】|【放样】工具，在【创建方法】卷展栏中单击【获取图形】按钮，然后在视图中选择星形，放样建模后的效果如图 6-24 所示。

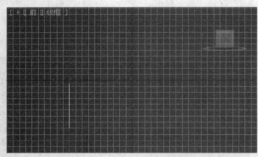

图 6-23　创建放样路径

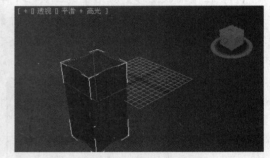

图 6-24　放样建模

(4) 切换到【修改】命令面板，在【蒙皮参数】卷展栏中将【路径步数】设置为 50，如图 6-25 所示。然后单击【变形】卷展栏中的【扭曲】按钮，如图 6-26 所示。

图 6-25　设置【路径步数】值

图 6-26　单击【扭曲】按钮

(5) 打开【扭曲变形】对话框后，移动右侧的控制点，如图 6-27 所示。调整后的扭曲模型
效果如图 6-28 所示。

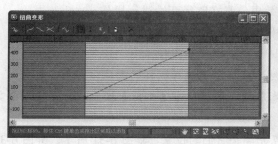

图 6-27　创建并调整变形曲线的控制点

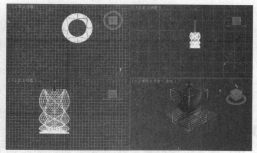

图 6-28　扭曲的模型

⑥.2.3　【倾斜】编辑器

【倾斜】编辑器用于围绕局部 X 轴和 Y 轴旋转放样模型的截面图形。

【例6-4】使用【倾斜】编辑器调整放样模型。

(1) 采用创建放样圆柱体的操作方法，在场景中创建一个圆柱体。

(2) 在工具栏中单击【选择对象】按钮，然后在视图中选择放样的圆柱体。

(3) 在【修改】命令面板中展开【变形】卷展栏，然后单击【倾斜】按钮，打开【倾斜变
形】对话框。

(4) 在该对话框中，设置变形曲线的控制点并调整它们的位置，如图 6-29 所示。

(5) 选择【渲染】|【环境】命令，打开【环境和效果】对话框。在该对话框中，设置环境
背景色为白色。选择【透视】视图，然后按 Shift+Q 快捷键渲染场景。渲染后的效果如图 6-30
所示。

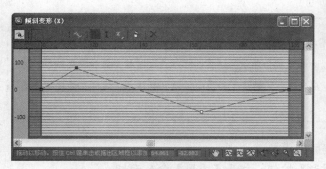

图 6-29　设置并调整变形曲线的控制点

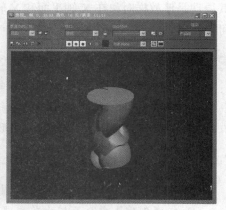

图 6-30　渲染场景后的效果

计算机 基础与实训教材系列

6.2.4 【倒角】编辑器

【倒角】编辑器用于对放样模型产生倒角效果，常在路径两端进行操作。

【例6-5】使用【倒角】编辑器调整放样模型。

(1) 采用创建放样圆柱体的操作方法，在场景中创建一个圆柱体。

(2) 在工具栏中单击【选择对象】按钮，然后在视图中选择放样的圆柱体。

(3) 在【修改】命令面板中展开【变形】卷展栏，然后单击【倒角】按钮，打开【倒角变形】对话框。

(4) 在该对话框中，设置变形曲线的控制点并调整它们的位置，如图6-31所示。如图6-32所示为调整后的模型效果。

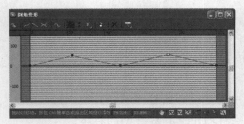

图 6-31　设置并调整变形曲线的控制点

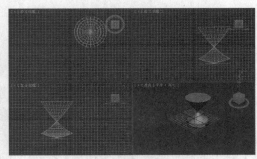

图 6-32　调整后的模型效果

6.2.5 【拟合】编辑器

【拟合】编辑器用于在路径的 X、Y 轴上进行拟合放样操作，它是放样功能最有效的补充。其原理是使放样对象在 X 轴平面和 Y 轴平面上同时受到两个图形的挤出限制而形成新模型，也可以在单轴向上单独作拟合。

 提示 ---

使用 Bezier 曲线放样时路径上的步数会不均匀，这样创建的模型在以后修整时，会对修整效果产生影响，因此应尽量让 Bezier 曲线的控制柄均匀。如果对拟合效果不满意，可以通过增加步数和提高细节，达到满意的拟合效果。另外，用于拟合的图形，应在 X、Y 的最大和最小值位置有顶点，这样在旋转拟合图形时，不会产生较大的变形。

【例6-6】使用【拟合】编辑器调整放样模型。

(1) 在【创建】命令面板中单击【图形】按钮，打开【图形】命令面板。

(2) 单击【图形】命令面板中的【圆】按钮，在【顶】视图中创建一个圆，然后在【圆】命令面板中设置【半径】文本框中的数值为50。

（3）在【图形】命令面板中单击【矩形】按钮，然后在【前】视图中创建一个矩形，再设置【长度】文本框中的数值为100，【宽度】文本框中的数值为200。接着在该视图中单击【线】按钮，创建一条直线。

（4）在【图形】命令面板中单击【椭圆】按钮，在【左】视图中创建一个椭圆，然后在【椭圆】创建命令面板中设置【长度】文本框中的数值为70，【宽度】文本框中的数值为280。如图6-33所示为创建后的视图效果。

（5）在【顶】视图中选择圆，选择主工具栏中的【对齐】按钮，然后在【顶】视图中单击矩形，打开【对齐当前选择】对话框。在该对话框中，禁用Y复选框，设置对齐方式为中心，如图6-34所示。设置完成后，单击【确定】按钮。

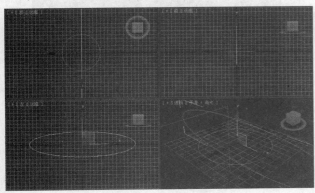

图6-33 创建的3个图形　　　　　　图6-34 设置【对齐当前选择】对话框中的参数选项

（6）使用【选择对象】工具选择直线，然后打开【修改】命令面板，单击【顶点】按钮，进入点子层级。选择【几何体】卷展栏中的【平滑】单选按钮，这样可以保证直线的均匀性，如图6-35所示。

（7）保持直线的选择状态，在【创建】命令面板中单击【几何体】按钮，然后在其下方的下拉列表框中选择【复合对象】选项，接下来单击【复合对象】命令面板中的【放样】按钮，打开【放样】命令面板。

（8）在【放样】命令面板中单击【获取图形】按钮，然后在【顶】视图中单击圆形，接着在【蒙皮参数】卷展栏中设置【图形步数】文本框中的数值为26，【路径步数】文本框中数值为30，如图6-36所示。

图6-35 设置直线的顶点类型　　　　图6-36 设置【蒙皮参数】卷展栏中的参数选项

(9) 选择放样后生成的圆柱体，打开【修改】命令面板，在【变形】卷展栏中单击【拟合】按钮，打开【拟合变形】对话框。

(10) 在该对话框的工具栏中单击【均衡】按钮，再单击【获取图形】按钮，然后在场景中选取椭圆，即可在【拟合变形】对话框中添加该图形，如图 6-37 所示。

(11) 在【拟合变形】对话框的工具栏中单击【显示 Y 轴】按钮，再单击【获取图形】按钮，然后在场景中选取矩形，即可在【拟合变形】对话框中添加该图形。最终视图中的圆柱体模型改变为如图 6-38 所示的效果。

图 6-37　在【拟合变形】对话框中添加图形

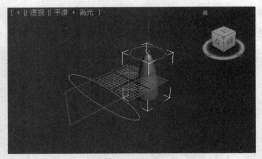

图 6-38　经过处理后的结果

6.3　挤出建模

挤出是将二维图形转换为三维模型的重要方法，也是 3ds Max 中极为重要的编辑手段。挤出造型的基本原理是利用二维图形作为轮廓，制作出相同形状且厚度可以调节的三维模型。一般在某轴向上横截面始终不变的三维模型，可以使用这种方法创建。在实际建模应用中，挤出建模方法常常应用于建筑模型和工业模型的制作中。

在【修改】命令面板的【修改器列表】下拉列表框中选择【挤出】选项，即可打开【挤出】命令面板，如图 6-39 所示。

其中，【参数】卷展栏中各主要参数选项的作用如下。

● 【数量】文本框：用于设置图形挤出的厚度值。

● 【分段】文本框：用于设置在挤出方向的段数。

● 【封口始端】复选框：选中该复选框，挤出的模型始端会创建一个面。

● 【封口末端】复选框：选中该复选框，挤出的模型末端会创建一个面。

● 【变形】单选按钮：选择该单选按钮，在一个可预测、可重复模式下安排封口面。

● 【栅格】单选按钮：选择该单选按钮，在图形边界上的方形修剪栅格中安排封口面。

● 【输出】选项区域：用于设置挤出的输出模式。其中有 3 个单选按钮，选择【面片】单选按钮，可以以面片模式输出生成的对象；选择【网格】单选按钮，可以以网格模式输出生成的对象；选择 NURBS 单选按钮，可以以 NURBS 曲面模式输出生成的对象。

⑥.4 车削建模

首先绘制物体的 1/4 的截面图形，然后使用【车削】命令进行旋转建模，是 3ds Max 中常用的一种建模方法。它的原理就像制作陶罐的沙轮一样，以一个平面图形绕一个轴旋转。该功能常用于制作高脚杯、酒坛、花盆等模型。

在【修改】命令面板的【修改器列表】下拉列表框中，选择【车削】选项，将打开如图 6-40 所示的【车削】命令面板。

图 6-39 【挤出】命令面板

图 6-40 【车削】命令面板

其中，【参数】卷展栏中各参数选项的作用如下。

- 【度数】文本框：用于设置二维线条旋绕的角度，其数值范围在 0°~360°之间。一般要产生闭合的三维几何体都为 360°。
- 【焊接内核】复选框：选中该复选框，系统会自动将表面平滑化。这是由于二维线条不一定完全符合旋转规范，会造成旋绕后旋绕中心的网格面不平滑。该操作有可能不是很准确，如果还要进行其他编辑操作，一般不要选中该复选框。
- 【翻转法线】复选框：选中该复选框，可将物体表面法线翻转。
- 【分段】文本框：用于提高旋绕生成模型的精度。不过，这样会大大增加模型的复杂程度。
- 【封口始端】和【封口末端】复选框：用于设置是否在旋绕部分的始端和末端创建平面。
- 【方向】选项区域：用于设置车削旋转的轴向。
- 【对齐】选项区域：用于定位相对于曲线的旋转轴。单击【最小】按钮，可以在曲线局部 X 轴边界负方向上定位车削轴；单击【中心】按钮，可以在曲线中心定位车削轴；单击【最大】按钮，可以在曲线局部 X 轴边界正方向上定位车削轴。

【例6-7】利用车削修改器创建国际象棋中的兵模型。

(1) 将场景重置。执行【创建】|【图形】|【样条线】命令，打开样条线创建命令面板。单击【线】按钮，在【创建方法】卷展栏将【初始类型】和【拖动类型】均设置为角点。

(2) 右击【前】视图将其激活。在该视图中创建如图 6-41 所示的闭合曲线。

(3) 选中曲线的状态下打开【修改】命令面板，在修改器堆栈展开 Line，进入曲线的顶点子对象级。用光标框选住曲线底部最右侧的两个顶点，单击【几何体】卷展栏中的【圆角】按钮，对这两个顶点进行处理，对曲线拐角处创建光滑圆角。可适当地移动由于圆角处理而新添加的顶点位置，效果如图 6-42 所示。

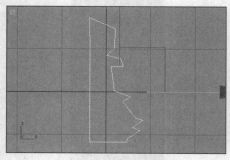
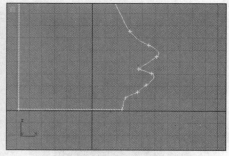

图 6-41　创建二维曲线　　　　图 6-42　对曲线底部两个拐角处进行圆角处理

(4) 在如图 6-43 左图所示曲线线段处需要添加一个顶点。单击【几何体】卷展栏中的【优化】按钮，将光标移到该位置单击创建一个顶点。对该顶点进行移动，使其位置如图 6-43 右图所示。

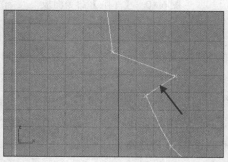
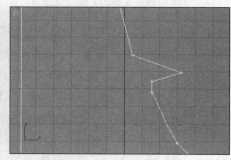

图 6-43　插入并移动顶点

(5) 用同步骤(3)的方法对拐角处制作圆角。选择插入顶点下方的顶点，右击在弹出菜单中选择【光滑】选项，将该顶点类型更改为光滑顶点，移动该顶点，使曲线更圆滑一些，效果如图 6-44 所示。

(6) 用同样的方法将上面除了第 1 个顶点的 3 个顶点类型更改为光滑顶点，移动这 3 个顶点，使曲线顶部接近于球体截面。选择最顶端的顶点，右击后在弹出菜单中选择【Bezier 角点】选项，将其更改为 Bezier 角点，移动 Bezier 角点的控制点，使曲线顶部图形更加接近于球体截面，如图 6-45 所示。

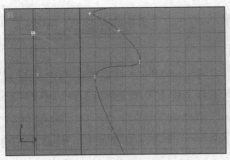

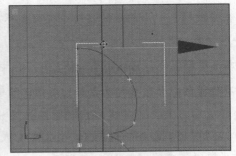

图 6-44　在曲线中间拐角处制作圆角　　　　图 6-45　修改曲线顶部图形

(7) 在修改器堆栈中单击 Line，退出曲线的子对象级编辑。打开修改器列表，在其中选择车削，将其应用到曲线。然后在【参数】卷展栏选中【焊接内核】、【翻转法线】、【封口始端】和【封口末端】复选框，单击 Y 按钮，单击【最小】按钮，选中参数卷展栏底部的【光滑】复选框，此时视图中车削修改后的棋子模型如图 6-46 所示。

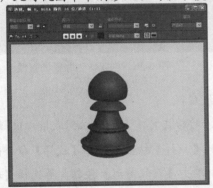

图 6-46　利用车削修改器制作的兵模型

> **提示**
>
> 在实际车削建模过程中往往无法一次成型，用户应反复对车削修改的参数进行设置和调整，直到得到较为理想的模型为止。

6.5　上机练习

本章主要介绍了放样建模，以及挤出变形、车削变形等多种建模操作方法，用户可以通过这些方法将二维模型创建成三维模型，其中应重点掌握对放样对象的变形操作。本节将通过实例，演示创建台布模型和扳手模型的方法。

6.5.1　创建圆形台布模型

(1) 启动 3ds Max 2010 后，打开【图形】命令面板。在该命令面板中单击【圆】按钮，然后在【顶】视图中创建一个圆形。

(2) 在【圆】命令面板的【参数】卷展栏中，设置【半径】文本框中的数值为 75。

（3）在【图形】命令面板的【对象类型】卷展栏中单击【星形】按钮，然后在【顶】视图中创建一个星形。

（4）在【星形】命令面板的【参数】卷展栏中，设置【半径1】文本框中的数值为100，【半径2】文本框中的数值为90，【点】文本框中的数值为14，【圆角半径1】和【圆角半径2】文本框中的数值均为10。设置完成后的图形效果如图6-47所示。

（5）在【图形】命令面板的【对象类型】卷展栏中，单击【线】按钮，然后在【前】视图中创建作为路径的直线，如图6-48所示。

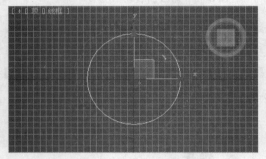
图6-47　绘制完成的图形

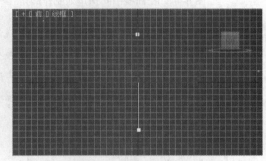
图6-48　创建作为路径的直线

（6）在工具栏中选择【选择对象】工具，选择直线路径。

（7）在【创建】命令面板中单击【几何体】按钮，然后在其下方的下拉列表框中选择【复合对象】选项，接下来单击【复合对象】命令面板中的【放样】按钮，打开【放样】命令面板。

（8）在【放样】命令面板的【创建方法】卷展栏中单击【获取图形】按钮，再选择【移动】单选按钮，然后在视图中单击圆形，即可创建放样第一个截面后的模型，如图6-49所示。

（9）在【参数】卷展栏中设置【路径】文本框中的数值为100。

（10）单击【创建方法】卷展栏中的【获取图形】按钮，然后移动光标至视图中，单击星形图形，即可创建放样星形截面的模型，如图6-50所示。

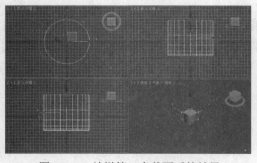
图6-49　放样第一个截面后的效果

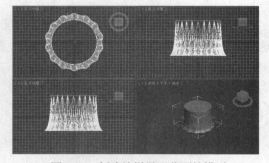
图6-50　创建放样星形截面的模型

（11）选择【渲染】|【环境】命令，在打开的【环境和效果】对话框中，设置环境背景色为白色，如图6-51所示。然后选择【透视】视图，按Shift+Q快捷键渲染场景。渲染后的效果

如图 6-52 所示。

图 6-51　调整背景颜色

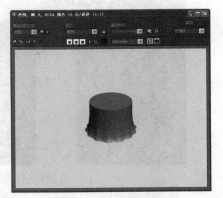

图 6-52　查看渲染效果

6.5.2　创建茶杯模型

(1) 启动 3ds Max 2010，打开【图形】命令面板，然后单击【线】按钮。

(2) 在【前】视图中绘制一个茶杯的截面图形，然后将该截面命名为"茶杯"，打开【修改】命令面板，将选择集定义为【顶点】，在【插值】卷展栏中设置【步数】为30，如图 6-53 所示。最后在场景中调整截面形状，最后的效果如图 6-54 所示。(有些角点在调节时，需要将其定义为 Bezier 角点，具体方法是右击该角点，然后在右键菜单中选择【Bezier 角点】命令。)

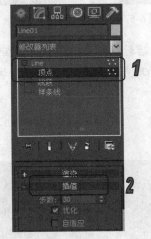

图 6-53　创建杯体截面

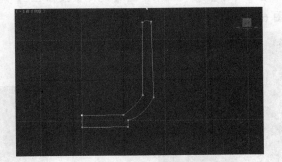

图 6-54　创建杯体截面

(3) 将当前选择集关闭，然后在修改器列表中选择【车削】修改器，设置【分段】值为32，然后单击【对齐】组下的【中心】按钮，如图 6-55 所示。

计算机 基础与实训教材系列

图 6-55　添加车削修改器

(4) 使用【线】工具，首先在茶杯杯体的右侧绘制一个长方形，如图 6-56 所示。然后取消选中【开始新图形】复选框，然后单击【圆】按钮，在长方形的内部绘制一个圆形形状，这样做的目的是可以使绘制后的两个形状成为一个图形，然后将其命名为"茶杯把"，如图 6-57 所示。

图 6-56　绘制一个长方形　　　　　　　　　　图 6-57　绘制一个圆形

(5) 打开【修改】命令面板，将选择集定义为【顶点】，然后对茶杯把进行调整，在调整时，可以打开【几何体】卷展栏，单击【优化】按钮在图形上添加顶点，如图 6-58 所示。调整后的效果如图 6-59 所示。

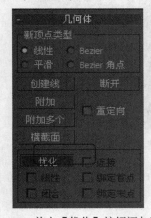

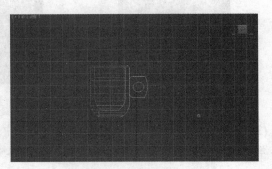

图 6-58　单击【优化】按钮添加顶点　　　　　　图 6-59　茶杯把调整后

(6) 打开【修改】命令面板,选中【倒角】修改器,在【倒角值】卷展栏中设置【级别 1】下的【高度】和【轮廓】为 4 和 0; 设置【级别 2】下的【高度】和【轮廓】为 2 和 0; 设置【级别 3】下的【高度】和【轮廓】为 1 和 0,如图 6-60 所示。

(7) 按 M 键打开【材质编辑器】窗口,选中一个样本球,然后单击【获取材质】按钮 ,如图 6-61 所示。打开【材质/贴图浏览器】窗口后,选中【材质库】单选按钮,然后在【文件】选项区域中单击【打开】命令,如图 6-62 所示。然后在弹出的对话框中选中提供的【茶杯材质】文件,单击【打开】按钮即可,如图 6-63 所示。

图 6-60 设置倒角值

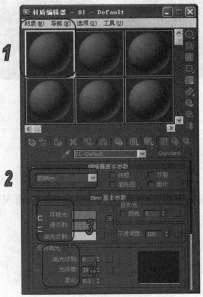

图 6-61 茶杯把调整后

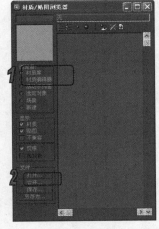

图 6-62 【材质/贴图浏览器】窗口

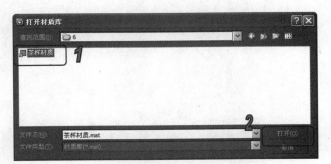

图 6-63 获取材质

(8) 此时,选中获取材质后的样本球,然后将其拖动到场景中的茶杯上即可,效果如图 6-64 所示。

(9) 单击【渲染产品】按钮，查看场景效果，如图 6-65 所示。最后，将当前场景命名为"茶杯"，保存到指定目录下即可。

图 6-64　添加材质到对象

图 6-65　渲染效果

6.6　习题

1. 参考 6.5.2 小节的实例，制作咖啡杯模型。
2. 练习使用车削命令创建花坛。

第7章

高级建模方式

学习目标

本章主要介绍了可编辑网格修改器、可编辑多边形修改器等常用多边形建模工具的使用方法，以及如何通过它们对模型的顶点、边、面等子对象进行修改的方法。另外还介绍了 NURBS 曲面建模方法，包括 NURBS 子对象的创建和编辑方法等内容。

本章重点

- 掌握可编辑网格修改器中各种工具和命令的使用方法
- 掌握网格模型的表面属性
- 掌握可编辑多边形修改器中各种工具和命令的使用方法
- 学会创建 NURBS 曲面
- 了解 NURBS 各种子对象的创建和编辑方法

7.1 可编辑网格建模

任何三维模型，都是由点、线、面等像网格这样的基本对象构成。点控制线，线控制面，而面控制模型的造型。弯曲、锥化、扭曲等修改器都只能作用于模型的整体，从而限制了对模型的修改。使用网格修改器，可以对模型的深层结构进行编辑，通过推、拉、删除、创建平面和顶点等操作，对模型的基本组成结构进行修改。

将三维模型转换为可编辑网格模型的方法有 3 种：选中模型，右击后在弹出菜单中选择【转换为】|【转换为可编辑网格】命令；直接将模型塌陷成网格模型；或者在修改器列表中为该模型应用编辑网格修改器。在中文版 3ds Max 2010 中，网格模型有 5 种子对象级：顶点、边、面、多边形和元素，如图 7-1 所示。

图 7-1　可编辑网格模型的子对象

⑦.1.1　选择子对象

将场景重置，执行【创建】|【几何体】|【标准基本体】命令，打开【标准基本体】创建命令面板，单击【长方体】按钮，在【顶】视图中创建一个长方体(长度分段和宽度分段为1)。右击长方体模型，在弹出菜单中选择【转换为】|【转换为可编辑网格】命令，将其转换为可编辑网格对象。打开【修改】命令面板，修改器堆栈显示【可编辑网格】修改器，将其展开，如图7-1左图所示。

- 选择顶点：在修改器堆栈的【可编辑网格】下选择【顶点】选项，或者在【选择】卷展栏单击【顶点】按钮，各个视图中将会显示长方体各个线面上的顶点。单击主工具栏中的变换工具，在视图中框选一行顶点，即可对它进行拖、拉、旋转等操作，如图 7-2 所示。

- 选择边：边的选择与顶点相似，在【可编辑网格】下选择【边】选项，或者在【选择】卷展栏单击【边】按钮，单击主工具栏中的变换工具，在视图中任意选择一条边，它将呈现红色，如图 7-3 所示。通过使用各种变换工具，可以对边的形状、位置等进行修改，从而改变整个模型。

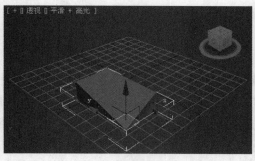
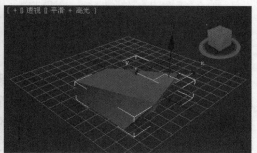

图 7-2　选择并变换顶点子对象　　　　　　　　图 7-3　选择并变换边子对象

- 选择多边形和面：选择方式与点、边相似。如图 7-4 所示，左图选取的是多边形子对象，右图选择的是面子对象，注意观察它们之间的区别。多边形其实就是一个个三角面。

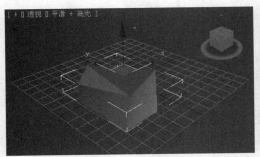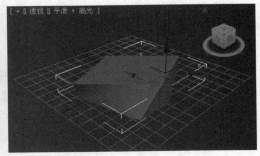

图 7-4　选择多边形和面子对象

- 选择元素：元素其实就是由独立的一组面形成的，元素内部的面不能有点或者面相接，否则便不能作为元素来进行操作。例如一个文字模型，只要笔划不连，那么每个笔划都可以作为一个元素来处理。本例中的长方体，其本身整体就是一个元素，因为它本身的内部的点、线、面是相互连接的。因而进行元素选取时，会将长方体全部选中。

7.1.2　软选择子对象

对具有多个顶点的复杂模型进行顶点的编辑太困难了。在后面的 NURBS 曲面建模中，将会向读者介绍利用 NURBS 的顶点编辑功能来对多个顶点同时进行编辑，变换一个顶点，将会影响其周围的一片顶点，非常方便。其实，可编辑网格修改器也具有这种功能。

将场景重置，在【顶】视图中新建一个长度分段和宽度分段分别为 4 的长方体，并将其转换为可编辑网格模型，将【透视】视图以线框方式显示，框选长方体的部分顶点。在【软选择】卷展栏下选中【使用软选择】复选框，将【衰减】设置为 50，可以观察到顶点随着离第一行的距离远近而显示出不同的颜色，从而表明将来所受影响的大小，如图 7-5 左图所示。

在主工具栏中单击【选择并均匀缩放】工具，对顶部所选择的点进行均匀压缩，可以看到，随着距离的变化，影响已经达到整个长方体，只是影响的大小不同，如图 7-5 右图所示。利用这一功能，可以比较容易地在复杂网格中拉出复杂的模型，而不需要对顶点进行一个一个地设置。

值得一提的是，可编辑网格修改器的软选择编辑功能，对顶点、面也适用。

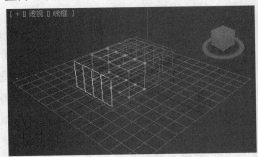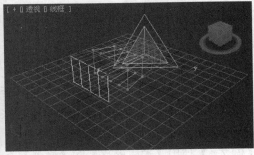

图 7-5　顶点的软选择及其变换

⑦.1.3 网格模型的表面属性

网格模型的表面是由一个个网格组成的。因而，网格模型表面的属性是光滑，是平整，还是粗糙，就要由网格的属性来决定。网格修改器中多边形子对象的参数面板中提供了平滑组工具，用来对网格的表面进行修改。另外还提供了法线的翻转功能，用于对镂空的面进行缝补。

1. 网格表面的平滑

【曲面属性】卷展栏中的【平滑组】决定了对哪一组面进行平滑处理，使直面变得光滑。进入长方体的多边形子对象级，在视图中选定一部分网格，结合主工具栏中的变换工具，对网格进行拉伸等操作，如图 7-6(a)所示。可以发现，长方体(实际上此时形状已不是长方体了)的表面变得凹凸不平，可以利用【平滑组】工具，对它的表面进行平滑处理。

这里有两种方式：一种是【按平滑组选择】进行平滑，一种是【自动平滑】。首先选择按平滑组进行平滑，在视图中，选择要进行平滑的面，单击面板中平滑组下的数字 1，然后单击【按平滑组选择】按钮，观察视图中图形变化，如图 7-6(b)所示。按照这种方式，可以一个个地对所有需要进行平滑处理的网格进行平滑。中文版 3ds Max 2010 共提供了 32 个不同的平滑组，它们都是内定的。但这种方法的缺陷是不同的平滑组之间会有一条细微的接缝。

如果不想一个一个地对网格表面进行平滑，可以采用【自动平滑方式】。在视图中将整个长方体的网格表面选中，在面板的【平滑组】选项区域下单击【自动平滑】，并在按钮右侧分别输入数值 20、50、100、150，结合视图中模型的变化，可以发现，随着数值的增大，整个长方体的表面都被平滑了，如图 7-6(c)所示。

 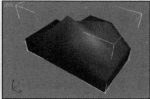 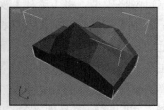

(a) 变换多边形子对象　　　　(b) 按平滑组多次平滑　　　　(c) 设置数值为 20 的自动平滑

图 7-6　曲面的表面平滑

2. 法线

法线是 3ds Max 中的一个重要概念，它直接影响到模型的最终渲染效果。法线是相对于面来说的，尤其是曲面。每个面的法线方向将决定在最终渲染过程中哪个面会被渲染。正对镜头的面，只有当它的法线为正方向时才会被渲染，否则就是黑的，不会被渲染。中文版 3ds Max 2010 的可编辑网格修改器提供了法线翻转工具，用来对镂空的面进行处理，它在导入其他软件制作的模型时会很有用处。

【例 7-1】使用【编辑网格】和【倾斜】命令制作四棱锥对象的倾斜效果。

(1) 启动 3ds Max 2010 后，在【创建】面板中单击【几何体】按钮，然后在下拉列表框中选择【标准基本体】选项，再单击【对象类型】选项区域中的【四棱锥】按钮，在顶视图中创建一个金字塔。

(2) 在【修改】命令面板的【修改器列表】下拉列表框中选择【编辑网格】命令，打开【编辑网格】命令面板。

(3) 在【编辑网格】命令面板中单击【顶点】按钮，进入顶点编辑模式。

(4) 在【顶】视图中选择四棱锥下方的 3 个顶点，如图 7-7 所示。

(5) 在【修改】命令面板的【修改器列表】下拉列表框中选择【倾斜】命令，即可看到【倾斜】命令的 Gizmo 包围着选择的 3 个顶点，如图 7-8 所示。

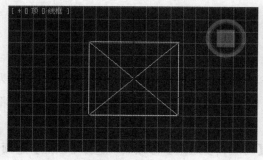
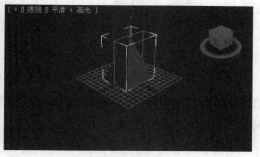

图 7-7　选择四棱锥下方的 3 个顶点　　　　图 7-8　使用【倾斜】命令的效果

(6) 在【倾斜】命令面板中设置【数量】文本框中的数值为 20，即可倾斜四棱锥，如图 7-9 所示。

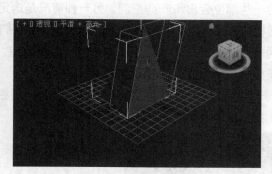

图 7-9　设置【倾斜】命令面板中的参数选项

7.2　可编辑多边形建模

将三维模型转换为可编辑多边形对象的方法同可编辑网格相似，有两种：选中模型，右击后在弹出菜单中选择【转换为】|【转换为可编辑多边形】命令；或者在修改器列表中为该模型应用编辑多边形修改器。在中文版 3ds Max 2010 中，可编辑多边形模型有 5 种子对象级：顶点、边界、面、多边形和元素，如图 7-10 所示。

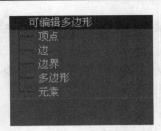
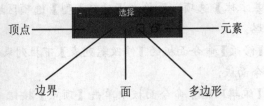

图 7-10　可编辑多边形模型的子对象

⑦.2.1　编辑子对象

1. 编辑顶点

在【顶】视图中创建一个半径为 25.0、高度为 60.0、高度分段和端面分段为 15、边数为 18 的圆柱体，右击该圆柱体后在弹出菜单中选择【转换为】|【转换为可编辑多边形】命令，将其转换为可编辑多边形对象。

打开【修改】命令面板，在修改器堆栈展开【可编辑多边形】修改器，选择【顶点】选项，进入它的顶点子对象级，此时修改命令面板中将会显示【编辑顶点】卷展栏，如图 7-11 所示。该卷展栏中选项或按钮的功能如下。

- 【移除】：在多边形模型顶点子对象的编辑过程中，删除有两种效果。一种是当选择一部分顶点子对象，按 Delete 键将它们删除时，包含这些顶点的面也会消失，模型在面消失的一些部位会出现一些空洞。另一种情况是选定一部分顶点子对象后，在【编辑顶点】卷展栏单击【移除】按钮或按 BackSpace 键将它们删除，这时基于这些点的面不会消失，原因是这些面用相邻的点替换原来基于的删除点，所以面不会消失，也不会产生漏洞，但模型的形状会发生变化，如图 7-12 所示。

- 【断开】：选中一个顶点，在【编辑顶点】卷展栏单击【断开】按钮，与该点相连的边有几条，这个点就分解为几个点。

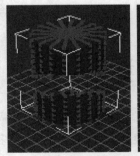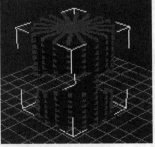

图 7-11　【编辑顶点】卷展栏　　　　图 7-12　分别用 Delete 键和【移除】命令删除顶点

- 【挤出】：应用于顶点这一子对象级，可以实现对一个或多个点的挤压。它的使用方法很简单，在【编辑顶点】卷展栏下，直接单击【挤出】按钮，然后在视图区中选中模型要进行挤出的点，按住鼠标进行拖动，在适当位置松开鼠标，即可完成操作，如图 7-13 所示。
- 【焊接】：该按钮的作用是将选定的顶点或边与另外的顶点或边连接在一起，在设置阈值的范围内，将它们焊接为一个点或一条边。在【编辑顶点】卷展栏中单击【焊接】按钮右侧的按钮，将会打开【焊接顶点】对话框，如图 7-14 所示。

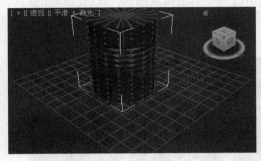

图 7-13　挤出顶点

图 7-14　【焊接顶点】对话框

- 【目标焊接】：在【编辑顶点】卷展栏中单击【目标焊接】按钮，将选中的点或边拖动到要进行焊接点或边的附近，从而完成焊接。
- 【切角】：这个按钮作用相当于对顶点或边子对象进行挤出时，左右移动鼠标将点或边进行分解的效果。它的设置中只有一项，就是【切角量】，如图 7-15 所示。
- 【连接】：在【编辑顶点】卷展栏中单击【连接】按钮。可在选择的两点之间创建出一条新的边，选定的两点应该在同一平面内且不相邻，如图 7-16 所示。
- 【移除孤立顶点】：将不属于任何多边形的独立顶点删除。
- 【移除未使用的贴图顶点】：将孤立的贴图顶点删除。
- 【权重】：用于调节被选节点的权重。

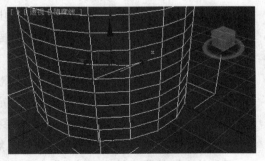

图 7-15　【切角顶点】对话框

图 7-16　连接顶点

2. 编辑边

进入可编辑多边形的边子对象级，修改参数面板中将自动出现【编辑边】卷展栏，如图 7-17 所示。

- 【利用所选内容创建图形】：用于将选择的边复制并分离出来成为新的边，新的边将脱离当前的多边形成为一条独立的曲线。
- 【编辑三角形】：此按钮功能用于显示多边形的隐藏边，如图 7-18 所示。通过连接两个顶点可以改变三角面的走向(而多边形是由这些三角面构成的)从而改变模型的形状，但要注意，单击的应是虚线。

图 7-17　【编辑边】卷展栏

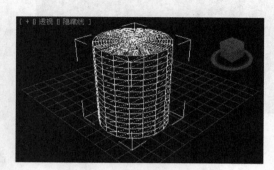

图 7-18　显示多边形的隐藏边

3. 编辑边界

进入可编辑多边形修改器的边界子对象级，修改面板中将会出现【编辑边界】卷展栏，如图 7-19 所示。【边界】是指：如果一条线只有一侧和面相连，那么这条线就称为该面的边界。打个比方，对于一张白纸的纸边，它的内侧连着纸面，而外侧则没有，那么这个纸边就称为纸的【边界】。

- 【插入顶点】：用于在边界的任意地方插入顶点，具体方法就是选中一条边界，单击【插入顶点】按钮，然后在边界上要插入点的地方单击，即可创建一个点。
- 【封口】：用于将闭合的边界封盖，从而转换为面。
- 【切角】：用于将一条边界分为两条。
- 【桥】：用于将一条边界分为两条。选择对象的平均边界数，然后单击【桥】，此时，将会使用当前的【桥】设置立刻在每对选定边界之间创建桥，然后取消激活【桥】按钮。如果不存在符合要求的选择(即，两个或多个选定边界)，单击【桥】时会激活该按钮，并处于【桥】模式下。首先单击边界边，然后移动鼠标；此时，将会显示一条连接鼠标光标和单击边的橡皮筋线。单击其他边界上的第二条边，使这两条边相连。此时，使用当前【桥】设置时会立即创建桥；【桥】按钮始终处于活动状态，以便用于连接多对边界。要退出【桥】模式，右键单击活动视口，或者单击【桥】按钮。使用【桥】操作的效果如图 7-20 所示。

图 7-19 【编辑边界】卷展栏

图 7-20 执行【桥】操作

其他的一些按钮功能与用法和【编辑边】卷展栏中的相似，如【挤出】按钮用于边界的挤压；【连接】按钮用于在两条相邻边界的面之间创建一条连接线；【利用所选内容创建图形】按钮用于复制并分离所选中的边界；【权重】与【折缝】的作用和设置方法则和【编辑边】卷展栏中的完全相同。

4. 编辑多边形

进入可编辑多边形修改器的多边形子对象级，【修改】命令面板中将会出现【编辑多边形】卷展栏，如图 7-21 所示。多边形子对象的选择很简单，直接在视图中单击便可以选中，它其实是一部分面。

- 【插入顶点】：用于在选择的多边形子对象面的任意地方插入顶点。
- 【插入】：在选择的面中插入一个没有高度的面，单击【插入】按钮右侧按钮，打开【插入多边形】对话框。有两种插入类型，一种是按【组】，另一种是按【多边形】。在【插入量】文本框中可以对插入面的【插入数值】进行控制。具体方法为：在多边形对象中选择一个多边形子对象，单击【插入】按钮，然后在【插入多边形】对话框进行设置，效果如图 7-22 所示。

图 7-21 【编辑多边形】卷展栏

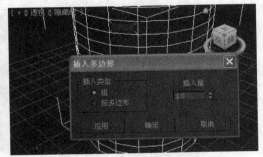

图 7-22 在多边形中插入面

- 【轮廓】：使被选多边形子对象面沿着自身的平面坐标进行缩放，单击按钮右侧的按钮，可以在打开的【多边形加轮廓】对话框中对【缩放量】进行控制。
- 【从边旋转】：它建立在【挤出】按钮功能之上，很多情况下使用它可以提高建模的速度，在使用之前，需要先对参数进行设置。具体方法为先选择一个面，单击【从边旋转】按钮右侧的按钮，在打开的【从边旋转多边形】对话框中进行设置。【角度】复选框用来控制旋转的角度大小；【分段】用于使旋转拉伸出来的部分呈现圆弧状；【拾取转枢】按钮用于选择进行旋转拉伸所围绕的中心。然后单击【拾取转枢】按钮，在视图中选择一个面作为旋转拉伸的中心，此时拾取转枢按钮将会显示出当前转枢，旋转边不必是选择面的一部分，可以是可编辑多边形对象的任意一条边，如图 7-23 所示。

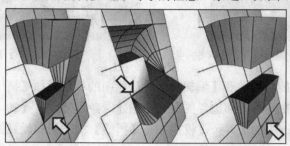

图 7-23 从边旋转

- 【沿样条线挤出】：同【从边旋转】按钮一样，它也是建立在【挤出】功能之上，在使用之前需要对参数进行设置。不同的是，在进行具体操作之前，要先建立一条线，作为进行旋转拉伸的路径。具体方法为先在视图中创建一条样条线，然后选择一个面(可以是连续曲面、非连续曲面并可以设置锥化效果)，单击【沿样条线挤出】按钮的右侧按钮，在打开的【沿样条线挤出多边形】对话框中对参数进行设置。【分段】控制拉伸面的段数值；【锥化量】控制拉伸出的面的锥形形状；【锥化曲线】使曲线呈锥形，但拉伸部分两端的面不会改变；【扭曲】将旋转的面进行扭曲变形；【对齐到面法线】复选框用于将拉伸出的面对齐到面的法线方向，也就是渲染时该面能够被显示的方向，可以在下面的旋转右侧控制旋状的角度。然后单击【拾取样条线】按钮，在视图中选择创建的样条线，此时将会显示出样条线的名称，效果如图 7-24 所示。

样条线   连续面   非连续面   设置锥化

图 7-24 沿样条线挤出

5. 编辑元素

进入可编辑多边形修改器的元素子对象级，打开【编辑元素】卷展栏，如图 7-25 所示。

- 【插入顶点】：在元素上直接单击即可插入顶点。
- 【翻转】：使元素中的表面法线翻转。
- 【编辑三角剖分】：单击该按钮，元素将会显示为由三角面构成，可以通过连接两个点来改变三角面连线的走向。效果如图 7-26 所示。
- 【重复三角算法】：将元素中的多边面以最优方式进行划分。
- 【旋转】：它也用来改变三角面连线的走向，与【编辑三角剖分】的不同之处在于，单击此按钮后直接单击三角面的连线即可改变走向。

图 7-25　【编辑元素】卷展栏

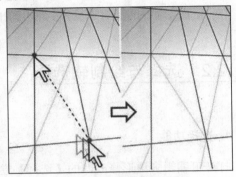

图 7-26　编辑三角部分

6. 编辑几何体

可编辑多边形修改器的【编辑几何体】卷展栏用于对整个模型进行编辑，如图 7-27 所示，当然其中某些命令按钮针对的是模型的子对象。

- 【重复上一个】：将最近一次对子对象的修改重复应用到最近一次选择的子对象上，适用于子对象层。例如刚刚对某个点执行了【断开】命令，那么再选择另外一个点对象，单击此按钮，将会对这个点同样执行【断开】命令。需要注意的是，两次选择的子对象应是相同类型的。
- 【约束】：默认情况下值是【无】，这时子对象可以在三维空间中进行自由变换，而不受任何限制。约束有两种类型：一种是只能沿着边的方向进行移动，另一种是在该子对象的面上进行移动，它同样只适用于子对象级。
- 【保持 UV】：指保持 UV 贴图位置不变，通常情况下，变动子对象，附在子对象上面的贴图也会跟着移动。该按钮的功能就在于保持子对象上的贴图不随着子对象的移动而移动，它同样适用于子对象级。
- 【创建】：可以创建点、边、面子对象，不过并非任意创建。例如在点子对象级创建的点是孤立的点，与当前的多边形模型没有任何联系；边的创建只能在边子对象级连接不相邻的两点来创建，而且创建的边会分解已存在的面。
- 【塌陷】：将选中的多个子对象塌陷为一个子对象，塌陷位置为原选择集的中心。例如框选一些点进行塌陷，那么这些点将会塌陷为一个点。

- 【网格平滑】：用于对多边形的子对象进行细分，可以控制对它们进行光滑的程度和分离的方式。
- 【细化】：用于增加多边形的局部网格密度，它有两种细分方式，分别是根据边细分和根据面细分。单击细化右侧的按钮，可以在打开的【细化选择】对话框中选择细化的方式，并对【细化网格】的【张力】进行设置。
- 【松弛】：用于使选中的子对象之间的间距更加均匀。
- 【平面化】：可以将选中的任何子对象均匀变换到同一个平面上，其右边的 3 个按钮，用于将选中的子对象变换到对应轴向的平面上。

⑦.2.2　选择与绘制软选择

1．选择功能

打开可编辑多边形修改器的【选择】卷展栏，如图 7-28 所示。

图 7-27　【编辑几何体】卷展栏

图 7-28　【选择】卷展栏

该面板顶部的 5 个按钮分别对应了多边形的 5 种子对象，单击其中一个按钮，修改面板中将会出现相应的子对象编辑卷展栏，它们也有快捷键，从左到右分别对应着数字键的 1、2、3、4、5。

- 【按顶点】：该复选框适用于除了点子对象外的其他 4 个子对象。在边子对象级中，选中该复选框，则与所选的顶点相连的所有边都将被选中；同样在多边形子对象级，与选择顶点相邻的所有多边形面都将被选中。
- 【忽略背面】：该复选框只在进入模型子对象级时才可用，一般在进行选择时，特别是框选时，会将背面的子对象也一起选中，这是不希望出现的，选中此复选框后，进行选择时只会选择可见的面，而不会选择背面。
- 【按角度】：该复选框用于选择与选中面所成角度在复选框右侧所设值范围内的面。
- 【收缩】和【扩大】按钮：用于收缩和扩大所选的面，如图 7-29 所示，左上图为原来选择的面，左下图为扩大后的效果，右下图为收缩后的效果。
- 【环形】和【循环】按钮：【环形】按钮用于选择与当前边或边界所平行的所有边或边界，【循环】按钮用于选择可以与当前选中边或边界构成一个循环的边或边界，如图 7-30 所示。

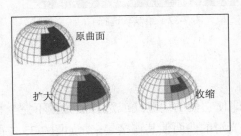

图 7-29　收缩与扩大曲面

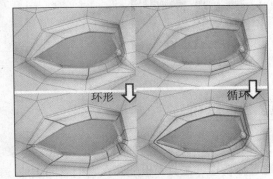

图 7-30　选择环形和循环曲面

2. 绘制软选择

在【修改】命令面板打开可编辑多边形修改器的【软选择】卷展栏，如图 7-31 所示。与可编辑网格修改器相比，新增了绘制软选择工具。

- 【着色面切换】：用于显示被着色的面，从而使衰减范围更加清晰，如果对当前的衰减结果比较满意，则可以选中下面的【锁定软选择】复选框，以免由于误操作而导致不便。
- 【绘制软选择】：和其他的选择方法相比，这一工具对于选择不规则区域非常方便，可以用鼠标直接在模型上绘制出要进行软选择的区域。此外，如果对软选择的区域不满意，还可以用笔刷删掉，可以定义【笔刷大小】、【笔刷强度】以及作用的范围，从而避免使用框选法选择不规则区域时所带来的不便。该区域的【绘制】按钮用来在模型上直接进行绘制；【模糊】按钮用来对绘制好的选择区域进行柔化处理，将它的作用力进行平均；【复原】按钮可以用笔刷删除绘制好的选择区域。

要让绘制软选择显示出来，需要先进行普通选择，它表现为所选子对象周围的一个彩色区域。普通选择是红色的，周围的彩虹色则表明绘制软选择的强度。最强的影响为橙色，其次为黄色、绿色，最后为蓝色(也就是说蓝色是最弱的)。如图 7-32 所示。

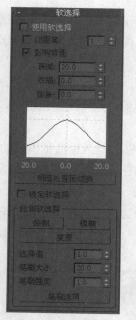

图 7-31 【软选择】卷展栏

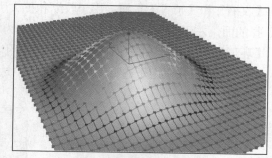

图 7-32 绘制软选择

⑦.2.3 搭桥

对于两个边界线或边界面相似的多边形对象，即使它们的边界线或边界面数量不完全相同，通过搭桥这一工具，也能够在它们之间生成一段光滑的曲面使其连接起来，如图 7-33 左图所示。中文版 3ds Max 2010 在搭桥原有功能的基础上进行了扩展，能够支持边之间的连接，如图 7-33 右图所示。

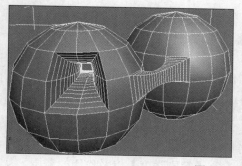 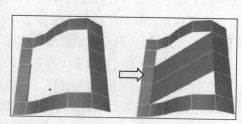

图 7-33 创建搭桥

⑦.2.4 绘制变形

有时为了编辑修改对象，需要对模型的点进行逐个选择，然后通过鼠标拖拉以修改出满意的效果，这是非常令人头疼的。绘制变形工具的出现很好地解决了这一问题，它可以用鼠标通过推拉面的操作，直接在面上绘制，类似雕刻的方法。打开可编辑多边形修改器的【绘制变形】卷展栏，如图 7-34 所示。

图 7-34 【绘制变形】卷展栏

- 【推/拉】：用于在多边形上绘制图案，单击此按钮后，将光标移到多边形上，光标箭头会变成一个圆圈的形状，这是它的作用范围。进行推拉的方向有 3 种类型：【原始法线】使得进行推拉的方向总是沿着原始曲面的方向，不管面的方向如何改变；【变形法线】使得推拉的方向随着曲面方向的改变而改变，而且它总是垂直于新变化的面的方向；第 3 种方式就是沿着变换轴的方向，可以是 X 轴、Y 轴或是 Z 轴。

- 【松弛】：可以使得本来尖锐的表面在保持大致形态不变的情况下变得光滑一些，可以说是对【绘制变形】的完善，使得创建复杂人物模型或是有机生物模型更方便一些。

- 【复原】：可以使推拉过的面恢复原状，但是前提是绘制变形没有【提交】或是【取消】。

- 【推/拉值】：决定推拉的距离，正值是向外拉出，负值是向内推进。

- 【笔刷大小】：调节笔刷的尺寸，也就是笔刷圆圈大小，作用范围的大小。

- 【笔刷强度】：用来控制笔刷的强度。

在场景中创建一个平面对象，设置足够的分段，将其塌陷为可编辑多边形模型。进入多边形子对象级，在【绘制变形】卷展栏下单击【推/拉】按钮，将光标移到平面模型上，形状会发生变化，如图 7-35 左图所示，其中圆圈大小表示笔刷大小，小箭头方向表明推拉方向，小箭头长度表示笔刷强度。如图 7-35 右图所示的是绘制变形后的效果。

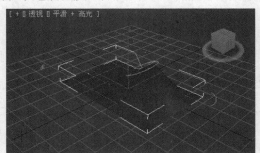
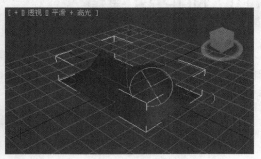

图 7-35 使用绘制变形

⑦.2.5 涡轮平滑修改器

网格平滑是通过将模型表面网格进行细分，然后进行平滑。涡轮平滑的原理与网格平滑相似，但消耗的内存更少，平滑的速度更快，有助于加速模型表面细分建模的速度。细分建模可以通过迭代运算把一个网格数目很少的多边形对象进行4倍的光滑，每进行一次迭代，光滑度就是原来的4倍。例如，一个圆柱体，只要进行两次迭代运算，形状与球体就很类似了。

在建模过程中，经常要用到网格修改或是多边形修改。在对模型表面进行点、边、面的修改时，模型表面变得尖锐不平是很正常的。为提高模型的质量，就需要对它进行光滑。涡轮平滑可以节省每次迭代时所花费的时间。另外，涡轮平滑的另一优势就是"明确的法线"的使用，相对于网格平滑器的经典细分计算速度要快得多，但不方便的是，如果模型使用了其他修改器，那么该功能就不能使用了，因为法线会不可显示，涡轮平滑的性能会下降。

涡轮平滑修改器的用法很简单，直接在修改器列表中为模型添加即可，它的控制参数如图7-36左图所示。在7.2.4节中进行绘制变形的模型有些边缘很尖锐，为其应用涡轮平滑修改，最终显示效果如图7-36右图所示，读者可与图7-35的右图进行对比。

 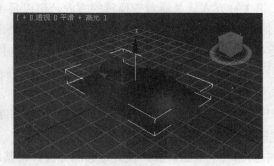

图7-36　涡轮平滑效果及其设置参数

⑦.3 NURBS 建模

NURBS曲面建模是目前创建生物有机体模型的最有效方法之一，可以通过较少的控制点来调节模型表面的曲度，自动计算出光滑的曲面。NURBS曲面建模的一般流程如下。

(1) 创建NURBS曲线。

(2) 编辑NURBS曲线的空间形状。

(3) 通过NURBS曲线成型曲面。

λ (4) 编辑 NURBS 曲面的空间形态。

7.3.1　创建 NURBS 曲面

通过【创建】命令面板可以直接创建的 NURBS 曲面有两种类型：点曲面和 CV 曲面，它们之间的关系类似于点曲线和 CV 曲线。执行【创建】|【几何体】|【NURBS 曲面】命令，打开如图 7-37 所示的 NURBS 曲面创建面板。

在 NURBS 曲面创建面板上单击【点曲面】按钮，然后在视图中单击并拖动鼠标，确定曲面的大小后右击，即可完成创建，点曲面的创建参数面板共由【名称和颜色】、【键盘输入】和【创建参数】卷展栏 3 部分组成，其【创建参数】卷展栏如图 7-38 所示。

CV 曲面的创建方法与点曲面的创建方法基本相同，只不过 CV 曲面实际上是由控制点组成的曲面对象，这些点可用于曲面形状的调整，但在实际渲染中并不可见，其创建参数如图 7-39所示。

图 7-37　NURBS 曲面创建面板　　图 7-38　点曲面创建参数　　图 7-39　CV 曲面创建参数

7.3.2　创建 NURBS 模型

通过【创建】命令面板可直接生成的 NURBS 曲线和曲面都是 NURBS 模型，除此之外，3ds Max 还提供了多种途径来建立 NURBS 模型。

● 可以将环形转换为 NURBS 模型。
● 可以将放样模型转换为 NURBS 模型。
● 可以把面片转换为 NURBS 模型。
● 可以把棱柱转换为 NURBS 模型。

具体的操作方法是：选中并右击该模型，在弹出的快捷菜单中选择【转换为】|【转换为

NURBS】命令。

　　创建 NURBS 模型应遵循以下步骤：首先创建一个简单的模型作为 NURBS 的原始模型，可以是一个曲面模型或是被转化而来的原始几何体模型。然后进入【修改】命令面板，对原始模型进行编辑或者建立附加的子对象来修改原始模型，当然也可以直接删除原始模型，在子对象级重新建立一个原始模型。最后对 NURBS 模型的子对象进行修改编辑，子对象可分为从属的子对象和独立的子对象，从属的子对象显示为绿色，而独立的子对象显示为白色。

⑦.3.3　NURBS 模型的子对象

　　NURBS 对象也是由点、线、面构成的，NURBS 模型的子对象包括点、线和面，对于曲线又分为点曲线和 CV 曲线，面又分为点曲面和 CV 曲面，此外还包括一些从属子对象，如从属曲线、从属曲面等。

1.　创建点子对象

　　【例 7-2】创建 NURBS 点子对象。

　　(1) 将场景重置后，在【顶】视图中创建一个球体，将它转换为 NURBS 对象，打开【修改】命令面板，打开【创建点】卷展栏，如图 7-40 所示。可以创建独立的点，也可以创建从属点，包括偏移点、曲线点等。

　　(2) 单击【点】按钮，在视图中任意位置单击，便可以在视图中创建一个独立的点，对该点的任何变换操作，都不会影响球体。

　　(3) 单击【偏移点】按钮，然后在视图中选择刚才创建的那个独立点，单击便创建了一个偏移点，选中偏移点，修改面板中将会出现它的参数控制面板，打开【偏移点】卷展栏，如图 7-41 所示。选中【在点上】单选按钮后，偏移点与原始点重合，选中【偏移】单选按钮并在下面输入各个轴向的偏移量，这样偏移点便与原始点分开了，如图 7-42 所示。

图 7-40　【创建点】卷展栏

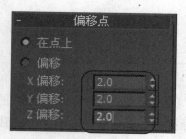

图 7-41　【偏移点】卷展栏

　　(4) 在【创建曲线】卷展栏中单击【CV 曲线】按钮，在【前】视图中创建一条曲线，在【创建点】卷展栏单击【曲线点】按钮，在【前】视图中沿着刚创建的 CV 曲线单击即可创建一个点，如图 7-43 所示。在【曲线点】卷展栏中，可以对曲线点的 U 维位置、沿曲线的偏移量进行修改。

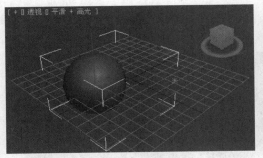

图 7-42 对偏移点调整偏移量

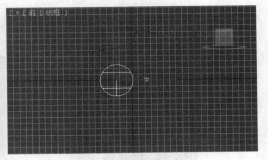

图 7-43 创建曲线点

(5) 单击【曲面点】按钮，将光标在球体表面上移动确定位置单击即可创建成功，如图 7-44 所示。

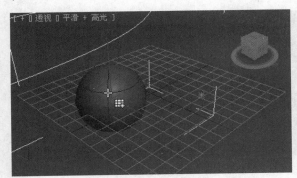

图 7-44 创建曲面点

知识点

同曲线点一样，在点子对象级下，选中创建的曲面点，打开【修改】命令面板，在【曲面点】卷展栏中可以设置点的 U 维和 V 维的位置和各个轴向的偏移量等参数。

2. 创建曲线子对象

打开【创建曲线】卷展栏，如图 7-45 所示，既可以创建点曲线和 CV 曲线等独立的曲线，也可以创建偏移曲线、镜像曲线等从属曲线。

- 【曲线拟合】：用于创建拟合在选定点上的点曲线，该点可以是以前创建点曲线和点曲面对象的部分，也可以是明确创建的点对象，但它们不能是 CV。在【例 7-2】的视图中创建一些点，单击【曲线拟合】按钮，在视口中单击一个点，然后单击另一个点，依次操作，新创建的曲线将会按照单击先后顺序穿过选中的点，右击后结束创建过程，如图 7-46 所示。

- 【偏移】曲线：将选定曲线沿曲线中心以向内或内外辐射的方式创建一个副本曲线。在【例 7-2】的视口中创建一条 NURBS 曲线，单击【偏移】按钮，然后拖动设置初始距离，单击结束创建，如图 7-47 所示。可以在曲线子对象级下，选择偏移曲线，单击【修改】命令，在【偏移曲线】卷展栏下设置偏移量以及决定是否用偏移曲线替换原始曲线。

- 【镜像】曲线：用于创建原始曲线的镜像图像，选择一条或多条 NURBS 曲线，单击【镜像】按钮，在【镜像曲线】卷展栏下，选择要进行镜像的轴或平面，单击要创建镜像的曲线，然后拖动可以设置初始距离。创建效果如图 7-48 所示。

图 7-45 【创建曲线】卷展栏

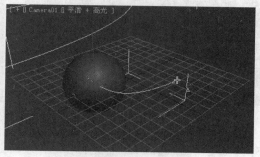

图 7-46 利用【曲线拟合】创建点曲线

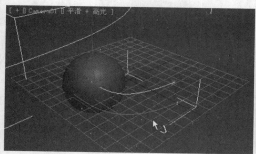

图 7-47 创建偏移曲线

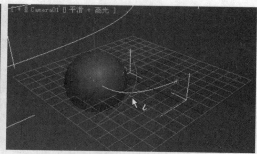

图 7-48 创建镜像曲线

- 【变换】曲线：用于创建具有不同位置、旋转度或缩放程度的原始曲线的副本。
- 【切角】曲线：将创建两个父曲线之间直倒角的曲线。
- 【圆角】曲线：用于创建两个父曲线之间圆滑的曲线。
- 【混合】曲线：可以将一条曲线的一端与其他曲线的一端连接起来，从而混合曲线的曲率，以在曲线之间创建平滑的曲线。
- 【U 向等参曲线】：用于沿 U 维方向等参线复制一条曲线。
- 【曲面边】曲线：用于创建一条曲线，该曲线可以是曲面的原始边界或修剪边。

此外，还有许多类型的从属曲线子对象，有兴趣的读者可参阅相关资料。

3. 创建与编辑 NURBS 曲面子对象

打开【创建曲面】卷展栏，如图 7-49 所示，利用该面板既可以创建点曲面、CV 曲面这样的独立曲面，也可以创建偏移曲面、镜像曲面等从属曲面，需要注意的是【挤出】按钮，它仅适用于曲线，是通过对曲线的挤出或旋转来将它们转换为曲面，如果要对多个曲线进行操作，则必须进入曲线子对象级，对它们执行连接操作，使它们成为一个整体。

- 【变换】：用于创建具有不同位置、旋转或缩放的原始曲面的副本。单击【变换】按钮，在视口中选择创建的曲面，此时光标形状会改变，单击并拖动光标到指定位置后松开鼠标，便可完成创建，如图 7-50 所示。但这样创建的曲面只是原始曲面的副本，进入曲面子对象级，选择创建的变换曲面，利用主工具栏的【缩放】、【旋转】等变换工具，对变换曲面进行各种变换。

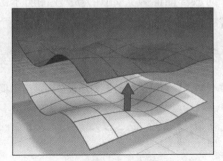

图 7-49　【创建曲面】卷展栏　　　　　　　　　图 7-50　变换曲面

- 【混合】：用于将一个曲面与另一个曲面相连接，并且在两个曲面之间创建一个光滑的曲面，也可以将一条曲线和一个曲面相连接或两条曲线相连接。单击【混合】按钮，在视口中单击选择原始曲面，将光标移向要连接的边附近后，此时该边会高亮显示。然后拖动光标到要连接曲面的边，当那条边同样高亮显示时，单击结束创建。这样便创建了一个混合曲面，更改任何一个父曲面的位置或曲率都将会更改混合曲面，可以进入【曲面】子对象级，选择该混合曲面进行参数更改。混合曲面效果如图 7-51 所示。

- 【挤出】：用于从曲面的曲线子对象挤出曲面，它与对闭合曲线应用挤出修改器类似，但它的优势在于可以对 NURBS 模型的子对象直接进行操作。单击【挤出】按钮，在视图中单击原始曲线，即可创建一个挤出曲面，默认情况下，沿着挤出曲面的轴是 Z 轴，可以进入【曲面】子对象级，选择挤出曲面进行修改，可以更改【挤出轴】和【挤出量】。挤出曲面效果如图 7-52 所示。

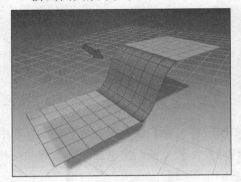

图 7-51　混合曲面

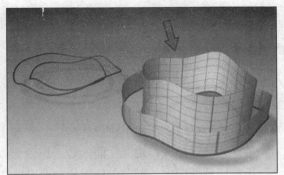

图 7-52　挤出曲面

- 【U 向放样】：通过在多个曲线之间补接光滑曲面来实现创建，视图中所有曲线将成为 U 向放样曲面的 U 轴轮廓。在进行 U 向放样时，为提高性能，将视口中的【曲面近似】设置为【曲率依赖】，禁用从属子对象显示也可以提高性能。在视口中将对象全部隐藏，在【顶】视图中创建一些圆形，将它们转换为 NURBS 曲线，并沿 Z 轴拉开一定的距离。单击【U 向放样】按钮，在视图中依次单击要附加的曲线，便创建了 U 向放样曲面。曲面将沿着选中的曲线进行拉伸，在【U 向放样曲面】创建卷展栏中显示着单击的曲线名，U 向放样曲面效果如图 7-53 左图所示。可以进入【曲面】子对象级，选中放样曲面，在【U 向放样曲面】卷展栏下对曲面进行修改，如图 7-53 右图所示。

提示

在使用【U 向放样曲面】创建模型时，为了提高放样建模的速度，建议将所有的曲线设置为拥有相同的 CV 数。

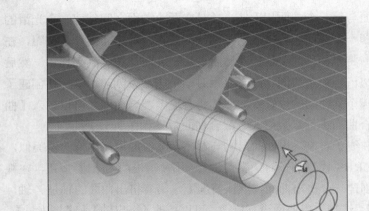

图 7-53　创建 U 向放样曲面

提示

在创建 U 向曲面的过程中，可以按住 Backspace 键，将单击的最后一条曲线从列表中删除。

● 【单轨】：用于创建单轨放样曲面。创建【单轨放样曲面】必须要有两条曲线，其中一条作为轨道曲线，定义曲面的边，相当于放样路径，另一条定义了曲面的横截面，相当于放样截面图形。创建单轨放样曲面需要注意的是横截面曲线应当与轨道曲线相交，如果不相交的话，会得到不可预测的曲面，此外，轨道的初始点必须与第一条横截面曲线的初始点相重叠。单轨放样曲面效果如图 7-54 所示。

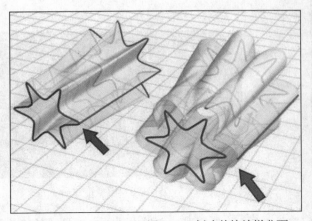

图 7-54　创建单轨放样曲面

7.4　上机练习

通过本章的学习，读者应能够使用可编辑网格修改器、可编辑多边形修改器等常用多边形建模工具，对模型的顶点、边、面等子对象进行修改。另外，在掌握 NURBS 曲面建模的基础上，可以创建较为复杂的三维模型。

7.4.1　制作苹果模型

本节使用 NURBS 曲面建模的相关知识，创建一个苹果模型。

(1) 将场景重置。首先创建苹果的基本模型。执行【创建】|【几何体】|【标准基本体】命令，打开【标准基本体】创建命令面板。单击【球体】按钮，在【顶】视图中创建一个半径为10.0 的球体，在【名称和颜色】卷展栏，将球体命名为"苹果"。在视图控制区单击【所有视图最大化显示】按钮，使苹果模型在所有视图均以最合适的比例显示。

(2) 打开【修改】命令面板，在修改器列表下选择【锥化】修改器将其应用于苹果模型。在【参数】卷展栏将【数量】设置为 0.85，在【锥化轴】区域，将【主轴】设置为 Z 轴，将【效果】设置为 XY 平面，如图 7-55 所示。此时【透视】视图中的苹果模型如图 7-56 所示。

图 7-55　设置锥化参数

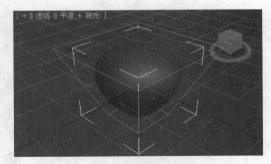

图 7-56　模型锥化后

(3) 现在对苹果模型进行细致修改。右击苹果模型，在弹出菜单中选择【转换为】|【转换为可编辑网格】命令，将苹果模型转换为网格对象。在修改器堆栈展开【可编辑网格】，选中【顶点】选项进入苹果的顶点子对象级，如图 7-57 所示。

(4) 在【前】视图中框选苹果模型最底部 3 行顶点，在主工具栏【编辑命名选择集】按钮右侧的文本框中输入"苹果底部顶点"。在【软选择】卷展栏下，选中【使用软选择】复选框，将【衰减】设置为 29.0，【收缩】设置为-1.0，【膨胀】设置为-4.0，如图 7-58 所示。此时的模型效果如图 7-59 所示。

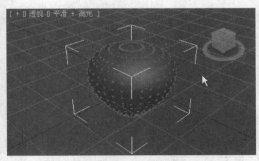

图 7-57　进入顶点子对象集

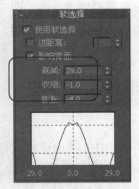

图 7-58　设置软选择参数

(5) 在顶点子对象级编辑状态下，打开修改器列表，选择【置换】修改器。在【参数】卷展栏的【图像】区域单击标记为【无】的【位图】按钮，打开【选择置换图像】对话框，选择提供的 apple.bmp 图像素材文件，如图 7-60 所示，该位图是一个黑色的方格，其中有 4 个模糊的白色水滴。白色区域的置换比黑色区域要多，从而在苹果底部生成四个特有的凹凸。单击【打开】按钮。

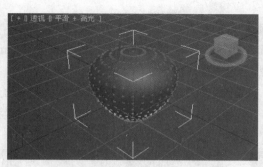

图 7-59　设置软选择后的模型效果

图 7-60　选择置换位图

(6) 在【参数】卷展栏【置换】区域将【强度】设置为-5.0，【透视】视图效果如图 7-61 所示。

(7) 在修改器列表中选择【编辑网格】修改器，将其应用于苹果模型，展开【编辑网格】，进入苹果模型的顶点子对象级，在【左】视图中框选苹果模型顶部的部分顶点，如图 7-62 所示，将其命名为"苹果模型顶部顶点"。在【软选择】卷展栏，选中【使用软选择】复选框，将【衰减】设置为 8.0，如图 7-63 所示。

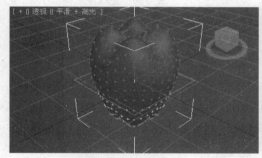

图 7-61　设置置换强度

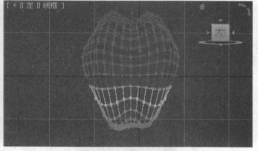

图 7-62　选择顶部顶点

(8) 在修改器堆栈中，右击 Displace 修改器，在弹出菜单中选择【复制】命令，在【编辑网格】修改器上右击，然后在弹出菜单中选择【粘贴】命令，在编辑网格修改器顶部将新出现一个置换修改器，应用于苹果模型顶部顶点，如图 7-64 所示。

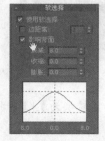

图 7-63　设置软选择参数

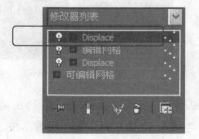

图 7-64　选择顶部顶点

计算机 基础与实训教材系列

知识点

在使用【粘贴】命令时，应尽量保持编辑网格修改器顶点子对象编辑状态。

(9) 在【参数】卷展栏【置换】区域将【强度】设置为-2.0。在视图中右击，从弹出菜单中选择【Gizmo】命令，在修改器堆栈中，"Displace"修改器将高亮显示，视图中出现 Gizmo 控件，将其沿 Z 轴移动，使之刚刚高于苹果模型，如图 7-65 所示。

(10) 至此，苹果的模型已经基本创建完成。在【顶】视图中创建一个圆柱体，将半径设置为 0.5，高度为 4.0，高度分段为 10，为圆柱体进行弯曲和锥化修改，然后布尔合并到苹果模型上作为茎，效果如图 7-66 所示。

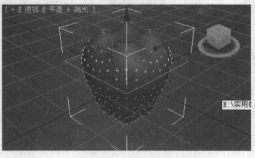

图 7-65　移动 Gizmo 控件　　　　　　图 7-66　完成苹果模型

7.4.2　制作鲨鱼模型

本节使用 NURBS 曲面建模，创建一个鲨鱼模型。

(1) 选择【球体】工具，在前视图中创建一个球体，如图 7-67 所示。

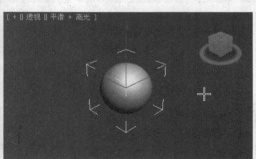

图 7-67　创建一个球体

(2) 在前视图中选择球体，右击，在弹出的快捷菜单中选择【转换为】|【转换为 NURBS】命令，将球体转换为 NURBS 物体，如图 7-68 所示。

(3) 进入修改命令面板，将当前选择集定义为【曲面 CV】，在视图中调整 CV 曲线控制点，将 NURBS 球体调整成如图 7-69 所示的形状。

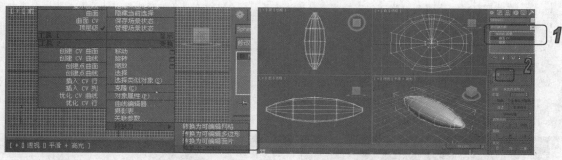

图 7-68　转换为 NURBS 模型　　　　　　　　图 7-69　调整 CV 曲线

(4) 使用【选择并移动】工具、【选择并均匀缩放】工具，在视图中调整模型的头部如图 7-70 所示。

(5) 在【常规】卷展栏中单击【NURBS 创建工具箱】按钮，在 NURBS 创建工具箱中单击【创建曲面上的 CV 曲线】按钮，在前视图中绘制一个有 8 个定位点的封闭式 CV 曲线，如图 7-71 所示。 然后在修改器列表中选择【曲线 CV】选项，对曲线进行修改，如图 7-72 所示。

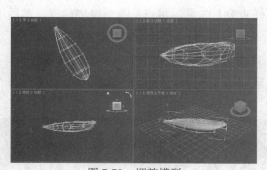

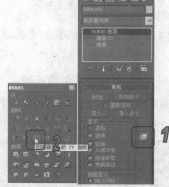

图 7-70　调整模型　　　　　图 7-71　单击【创建曲面上的 CV 曲线】按钮

(6) 关闭当前选择集，然后在【NURBS 创建工具箱】中单击【创建多重曲线修剪曲面】按钮，然后在视图中鲨鱼表面单击，然后单击步骤(5)创建的 CV 曲线，并将 CV 曲线中的面切掉，效果如图 7-73 所示。

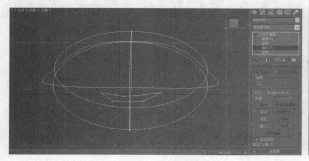

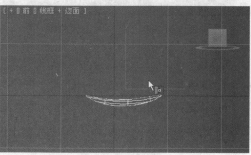

图 7-72　修改 CV 曲线　　　　　　　　图 7-73　切掉面

提示

在步骤(6)中，如果用户发现修剪后鲨鱼身体消失了，那么可以在【多重曲线修剪曲面】卷展栏中选中【翻转修剪】复选框即可。

(7) 在前视图中，使用 NURBS 工具箱创建一条封闭式 CV 曲线，如图 7-74 所示。

(8) 在修改命令面板中将当前选择定义集定义为【曲线】，然后在视图中调整曲线的位置，如图 7-75 所示。

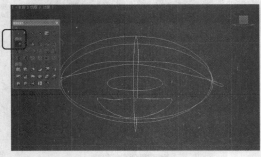
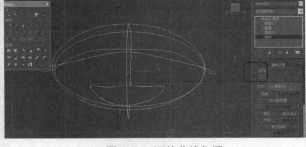

图 7-74　再创建一个 CV 曲线　　　　　　　　图 7-75　调整曲线位置

(9) 在 NURBS 工具箱中单击【创建 U 向放样曲面】工具，单击鲨鱼嘴内部的线，然后选择外部的线，创建一个面，如图 7-76 所示。

(10) 此时鲨鱼的嘴已经创建完毕，使用【创建圆角曲面】工具，单击鲨鱼嘴内部的面后，再单击鲨鱼嘴外部的面，在【圆角曲面】卷展栏中，选中两个【修剪曲线】复选框，在嘴唇处创建一个圆滑的面，如图 7-77 所示。

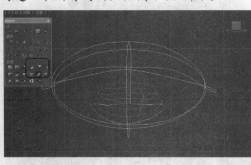
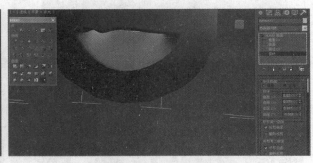

图 7-76　再创建一个 CV 曲线　　　　　　　　图 7-77　调整曲线位置

(11) 下面制作鲨鱼的眼睛，在左视图中创建一个球体，然后使用【选择并移动】工具对球体进行移动复制到鲨鱼的另一侧，如图 7-78 所示。

(12) 选择 Sphere01 对象，进入修改命令面板，在【常规】卷展栏中，单击【附加多个】按钮，附加两个球体，如图 7-79 所示。

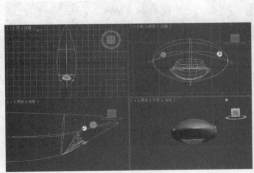

图 7-78　再创建一个 CV 曲线

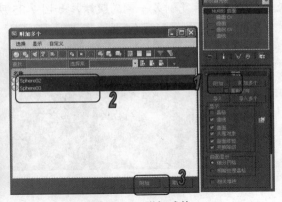

图 7-79　附加球体

（13）在 NURBS 工具箱中单击【创建圆角曲面】工具，在视图中单击 NURBS 球体后再单击鲨鱼的头部，然后在【圆角曲面】卷展栏中，分别选中两个【修剪曲面】复选框，鲨鱼的眼就完成了，如图 7-80 所示。

（14）使用同样的方法，创建鲨鱼的另一只眼睛，完成后如图 7-81 所示。

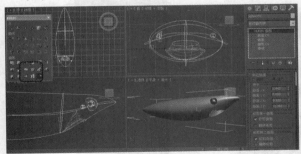

图 7-80　创建眼睛

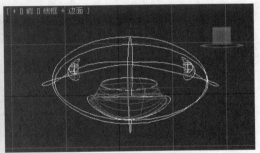

图 7-81　设置另一只眼睛

（15）在顶视图中创建球体，然后将球体转换为 NURBS，使用【选择并均匀缩放】工具和【选择并移动】工具，将球体调整为如图 7-82 所示的形状，调整 Sphere02 的位置。

（16）选择 Sphere01，附加 Sphere02。单击 NURBS 工具箱中的【创建圆角曲面】工具按钮，单击鲨鱼的背鳍后再单击鲨鱼的身体，在【圆角曲面】卷展栏中，分别选中两个【修剪曲面】复选框，如图 7-83 所示。

图 7-82　创建背鳍形状

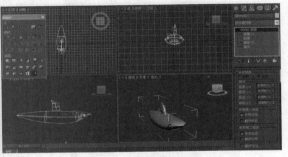

图 7-83　设置背鳍

计算机 基础与实训教材系列

（17）在视图中创建球体，将其转换为 NURBS，将其调整为如图 7-84 所示的形状，作为鲨鱼的腹鳍。然后复制另一侧的腹鳍，如图 7-85 所示。

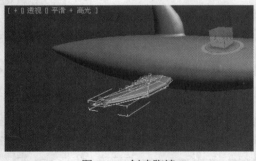

图 7-84　创建腹鳍　　　　　　　　　　　图 7-85　复制另一侧腹鳍

（18）附加两个腹鳍，如图 7-86 所示。

（19）在修改命令面板中，定义当前选择集为【曲面】，将腹鳍翻转法线，如图 7-87 所示。

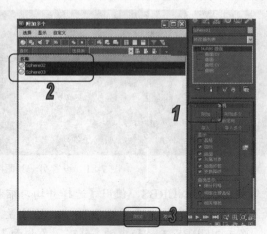

图 7-86　附加两边腹鳍　　　　　　　　　　图 7-87　翻转法线

（20）然后将鲨鱼的两只眼睛翻转法线，如图 7-88 所示。

图 7-88　将左右两眼翻转法线

(21) 使用【球体】工具，在场景中绘制一个球体，然后将其转换为 NURBS，再进行相应的移动和缩放，创建尾鳍，如图 7-89 所示。

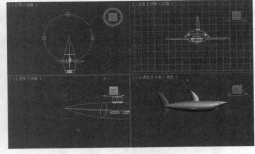

图 7-89 制作尾鳍

(22) 使用【创建圆角曲面】工具，单击鲨鱼的腹鳍，再单击鲨鱼的身体，然后在【圆角曲面】卷展栏中进行设置，使腹鳍和鲨鱼身体之间产生一个圆滑的曲面，如图 7-90 所示。

(23) 附加尾鳍到身体，如图 7-91 所示。

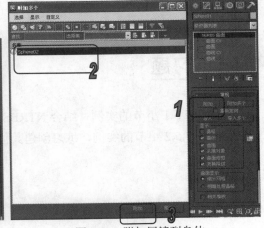

图 7-90 使腹鳍平滑　　　　　　　　图 7-91 附加尾鳍到身体

(24) 使用与步骤(22)相同的方法，使用【创建圆角工具】，单击尾鳍再单击身体，使尾鳍平滑，效果如图 7-92 所示。

(25) 按 M 键，打开【材质编辑器】对话框，选中一个样本球，将其命名为"鱼皮"，然后设置其参数，如图 7-93 所示。

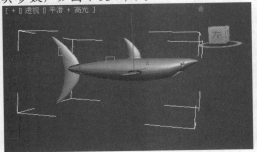

图 7-92 使尾鳍平滑　　　　　　　　图 7-93 设置【鱼皮】参数

计算机基础与实训教材系列

(26) 展开【贴图】卷展栏，在打开的【材质/贴图浏览器】对话框中双击【位图】选项，然后在打开的【选中位图图像文件】对话框中选择【鲨鱼皮.jpg】文件，然后单击【打开】按钮即可，如图 7-94 所示。最后单击【将材质指定给选定对象】为模型指定材质。

(27) 单击【渲染产品】按钮对场景进行渲染，效果如图 7-95 所示。

图 7-94　选择位图文件

图 7-95　渲染效果

7.5　习题

1. 参考 7.5.1 小节的实例，结合 NTRBS 建模的相关知识，创建一个葡萄模型。
2. 参考 7.5.2 小节的实例，练习创建其他鱼类模型。

使用材质与贴图

学习目标

本章介绍材质和贴图的基本概念、【材质编辑器】和【材质/贴图浏览器】的界面组成和使用方法、贴图通道与贴图坐标、常用材质和贴图类型的使用方法等。

本章重点

- 理解并掌握材质和贴图的概念及其作用
- 掌握【材质编辑器】和【材质/贴图浏览器】的界面结构及使用方法
- 理解贴图通道与贴图坐标的概念
- 掌握材质和贴图的设计流程
- 了解并掌握常用材质与贴图类型的使用方法

8.1 材质与贴图基础

正确的渲染设置，可以给人强有力的视觉震撼。有时，恰当的材质贴图甚至可以弥补建模时的不足。

从广义上讲，贴图属于材质，但材质不同于贴图，两者不能混为一谈。材质用于模拟现实中的对象表面的自发光特性、反光特性、透明特性、颜色特性等；贴图则用于模拟对象的纹理特征，是材质的进一步丰富和深化的过程。

8.1.1 材质编辑器

3ds Max 的所有材质和贴图都是通过【材质编辑器】来设计完成的，单击主工具栏的【材质编辑器】按钮 （或按快捷键 M)，即可打开【材质编辑器】窗口，其界面结构如图 8-1 所示，主要由菜单栏、示例窗口、工具行、工具列和参数控制面板 5 部分组成。

1. 示例窗口

使用【示例窗口】可以保存、预览材质和贴图，每个窗口可以预览单个材质或贴图。默认情况下，共有 6×4=24 个示例窗口。一个场景中可能包含数目繁多的材质，而【材质编辑器】一次只能编辑 24 个材质。当编辑完成一个材质并将它应用于场景中的对象后，可以重复使用该【示例窗口】从场景中再获取一个材质进行编辑。处于当前激活状态的示例窗中样本球周围将以白色高亮显示。在样本球上右击，用户可在弹出的快捷菜单中调整显示样本球的数目。

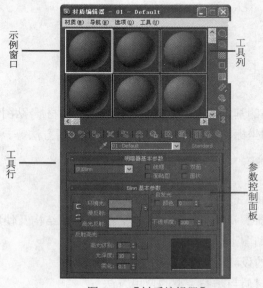

图 8-1　【材质编辑器】

2. 工具行与工具列

工具行与工具列中部分按钮的功能与菜单选项是相同的，不过使用它们会更加的快捷、方便。【材质编辑器】的工具行按钮如图 8-2 所示，下面将从左到右一一介绍名称与功能。

- 【获取材质】：用于显示材质/贴图浏览器，从中选择材质或贴图。
- 【将材质放入场景】：将材质放回场景从而更新场景。
- 【将材质指定给选定对象】：将材质指定给当前选择的对象，可以是一个，也可以是多个。
- 【重置贴图/材质为默认设置】：重置活动示例窗口中的贴图或材质的值。
- 【生成材质副本】：通过复制自身材质，来"冷却"当前的热材质，调整复制材质不会影响到场景中的原始材质。
- 【使唯一】：使贴图实例成为唯一的副本，还可以使一个实例化的子材质成为唯一的独立子材质。
- 【放入库】：将选定的材质放入当前库中。

- 【材质效果通道】：将材质标记为 Video Post 效果或渲染效果，或以 RLA 或 RPF 文件格式保存渲染图像。

- 【在视口中显示贴图】：使用交互式渲染器来显示视口对象表面的贴图材质。

- 【显示最终结果】：查看所处级别的材质，而不查看所有其他贴图和设置的最终结果。

- 【转到父级】：在当前材质中向上移动一个层级。

- 【转到下一个同级项】：移动到当前材质中相同级别的下一个贴图或材质。

材质编辑器的工具列按钮如图 8-3 所示，下面对按钮的名称与功能从上到下依次介绍。

计算机 基础与实训教材系列

图 8-2　【材质编辑器】的工具行　　　　　图 8-3　工具列

- 【采样类型】：选择要显示在活动示例窗口中的几何体，有 3 个下拉按钮，【球体】、【圆柱体】和【立方体】。

- 【背光】：将背光添加到示例活动窗口中。

- 【图案背景】：将多颜色的方格背景添加到活动示例窗口中。

- 【采样 UV 平铺】：可以在活动示例窗口中调整采样对象上的贴图图案重复，默认设置是【1×1】，表示在 U 维和 V 维各平铺一次，其他的还有【2×2】、【3×3】、【4×4】选项。

- 【视频颜色检查】：用于检查示例对象上的颜色是否超过安全 NTSC 或 PAL 阀值。

- 【生成预览/播放预览/保存预览】：功能与菜单栏中的相同。

- 【材质编辑器选项】：控制材质和贴图在示例窗口中的显示方式。

- 【按材质选择】：根据活动材质选择对象。

- 【材质/贴图导航器】：显示当前活动实例窗口中的材质和贴图，可以通过材质中贴图的层次或复合材质中子材质的层次快速导航。

3. 材质/贴图浏览器

行工具栏下方是【从对象拾取材质】按钮，使用它可以从场景中的一个对象选择材质，右侧的文本框用来显示材质或贴图的名称，单击最右侧的 Standard 按钮，打开【材质/贴图浏览器】对话框，可在其中选择要使用的材质或贴图类型，如图 8-4 所示。

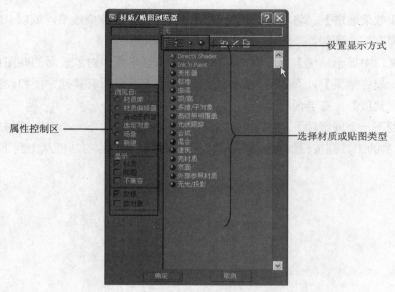

设置显示方式

属性控制区

选择材质或贴图类型

图 8-4　【材质/贴图浏览器】对话框

⑧.1.2　设置材质参数

利用【材质编辑器】的参数控制面板，可对材质进行修改和编辑，如选择材质的明暗方式，设置材质的基本参数和扩展参数等。从图 8-4 中可以看出，3ds Max 中的材质有多种，下面以最常用的标准材质为例进行介绍。

1．选择材质明暗方式

通过【明暗器基本参数】卷展栏的下拉列表可选择要用于材质的明暗器类型，共有 8 种可供选择，分别是【各向异性】、Blinn、【金属】、【多层】、Oren-Nayar-Blinn、Phong、Strauss 和【半透明】。

- 各向异性明暗器适用于椭圆形表面，这种情况有各向异性高光，适合头发、玻璃、磨砂等模型。
- Blinn 适用于圆形模型，它的高光要比 Phong 柔和。
- 【金属】适用于金属表面。
- 多层适用于比各向异性更加复杂的高光。
- Oren-Nayar-Blinn 适用于无光表面，如纤维或赤土等模型。
- Phong 适用于强度很高的、圆形高光的表面。
- Strauss 适用于金属和非金属表面，它的着色界面比较简单。
- 半透明用于半透明模型，光线穿过材质时会散开。

2. 设置材质的基本参数

每种明暗器都有自己的参数，其中大部分参数意义和用法是相同的，下面以最常用的 Blinn 明暗为例，如图 8-5 所示。

【环境光】用于控制材质的暗部颜色；【漫反射】用于控制材质的固有颜色；【高光反射】用于控制材质高光点的颜色。如图 8-6 所示。

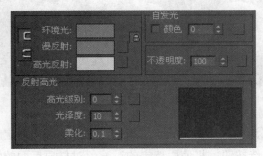

图 8-5　Blinn 明暗器的基本参数

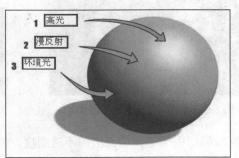

图 8-6　环境光、漫反射和高光反射

【自发光】可以使材质的自身发光。【自发光】使用漫反射颜色替换曲面上的阴影，从而创建白炽效果。当增加自发光时，自发光颜色将取代【环境光】。当将数值设置为 100 时，材质将没有阴影区域，它可以显示反射高光。选中【自发光】选项区域中的【颜色】复选框，可以在【颜色选择器】中指定【自发光】的颜色。单击右侧按钮，还可以为【自发光】指定贴图。各种【自发光】效果如图 8-7 所示。

【不透明度】用于控制材质透明的程度。完全透明的对象(其值为 100)，除了其反射的灯光之外，几乎是不可见的，当然物理上来说要生成半透明效果，更精确的方法是使用半透明明暗器。

高光颜色是发光表面高亮显示的颜色，高光是用于照亮表面的灯光的反射，使高光颜色与漫反射颜色相符时，可以降低表面的光泽度，如图 8-8 所示。可以在【反射高光】选项区域中控制高光的级别、光泽度和柔化度。该选项区域右侧区域以曲线形式显示高光的强度和范围。

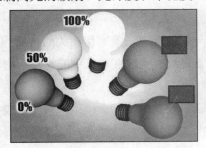

图 8-7　自发光效果

原始效果

高光颜色与漫反射颜色一致

图 8-8　高光效果

3. 设置材质的扩展参数

标准材质的扩展参数对于所有的明暗器类型来说都是相同的，如图 8-9 所示，它具有与透明度和反射相关的控件。另外，还可以控制样本球显示【线框】的大小。

【高级透明】选项区域用于设置材质的不透明衰减和如何使用不透明度，该部分不适用于半透明明暗器。衰减方式有两种：一种是向着对象的内部增加不透明度，一种是向着对象的外部增加不透明度。【数量】微调框用于控制衰减的数量。如图 8-10 所示，3 个样本球，左边衰减为 0，中间的向内衰减 30，右边的向外衰减 30。

图 8-9 【标准材质】的扩展参数

图 8-10 衰减效果示意图

衰减类型用于选择如何应用不透明度。"过滤色"是物质的一种属性，它过滤某些特定的颜色，但是允许其他颜色通过。选中【过滤】单选按钮，将使用特定的过滤色对材质后面的颜色进行渲染，无论材质的透明度如何，使用【过滤】不透明度都可以指定过渡色，从而得到浓烈的饱和色彩。【相减】不透明度可以从背景颜色中减去材质的颜色，以便使该材质背后的颜色变深。【相加】不透明度是通过将材质的颜色添加到背景颜色中，使材质后面的颜色变亮。

【折射率】用于控制材质对透射灯光的折射程度，用户可以用它设置贴图和光线跟踪所使用的折射率。

【线框】选项区域用于设置线框显示方式中线框的大小，可以按像素或当前单位进行设置。

【反射暗淡】选项区域用于使阴影中的反射贴图显得暗淡，其中，【暗淡级别】用于控制阴影中的暗淡量，【反射级别】用于控制不在阴影中的反射强度。

8.1.3 冷材质与热材质

在 3ds Max 中，材质有冷、热之分。所谓热材质，就是与当前选定场景密切相关的材质，改变热材质，场景中相应的材质也会发生改变；所谓冷材质就是没有出现在场景中的材质，它的改变不会影响场景中的任何对象。

冷材质和热材质之间是可以互相转化的，一旦将冷材质赋予场景中的某个模型，它就变成了热材质。只要激活热材质，然后单击工具行的复制材质按钮，就可以将热材质转化为冷材质。判断是不是热材质最简单的方法就是看示例窗口中小样本球的周围是否有白色的三角框，如果有，就是热材质，如果没有，就是冷材质。懂得冷热材质的区分和转化，可以避免很多误操作，从而更加快捷、方便地对材质进行编辑。

8.1.4 贴图的概念

贴图也属于材质，使用贴图可以改善材质的外观和真实感，它通常用来模拟各种纹理、反射、折射效果。材质与贴图往往一起使用，材质描述对象的表面属性，贴图则描述对象的纹理特征，为模型添加一些细节而不会增加它的复杂度(位移贴图除外)。

1. 贴图

贴图就是把一张位图包裹到一个模型的外表面，使模型呈现出此位图所表现的画面。在现实生活中，贴图无处不在。例如桌子表面的纹理、高级旅馆的花岗岩地板表面纹理，它们都可以看作是在模型表面分别"贴"上了不同的图案而产生的效果。

2. 2D 贴图

2D 贴图是二维图像，它们通常用于几何体的表面贴图，或用作环境贴图来为场景创建背景。2D 贴图有 7 种类型，参见表 8-1 所示，其中最简单的是位图，其他类型由程序来生成。

表 8-1 2D 贴图类型

2D 贴图类型	用法与功能
渐变	指定两种或三种颜色，通过插补中间值从一种颜色到另一种颜色进行渐变着色
渐变坡度	与渐变相似，但可以指定任意数量的颜色或贴图
平铺	可以创建砖、彩色瓷砖或材质贴图，通常应用于建筑模型
棋盘格	将两色的棋盘图案应用于材质，默认为黑白方块图案，组件方格也可以是颜色或贴图
位图	最常用的贴图，它是由彩色像素的固定矩阵生成的图像，可以用来创建多种材质
漩涡	创建两种颜色或贴图的螺旋图案，类似于两种口味冰淇淋的外观
combustion	可以同时使用 Discreet combustion 产品和 3ds Max 交互式地创建贴图

3. 3D 贴图

与 2D 贴图不同的是，3D 贴图是根据三维方式生成的图案。例如，"大理石"拥有指定过几何体生成的纹理，如果将指定纹理的大理石对象切除一部分，那么切除部分的纹理与对象其他部分的纹理相一致。3D 贴图有 15 种类型，参见表 8-2 所示。

表 8-2　3D 贴图类型

3D 贴图类型	用法与功能
Perlin 大理石	使用"Per line 湍流"算法生成大理石图案
凹痕	在曲面上生成三维凹凸
斑点	生成具有斑点的表面图案，用于漫反射贴图和凹凸贴图创建类似花岗岩的表面
波浪	通过生成一定数量的球形波浪中心并将它们随机分布在球体上，来创建水花和波纹效果
大理石	针对彩色背景生成带有彩色纹理的大理石曲面，能自动生成第三种颜色
灰泥	生成类似于灰泥的分形图案
粒子年龄	基于粒子的寿命来更改粒子的颜色或贴图
粒子运动模糊	基于粒子的移动速度更改其前端和尾部的不透明度
木材	创建三维木材纹理图案
泼溅	创建类似于泼墨画的分形图案
衰减	基于几何体曲面上法线的角度衰减来生成从白到黑的值。默认情况下，会在法线从当前视图指向外部的面上生成白色，在法线与当前视图相平行的面上生成黑色
行星	使用分形算法模拟行星表面颜色，可以控制陆地大小，海洋覆盖百分比
烟雾	生成基于分形的湍流图案，以模拟束光的烟雾效果或其他云雾状流动贴图效果
噪波	三维形式的湍流图案，与 2D 形式的棋盘格一样，基于两种颜色，每种都可以设置贴图
细胞	创建用于各种视觉效果的细胞图案，如鹅卵石表面等

4. 合成器贴图

在图像处理中，合成图像是指将两个或多个图像叠加组合而成的图像。在 3ds Max 中，合成器贴图是指通过 3ds Max 的合成器，将多个贴图或颜色合成后的贴图。它有 4 种类型，如表 8-3 所示。

表 8-3　合成器贴图类型

合成器贴图类型	用法与功能
RGB 贴图	通常用于凹凸贴图，通过倍增其 RGB 或 alpha 值来组合新的贴图
合成贴图	合成多个贴图，这些贴图使用 alpha 通道彼此覆盖，视口可以同时显示多个贴图
遮罩贴图	遮罩本身就是一个贴图，用于控制应用到曲面表面的第二个贴图的位置，适合做模型标签
混合贴图	可以将两种颜色或贴图混合在一起，通过混合量的设置调整混合度

- 颜色通道：对于颜色显示来说，位数越高，颜色级别越高，显示效果越逼真。一个 8 位颜色文件，可以提供 256 个级别的颜色，也就是 2 的 8 次方。对于真彩位图文件，通道定义为 8 位，一个 RGB 文件是 24 位的，分为 3 个通道，每个通道具有 256 个级别(都带有红、绿、蓝)，每个通道在各个像素上拥有具体的强度或值，决定图像中像素的颜色。
- RGB：代表红(Red)、绿(Green)、蓝(Blue)3 种颜色，通过调整这 3 种不同颜色的值，可

以控制模型的着色。虽然它们是图像通道默认的值，但却不必拘泥于这 3 种颜色，可以为颜色通道指定任何颜色。

● Alpha 通道：对于 32 位位图文件，包含 4 个颜色通道：红、绿、蓝和 alpha 通道，alpha 通道用于向图像中的像素指定透明度，值为 0 表示完全透明，值为 255 则表示完全不透明，介于 0 和 255 之间为半透明。3ds Max 在渲染时往往自动创建 alpha 通道，alpha 通道对于渲染对象的锯齿边缘周围透明像素非常有用。

5. 颜色修改器

用于改变材质中像素的颜色，有 3 种类型，每种类型都有其特定的颜色修改方法，如表 8-4 所示。

表 8-4　颜色修改器类型

颜色修改器类型	用法与功能
RGB 染色	通过调整红、绿、蓝 3 种颜色通道的值，来对贴图进行着色
顶点颜色	显示可渲染对象的顶点颜色，主要用于游戏引擎或光能渲染器效果的渲染
输出	将输出设置应用于没有这些设置的贴图文件

6. 贴图坐标

贴图坐标用于确定贴图应用到对象的投射方式，是图案、平铺还是镜像。大多数可渲染的对象都拥有【自动生成贴图坐标】的功能，但是如果没有启动该参数的话，在将贴图指定给对象时，系统会要求指定贴图坐标。

2D 贴图通常用于为造型指定的曲面贴图，因而必须具有贴图坐标，贴图坐标是模型的局部坐标，与三维空间的 X、Y、Z 坐标不同，贴图坐标使用的是 U、V、W 坐标，U、V、W 坐标和 X、Y、Z 坐标的相关方向平行。如果查看 2D 贴图图像，会发现，U 相当于 X，代表贴图水平方向；V 相当于 Y，代表着贴图的竖直方向；W 相当于 Z，代表着与该贴图的 UV 平面垂直的方向。W 坐标在 2D 贴图进行翻转时，会非常有用。

可以通过贴图的【坐标】卷展栏来为模型指定贴图坐标。有两种典型的坐标参数，一组用于二维贴图，一组用于三维贴图。

7. 贴图通道

使用不同的贴图通道可以将同一贴图的不同副本放置到不同的位置，当为对象启动【生成贴图坐标】时，就要使用贴图通道，它与贴图坐标紧密相连，不同的贴图通道允许相同对象的贴图使用不同的坐标，可以拥有不同的 U 向平铺和 V 向平铺，以及不同的 U 向偏移和 V 向偏移。对于 NURBS 曲面子对象，不需要用【UVW 贴图】即可指定贴图通道，其余的则都需要，包括第 10 章中讲到的【渲染到纹理】，贴图通道的值在 1~99 之间。

8.1.5 材质和贴图的设计

为对象设计并赋予材质和贴图，可按图 8-11 所示流程进行。

图 8-11 材质和贴图的设计流程

- 选择材质类型：打开【材质编辑器】，在其中命名材质并选择材质类型。默认情况下，材质名称文本框右侧按钮名为 Standard，表示当前材质为标准材质，此外，中文版 3ds Max 2010 还提供了混合材质、双面材质、多维/子对象材质等以供用户选择。
- 调节材质属性：设置材质的漫反射、高光、自发光、透明度等属性。
- 选择贴图通道：在参数控制面板的【贴图】卷展栏下，为模型设置漫反射、凹凸、透明、反射等，并可设置每个通道的强度。
- 选择贴图类型：在参数控制面板的【贴图】卷展栏下，单击某一贴图通道右侧宽按钮，可打开【材质/贴图浏览器】对话框，从中选择贴图类型。
- 调节贴图参数：设置贴图的大小、贴图方式、颜色及反射条件等。
- 将材质和贴图赋予对象：单击【材质编辑器】中的【将材质指定给选定对象】按钮，即可将设计好的材质赋予对象。

【例 8-1】练习材质和贴图的设计流程。

(1) 打开室内一角模型。

(2) 选中所有的地板模型，如图 8-12 所示。单击主工具栏的【材质编辑器】按钮，打开【材质编辑器】窗口，在示例窗口中选择任意一个样本小球，单击【将材质指定给选定对象】按钮，该样本球四周将以白色高亮显示。

(3) 在【明暗器基本参数】卷展栏下为材质选择【多层】明暗器，在【多层基本参数】卷展栏下将【不透明度】设置为 80，然后打开【贴图】卷展栏，此时【贴图】卷展栏如 8-13 所示。

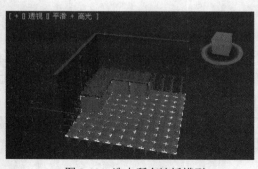

图 8-12 选中所有地板模型

图 8-13 【贴图】卷展栏

(4) 在【贴图】卷展栏中，用户可以为模型不同的通道指定不同的贴图。一般来说，模型表面的纹理效果主要由【漫反射颜色贴图】、【高光颜色贴图】、【凹凸贴图】和【反射贴图】等决定。

(5) 单击【漫反射颜色】右侧的宽按钮，打开【材质/贴图浏览器】对话框，在【浏览自】选项区域中选中【新建】单选按钮，左下侧会显示 2D 贴图、3D 贴图等贴图类型，选中【全部】单选按钮，浏览器右侧将会显示出所有可用于创建的材质，如图 8-14 所示。也可以通过材质库来为模型赋予贴图。在本例中，选择波浪贴图，单击【确定】按钮，波浪贴图的名称将会出现在宽按钮上，单击该按钮，将会弹出波浪贴图的各种控制参数，将各种参数按图 8-15 所示进行设置。选择不同的贴图，它的控制参数往往是不同的。

(6) 有时候，需要对不同贴图通道应用相同的材质或贴图。例如本例，【高光级别 1】要使用与【漫反射颜色】相同的贴图，方法很简单，单击【转到父对象】按钮，单击并按住【漫反射颜色】右侧的宽按钮拖动到【高光级别 1】右侧的宽按钮上，这样波浪贴图便复制给了【高光级别 1】。

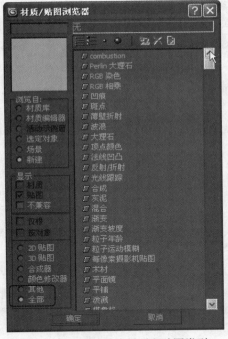

图 8-14　显示所有的材质和贴图类型

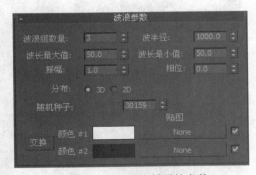

图 8-15　设置波浪材质的参数

(7) 单击【反射】复选框右侧的宽按钮，在打开的【材质/贴图浏览器】对话框中选择位图，单击【确定】按钮，将会打开【选择位图图像文件】对话框，可以在磁盘上选择一张位图作为模型的反射贴图，如图 8-16 所示。使用位图贴图是最常用的方式，因为毕竟 3ds Max 提供的程序式贴图有限，可以通过选取合适的位图，来满足不同模型的渲染需要。位图的修改参数面板如图 8-17 所示。

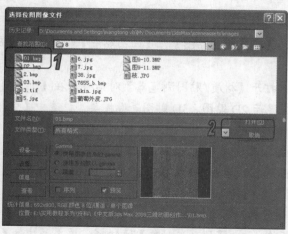

图 8-16　选择位图图像

图 8-17　位图图像的修改参数面板

计算机 基础与实训教材系列

（8）单击【位图】右侧宽按钮，可以重新选择位图图像作为贴图，选中后的位图图像名字将会显示在宽按钮上；【重新加载】按钮用于对使用相同名称和路径的位图文件进行重新加载；【过滤】选项组主要用于选择对位图进行过滤的方法，这里提供有两种类型，用户也可以选择【无】禁用过滤；【单道输出】选项组用于根据输入的位图确定输入单色通道的源；【RGB 通道输出】用于确定输出 RGB 部分的来源；【裁剪/放置】选项组用于裁剪位图或减小其尺寸从而自定义放置贴图；【alpha 来源】选项组主要用于根据输入的位图确定输出【alpha 通道】的来源。

（9）按照同样的方法，为柜子表面和柜子侧面赋予贴图，贴图设置完成后，在主工具栏上选择【渲染】|【渲染】命令，则其渲染效果如图 8-18 所示。

图 8-18　使用贴图渲染效果图

 知识点

在为柜子等家具类模型设置贴图时，应当注意它的木制属性。对于桌子表面，一般可以为它赋予有木质纹理的木材贴图，对于柜子侧面可以为其赋予比较光滑的木材贴图。

⑧.2　常用材质类型

中文版 3ds Max 2010 提供了十几种材质供用户选择使用，尽管每种材质都包含了颜色、反射、折射、高光等属性，但不同材质却具有不同的视觉效果，适用于表达不同的对象和场景。

在【材质编辑器】中单击 Standard 按钮，打开【材质/贴图浏览器】对话框，选中【新建】单选按钮，右侧将列出所有的可供使用的材质。如图 8-19 所示。

8.2.1 混合材质

将两种子材质在曲面的某个面上混合使用，在模型表面的一侧融合另外一种材质，通过混合量参数，可以控制两种材质混合的方式。混合材质的基本控制参数如图 8-20 所示。

图 8-19　中文版 3ds Max 2010 中可用的材质类型　　　图 8-20　混合材质的控制参数

【材质 1】和【材质 2】分别用于编辑混合材质的两种子材质。

【交互式】用于在材质 1 和材质 2 之间选择一种展现在模型表面，主要在以实体着色方式进行交互式渲染时使用。

单击【遮罩】右侧宽按钮，可为混合材质设置遮罩，两种子材质之间的混合强度将取决于遮罩贴图的强度。

【混合量】文本框用于设置混合材质中两种子材质的混合百分比；如果选中【使用曲线】复选框，则可通过混合曲线来调整混合百分比；也可以通过设置混合【上限】和【下限】来调整混合百分比。

【例 8-2】设计地板材质。

(1) 首先打开一个地板模型文件，然后打开【材质编辑器】，选择一个未使用的示例窗，在【材质名称】文本框中输入"Floor"。单击 Standard 按钮，打开【材质/贴图浏览器】，在材质列表中双击【混合】选项，在打开的【替换材质】对话框中选中【丢弃旧材质】单选按钮，单击【确定】按钮，如图 8-21 所示。

(2) 在【材质编辑器】的工具栏上单击【材质/贴图导航器】按钮，打开【材质/贴图导航器】对话框，如图 8-22 所示。该对话框用于显示活动示例窗中材质的层次和结构，这对于复杂材质的导航和编辑是十分便利的。

图 8-21　命名混合材质

图 8-22　【材质/贴图导航器】对话框

(3) 在【材质/贴图导航器】中选中【材质 1】，然后在【材质编辑器】中将其命名为"泥浆"，用同样的方法将【材质/贴图导航器】中的【材质 2】命名为"瓦片表面"，重新命名后的子材质名称将在【材质/贴图导航器】中自动更新。

(4) 在【材质/贴图导航器】中选中【泥浆】子材质，然后在【材质编辑器】中展开【Blinn基本参数】卷展栏，单击【漫反射】右侧的贴图按钮，如图 8-23 所示。打开【材质/贴图浏览器】，双击"噪波"选项。在【噪波参数】卷展栏中将【大小】设置为 3.0，将噪波类型设置为【湍流】。单击【颜色 1】右侧色块，在打开的颜色选择器中将其 RGB 值设置为(232，219，197)，用同样的方法将【颜色 2】的 RGB 值设置为(196，170，159)，此时示例窗中样本球显示如图 8-24 所示。

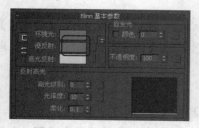

图 8-23　设置漫反射贴图

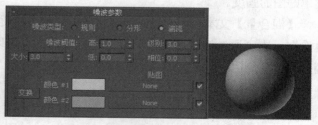

图 8-24　设置的【泥浆】材质效果

(5) 现在为【泥浆】子材质添加凹凸图案。首先选中该材质，在【材质编辑器】中展开【贴图】卷展栏，单击【凹凸】右侧的 None 按钮。在打开的【材质/贴图浏览器】中双击【位图】选项，打开【选择位图图像文件】对话框，选择如图 8-25 右图所示的图像，确定后示例窗中样本球显示如图 8-25 左图所示。

(6) 现在设置【瓦片表面】子材质。首先在【材质/贴图导航器】中选中该材质。然后用步骤(4)的方法为其漫反射颜色应用噪波贴图，将噪波大小设置为 10.0，颜色 1 的 RGB 值设置为 (220，197，181)，颜色 2 的 RGB 值设置为(162，132，111)。在【材质编辑器】工具栏禁用【显示最终结果】，这样示例窗中的样本球便只显示【瓦片表面】子材质的效果，虽然使用的也是噪波贴图，但颜色明显比【泥浆】材质要深一些。

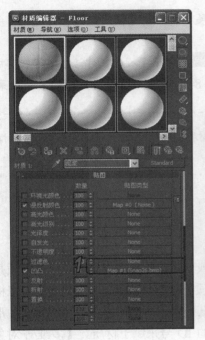

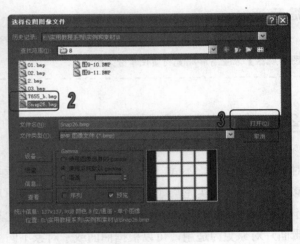

图 8-25 为【泥浆】子材质设置凹凸效果

(7) 下面设置【瓦片表面】子材质的反光度和凹凸度。选中【瓦片表面】子材质，展开【Blinn 基本参数】卷展栏，将【高光级别】设置为 15.0，【光泽度】设置为 10.0。展开【贴图】卷展栏，设置【凹凸】贴图，使用的仍然是噪波贴图，噪波大小设置为 1.0，将【凹凸】贴图的数量设置为 15.0。

(8) 下面使用遮罩来合并【泥浆】和【瓦片表面】这两个子材质。在【材质/贴图】导航器中，选择 Floor(Blend)选项，这是材质的最顶级。在【材质编辑器】中展开【混合基本参数】卷展栏，如图 8-26 所示。单击【遮罩】右侧的 None 按钮，设置其遮罩贴图，贴图和图 8-25 中右图中使用的一样。将遮罩贴图重命名为"分界线"，则此时【材质/贴图导航器】如图 8-27 所示。

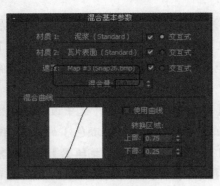

图 8-26　设置遮罩贴图　　　　　　　　图 8-27　【材质/贴图导航器】中的材质

(9) 选中 Floor(Blend)材质，在【混合基本参数】卷展栏中启用【使用曲线】复选框，并将【上部】设置为 1.0，【下部】设置为 0.0。

(10) 在【材质编辑器】工具栏单击【放入库】按钮，打开【入库】对话框，可在其中设置该材质的名称，以便以后为对象添加材质时调用。图 8-28 所示为该材质应用的某一效果。

💡 **提示**

　　设置材质时，一定要弄清楚该材质所处的级别，对于复杂材质，其层次往往比较深，这时通过【材质/贴图导航器】来查看和浏览材质便十分方便。

⑧.2.2　多维/子对象材质

　　对于复杂的模型，不同部位、不同表面需要的材质或贴图往往并不相同，单一的材质是远远不够的，也不能真实完整地表现造型，多维/子对象材质很好地解决了这一问题。它可以根据模型不同的表面或子对象来相应地赋予不同的材质，尤其是对于可编辑网格、可编辑多边形或可编辑面片对象更为适用，可以根据曲面或子对象不同的 ID 号来赋予材质。【多维/子对象材质的参数】控制卷展栏如图 8-29 所示。

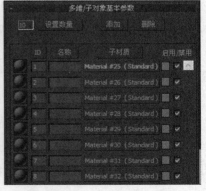

图 8-28　该混合材质的某一应用效果　　　图 8-29　【多维/子对象材质的参数】控制卷展栏

单击【设置数量】按钮可打开【设置材质数量】对话框，以设置子材质数目，中文版 3ds Max 2010 默认的为 10 个。子材质数量确定后，可单击下方相应子材质右侧的宽按钮以设计该子材质，单击按钮右侧的颜色框，可改变子材质的颜色，右边的复选框用于确定该子材质是否起作用。

【例 8-3】练习使用多维/子材质设计多彩文字。

(1) 将中文版 3ds Max 2010 重置。创建如图 8-30 所示的文本图形，打开修改器列表，为其应用倒角修改器。在【倒角值】卷展栏中，将【起始轮廓】设置为 1.0；将【级别 1】的高度设置为 5.0，【轮廓】设置为 0.0；启用【级别 2】，将【高度】设置为 2.0，【轮廓】设置为-1.0。

(2) 打开【材质编辑器】，选中任何一个未使用的样本球，单击【将材质指定给选定对象】按钮，将其应用给创建的文本对象。

(3) 单击 Standard 按钮，打开【材质/贴图浏览器】，在其中双击【多维/子对象】选项，返回【材质编辑器】。单击【设置数量】按钮，在弹出的设置框中将多维材质的数量设置为 3。

(4) 返回多维/子对象材质参数控制面板，单击 2 号材质右侧宽按钮，展开【明暗器基本参数】卷展栏，选择 Blinn 明暗器；展开【Blinn 基本参数】卷展栏，将【不透明度】设置为 80。为观察材质透明效果，单击【材质编辑器】工具列的【背景】按钮。

(5) 下面首先来设置 1 号材质，单击该材质右侧的对应宽按钮，该材质默认使用的是标准材质，将明暗器设置为 Blinn。在【Blinn 基本参数】卷展栏中将【漫反射】RGB 值设置为(255，6，0)。将【高光级别】设置为 100，【光泽度】设置为 80。展开【贴图】卷展栏，设计其【反射】贴图，使用的贴图如图 8-31 所示。

计算机基础与实训教材系列

图 8-30 创建文本图形

图 8-31 材质 1 选用的反射贴图

(6) 返回多维/子材质层，用同样的方法设置材质 2。材质 2 选用金属明暗器，【漫反射】的 RGB 值设置为(218，218，218)，【高光级别】设置为 100，【光泽度】设置为 75，选用的【反射】贴图如图 8-32 所示。

(7) 返回多维/子材质层，用同样的方法设置材质 3。材质 3 选用金属明暗器，【漫反射】的 RGB 值设置为(255，234，0)，【高光级别】设置为 100，【光泽度】设置为 75，选用的【反射】贴图如图 8-33 所示。

图 8-32　材质 2 选用的反射贴图

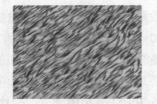
图 8-33　材质 3 选用的反射贴图

(8) 选择【渲染】|【环境】命令，打开【环境和效果】对话框。在【环境】选项卡中，为场景设置一个背景图像。对场景进行渲染，如图 8-34 左图所示。图 8-34 右图是材质导航器中的材质情况。

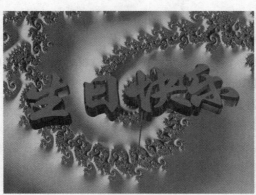

图 8-34　多维/子对象材质应用效果

8.2.3　双面材质

使用双面材质可以为对象的正面和背面指定不同的材质。双面材质的参数控制卷展栏如图 8-35 所示。

图 8-35　双面材质的参数控制卷展栏

【透明度】用于设置对象正面和背面材质显示的百分比，为 0 时，背面材质不可视，为 100 时，正面材质不可视；单击【正面材质】右侧宽按钮，可设置正面材质；单击【背面材质】右侧宽按钮，可设置背面材质。

【例 8-4】练习使用双面材质设计垃圾桶材质。

(1) 将场景重置。在视图中创建垃圾桶模型，如图 8-36 所示。

(2) 按 M 键打开【材质编辑器】，单击 Standard 按钮打开【材质/贴图浏览器】，在其中双击【双面】选项，在【材质编辑器】中展开【双面基本参数】卷展栏。

(3) 单击【正面材质】右侧宽按钮，展开【贴图】卷展栏，单击【漫反射】复选框右侧宽按钮，打开【材质/贴图浏览器】，双击【位图】选项，指定如图 8-37 所示图片作为正面材质贴图。用同样的方法指定如图 8-38 所示的图片作为背面材质图片。

图 8-36 设计的垃圾桶模型

图 8-37 选择正面材质贴图

(4) 返回【双面基本参数】卷展栏，将【半透明】设置为 30.0，将双面材质指定给场景中的垃圾桶对象，渲染场景，效果如图 8-39 所示。

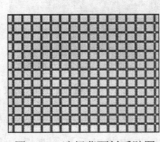

图 8-38 选择背面材质贴图

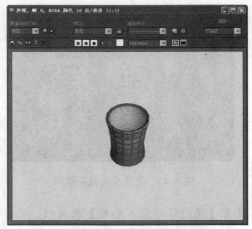

图 8-39 双面材质应用效果

8.2.4 光线跟踪材质

光线跟踪材质的功能十分强大，它不仅包含了标准材质的所有特点，而且还能真实反映光线的反射和折射，但场景渲染时需要耗费较长的时间。光线跟踪材质的参数控制卷展栏如图 8-42 所示。

【明暗】下拉列表中提供了 5 种阴暗方式：Phong、Blinn、金属、Oren-Nayar-Blinn、各向异性；选中【双面】复选框，光线跟踪将在对象内外表面均进行渲染；选中【面贴图】复选框，则将材质赋予对象的所有表面；选中【线框】复选框，对象将以线框结构显示；选中【面状】复选框，将渲染对象表面的每一个面；【折射率】用于设置材质折射率的强度，准确调节该数值可以真实反映不同对象对光线的折射程度，如 1.0 表示空气的折射率，1.5 表示玻璃的折射率；选中【环境】或【凹凸】复选框，可分别单击其右侧的【无】宽按钮，为场景设置环境贴图或凹凸贴图。

【例8-5】练习使用光线跟踪材质设计洁具。

(1) 将场景重置，在视图中创建如图 8-40 所示的场景模型——水龙头。

(2) 按 M 键打开【材质编辑器】，选择一个未使用的样本球，将其指定给创建的水龙头对象。这里使用光线跟踪材质来表现水龙头的金属光泽和反光效果，单击 Standard 按钮，在打开的【材质/贴图浏览器】中双击【光线跟踪】选项，如图 8-41 所示。

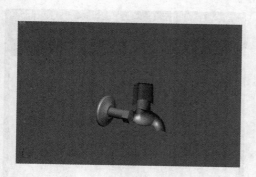

图 8-40　创建的水龙头模型

图 8-41　光线跟踪材质的控制参数

(3) 展开【光线跟踪基本参数】卷展栏，由于金属明暗方式并不适合于表面抛光的光亮金属，如不锈钢等，因而这里将明暗方式设置为【各向异性】；选中【双面】复选框，将【漫反射】颜色的 RGB 值设置为(247，249，243)，将【环境光】颜色的 RGB 值设置为(216，218，233)；将【高光级别】设置为 240，【光泽度】设置为 75，【各向异性】设置为 30，【柔化】设置为 5.3，如图 8-42 所示。

(4) 一般情况下，金属物体对远处的反射都有一定的衰减，这可以通过为光线跟踪材质应用衰减贴图来实现。展开【贴图】卷展栏，双击【反射】右侧宽按钮，在打开的【材质/贴图浏览器】中双击【衰减】选项。

(5) 设置好灯光，对场景进行渲染，效果如图 8-43 所示。

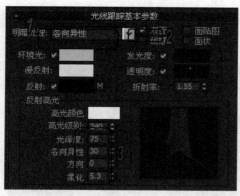

图 8-42　光线跟踪材质的控制参数

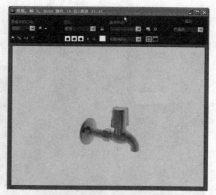

图 8-43　光线跟踪材质应用效果

除了以上介绍的各种材质外，中文版 3ds Max 2010 还提供了虫漆、投影等材质，它们的功能如表 8-5 所示。

表 8-5　中文版 3ds Max 2010 其他材质及功能

材 质 名 称	材 质 功 能
高级照明覆盖材质	配合高级光照功能使用，能够直接控制材质的光能属性
建筑材质	能够在真实光源和全局光照下，模拟真实的质感
合成材质	将两个或两个以上的材质叠加在一起，是一种复合材质
壳材质	主要用于材质纹理备份
虫漆材质	将两种材质重合，并且通过虫漆颜色对两者的混合效果作出调整
顶/底材质	为对象顶部和底部分别赋予不同的材质
Ink'n Paint 材质	允许将材质渲染为卡通光影模式

⑧.3　常用贴图类型

中文版 3ds Max 2010 提供的贴图类型有几十种，其中，位图是最常用、也是使用最简单的贴图类型，它支持多种图片格式，如 bmp、jpg、tif 等，事实上，前面所讲的例题中，很多材质在设计贴图时使用的就是位图。下面介绍渐变、噪波、凹凸等常用贴图类型。

⑧.3.1　渐变贴图

渐变贴图可产生任意 3 种颜色或贴图间的渐变过渡效果，包括直线渐变和放射渐变两种类型。在【材质/贴图浏览器】对话框中双击【渐变】选项，可以打开【渐变贴图】卷展栏，在该卷展栏中用户可通过【颜色#1】、【颜色#2】和【颜色#3】右侧颜色块或宽按钮设置渐变颜色或贴图；【颜色 2 位置】用于设置中间颜色或贴图的位置，值为 0 时，【颜色#2】代替【颜色#1】，值为 1 时，【颜色#2】代替【颜色#3】，默认值为 0.5；【渐变类型】有两种：【线性】

和【径向(放射)】，如图 8-44 所示。

图 8-44　渐变参数卷展栏

【例 8-6】练习使用渐变贴图模拟苹果表面。

(1) 打开苹果模型。按 M 键打开【材质编辑器】，单击选中一个没有使用过的样本球，展开【明暗器基本参数】卷展栏，选择 Blinn 明暗器，将【高光级别】设置为 30，【光泽度】设置为 50。

(2) 展开【贴图】卷展栏，单击【漫反射】复选框右侧宽按钮，在打开的【材质/贴图浏览器】中双击【混合】选项。展开【混合参数】卷展栏，单击【颜色#1】右侧宽按钮，在打开的【材质/贴图浏览器】中双击【泼溅】选项，参见图 8-45 所示设置参数，其中颜色#2 设置为(180，174，138)，单击【颜色#2】右侧宽按钮，在打开的【材质/贴图浏览器】中双击【噪波】选项。

(3) 在【噪波】参数卷展栏中将【大小】设置为 30，【颜色#1】设置为(217，47，68)；【颜色#2】设置为(253，249，139)，如图 8-46 所示。

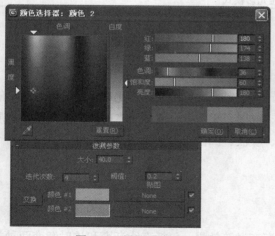

图 8-45　设置【泼溅】参数

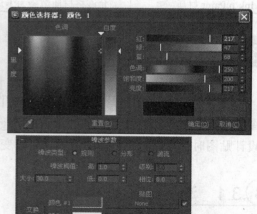

图 8-46　设置【噪波】参数

(4) 返回到混合材质的参数控制卷展栏，单击【颜色#2】右侧宽按钮，在打开的【材质/贴图浏览器】中双击【渐变】选项，在【渐变参数】卷展栏将【颜色#1】设置为(152，5，44)，【颜色#2】设置为(219，145，17)，【颜色#3】设置为(234，242，5)，将【颜色#2】位置设置为 0.5。

计算机 基础与实训教材系列

(5) 返回到混合材质的参数控制卷展栏，将【混合量】设置为 30.0。在视图中选中苹果模型，将设计的材质指定给它，对场景渲染，效果如图 8-47 所示。

8.3.2　噪波贴图和凹痕贴图

噪波贴图是通过将两种颜色或贴图随机组成在一起而产生的一种噪波效果，凹痕贴图常用于表现风化腐蚀效果。噪波贴图通常与凹痕贴图结合使用，以产生随机效果。噪波贴图的参数控制卷展栏如图 8-48 所示。

图 8-47　利用渐变贴图完成的苹果贴图效果

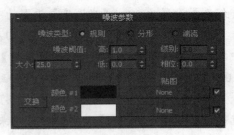

图 8-48　噪波贴图的参数控制卷展栏

【噪波类型】分为 3 种：【规则】、【分形】和【湍流】，默认类型为规则。规则可生成普通噪波；分形是使用分形算法生成的噪波；湍流则是使用绝对值函数来制作故障曲线的分形噪波。它们的对比效果如图 8-49 所示。

图 8-49　3 种噪波类型在街道场景中的效果对比

凹痕贴图的参数控制卷展栏如图 8-50 所示。【大小】用于控制凹痕的大小，【强度】用于

计算机基础与实训教材系列

控制凹痕的数量，【迭代次数】用于控制凹痕的计算次数，默认为 2。如图 8-51 中所示是大小为 10，迭代次数为 3，从左到右大小分别为 5、20 和 100 时的凹痕贴图效果。

图 8-50　凹痕贴图的参数控制卷展栏

图 8-51　凹痕不同参数设置效果对比

【例 8-7】练习使用噪波贴图和凹痕贴图来设计陶罐。

(1) 将场景重置。在视图中创建如图 8-52 所示的陶罐模型。

(2) 打开【材质编辑器】，展开【明暗器基本参数】卷展栏，选择【Blinn】明暗器，将【高光级别】设置为 50，【光泽度】设置为 30。

(3) 展开【贴图】卷展栏，单击【凹凸】复选框右侧宽按钮，在打开的【材质/贴图浏览器】中双击【凹痕】选项，展开【凹痕参数】卷展栏，将【大小】设置为 100.0，【强度】设置为 3.0，【迭代次数】设置为 2。单击【转到父对象】按钮 返回【贴图】卷展栏。

(4) 单击【漫反射颜色】复选框右侧宽按钮，在打开的【材质/贴图浏览器】中双击【噪波】选项，展开【噪波参数】卷展栏，将【噪波类型】设置为【规则】，【大小】设置为 25.0，单击【颜色#1】右侧宽按钮，指定噪波贴图为【陶瓷.jpg】，如图 8-53 所示。单击【颜色#2】右侧颜色块，设置 RGB 颜色为(255，246，142)。

图 8-52　创建的陶罐模型

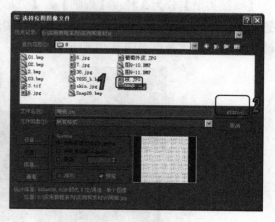

图 8-53　选择噪波贴图

(5) 观察示例窗口中的样本球，设计的材质和贴图效果。然后选中场景中的陶罐，将该材质指定给它。打开【修改】命令面板，在修改器列表中选择【UVW 贴图】修改器，展开【参数】卷展栏，在【贴图】区域选中【柱形】单选按钮，在修改器堆栈中进入【UVW 贴图】的 Gizmo 子对象级，视图中陶罐周围将出现一个柱形的 Gizmo 图形，将其旋转成如图 8-54 所示。对场景进行渲染，效果如图 8-55 所示。

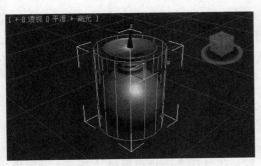

图 8-54 调整柱形贴图方式的 Gizmo

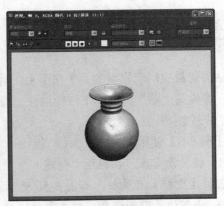

图 8-55 陶罐渲染效果

8.3.3 其他常用贴图类型

中文版 3ds Max 2010 所提供的贴图类型有 30 多种，每种贴图都有自己的特点，在三维设计中，如果能够综合地运用它们，将能达到事半功倍的效果。由于篇幅所限，本书不可能一一进行详细介绍，表 8-6 列出了其他常用的贴图类型及功能。

表 8-6 中文版 3ds Max 2010 的其他贴图及功能

贴 图 名 称	材 质 功 能
细胞贴图	随机产生细胞、鹅卵石状的贴图效果，通常结合凹痕贴图一起使用
棋盘格贴图	赋予对象以两种颜色或贴图方格交错的棋盘格图案
衰减贴图	产生由明到暗的衰减效果
大理石贴图	模仿大理石的贴图效果
遮罩贴图	将图像作为遮罩蒙在对象表面，以黑白度决定透明度
镜面反射贴图	专用于反射贴图方式，以产生平面反射效果
涡旋贴图	此贴图方式可产生涡旋效果

8.4 常用贴图方式

3ds Max 的常用贴图方式有平铺、镜像、图案等。另外，通过 UVW 贴图修改器，可以精确控制模型的贴图方式，还可以对一个材质的多个贴图指定不同的贴图通道，指定各自的贴图方式，从而得到更加准确的贴图材质效果。

8.4.1　平铺方式

贴图通常应用于模型的某个曲面上，对于 2D 贴图，平铺是最常用的贴图方式，通过重复图案，将位图"贴"到曲面上，如地板、墙面等。对于所有的 2D 贴图，可以直接通过【坐标】卷展栏来控制平铺。

【例 8-8】使用平铺方式为模型贴图。

(1) 将场景重置，在视图中创建一个平面模型，打开【材质编辑器】，为其赋予 2D 贴图，打开它的【坐标】卷展栏，如图 8-56 所示。

(2) 平铺值是贴图沿指定维重复的次数，默认值 1.0 表示对位图仅执行一次贴图操作，2.0 则表示沿相应维对位图执行两次贴图操作，依此类推。分数值也可以，会执行部分贴图操作，小于 1.0 的平铺会在相应维增大贴图的大小，它们各自的效果如图 8-57 所示：左上角 XY 平铺值分别为 1.0、1.0，左下角为 1.0、2.0，右上角为 2.0、1.0，右下角为 2.0、2.0。

图 8-56　2D 贴图的【坐标】卷展栏

图 8-57　设置平铺值

(3) 从图 8-57 可以看出，贴图重复后，有些位置没有对齐，可以通过【偏移】来改变贴图的位置。例如希望贴图从原始位置向右偏移半个宽度，则在相应的 X 维的【偏移】字段中输入 0.5，分别调整它们的 X、Y 偏移值。如将左下角的 Y 偏移值设为-0.26，右上角的 X 偏移值设为-0.26，右下角的 XY 值均设为-0.26，渲染效果如图 8-58 所示。

可以选择不同的选项如 XY、YZ、XZ 来选择不同的平铺方式。另外通过调整【角度】下的相应 X、Y、Z 的值，可以对贴图进行旋转；通过设置【模糊】值，可以根据贴图与视图的距离来影响贴图的清晰度和模糊度，距离越远，模糊度越大；通过【模糊偏移】文本框控制贴图清晰度和模糊度，与距离无关，适合柔和或散焦贴图中的细节时使用。

8.4.2　镜像方式

它是平铺的相关效果，重复贴图并翻转重复的副本。与平铺一样，可以在 U 维或 V 维对贴图进行镜像。每个维的平铺参数指定显示多少个贴图副本，每个副本则相对于其相邻副本翻转，平铺和镜像经常组合使用，对图 8-56 右下角的参数进行如下设置：在 U 维设置贴图方式为【镜像】，V 维为【平铺】，其他参数保持不变，则效果如图 8-59 所示。

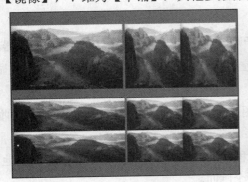

图 8-58 设置平铺偏移值

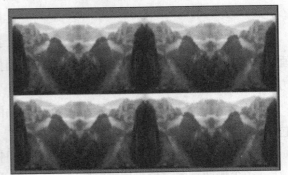

图 8-59 平铺与镜像方式组合使用

⑧.4.3 图案方式

图案贴图方式用于在模型表面贴上标签、小元素等，用作图案的贴图仅出现一次，并且不像平铺方式那样重复，对于模型表面不出现该图案的曲面将被渲染为基本材质，基本材质的颜色在材质级别指定。

【例 8-9】使用图案贴图方式为模型贴图。

(1) 将场景重置，在视图中随意创建一个模型。

(2) 打开【材质编辑器】，选择一个未使用的样本球，然后为其设置一个位图作为它的漫反射贴图(选择【30.jpg】文件)。

(3) 打开【漫反射贴图】的参数面板，在【坐标】卷展栏下，取消【镜像】、【平铺】的选中状态，将【贴图】更改为【对象 XYZ 平面】，然后将 X、Y 的偏移值分别设置为 0.08、-0.13，【平铺】值设置为 1.3、3.0，如图 8-60 所示。

(4) 设置完成后，采用图案贴图方式下的样本球效果，如图 8-61 所示。

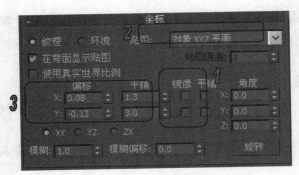

图 8-60 设置位图后的样本球

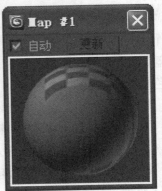

图 8-61 图案贴图方式

⑧.4.4 使用 UVW 贴图坐标

该贴图方式基于 UVW 贴图修改器，为对象赋予贴图后，可以通过应用 UVW 贴图修改器，来重新指定贴图坐标，将位图投影到对象上，从而控制贴图材质和程序材质在对象曲面上的显示方式。

在 UVW 贴图修改功能中，一共提供了 7 种贴图坐标方式，分别是平面、柱形、球形、收缩包裹、长方体、面和 XYZ 到 UVW。

- 平面：从对象的一个平面投影贴图，在某种程度上类似于投影幻灯片，可用于倾斜地在多个侧面贴图，也可用于贴图对称模型的两个侧面。
- 柱形：从柱体投影贴图，用它来包裹对象。其中包裹时的结合处有缝隙，除非使用无缝贴图，柱形投影用于形状基本为圆柱形的对象。选中右侧的【封口】选项同样对圆柱封口应用【平面贴图坐标】。
- 球形：通过从球体投影贴图来包围模型，在球体顶部和底部，同样有缝隙，球体投影适用于基本形状为球形的模型。
- 收缩包裹：使用【球形】贴图，但是它会截去贴图的各个角，然后在一个单独的点将它们融合在一起，变为一个点。
- 长方体：从长方体的侧面投影贴图，每个侧面投影为一个平面贴图，且表面上的效果取决于曲面法线。
- 面：为模型的每个面应用贴图副本，适用于用完整矩形贴图来贴图模型。
- XYZ 到 UVW：将 3D 程序坐标贴图到 UVW 坐标，这会将程序纹理贴到表面，如果表面被拉伸，【3D 程序式贴图】也被拉伸，但该贴图方式不适用于 NURBS 模型。

⑧.5 上机练习

一个优秀的三维模型离不开好的材质和贴图，在掌握本章内容后，用户应能够熟练使用【材质编辑器】和【材质/贴图浏览器】为模型设置贴图通道与贴图坐标。本节通过使用材质和贴图，制作金色水壶模型。

(1) 打开原始的水壶模型文件，如图 8-62 所示。

(2) 在工具栏中单击【材质编辑器】按钮，打开【材质编辑器】对话框。选择一个新的材质样本球，然后将其命名为"黄金质感"。

(3) 下面进行材质设置，首先打开【明暗器基本参数】卷展栏，将明暗器定义为【金属】，如图 8-63 所示。

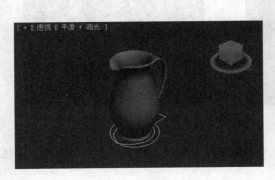

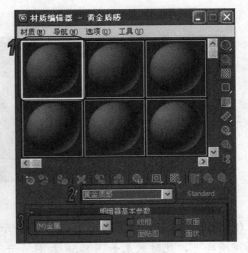

图 8-62　打开原始文件　　　　　　　　图 8-63　设置明暗基本参数

（4）在【金属基本参数】卷展栏中，取消【环境光】、【漫反射】的锁定，将【环境光】的 RGB 值设定为 0、0、0，将【漫反射】的 RGB 值设定为 255、231、69，将【自发光】选项组中的【颜色】设置为 5，在【反射高光】选项组中将【高光级别】和【光泽度】分别设置为 94 和 81，如图 8-64 所示。将场景重置。

（5）在【贴图】卷展栏中，单击【反射】选项后的 None 按钮，在打开的【材质/贴图浏览器】对话框中双击【位图】选项，在打开的【选择位图图像文件】对话框中选择第 3 章提供的【金属.jpg】文件，然后单击【打开】按钮，如图 8-65 所示。

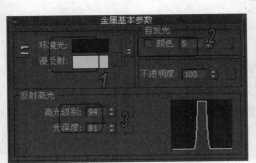
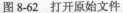

图 8-64　设置位图后的样本球　　　　　　图 8-65　选择位图文件

（6）进入反射层级面板，在【坐标】卷展栏中将【平铺】下的 U、V 分别设置为 0.4、0.1，将【模糊偏移】设置为 0.03，如图 8-66 所示。

（7）单击【转到父对象】按钮返回父级材质面板，在【贴图】卷展栏中将【反射】的数量设置为 90，然后单击【将材质指定给选定对象】按钮，将材质指定给对象，如图 8-67 所示。

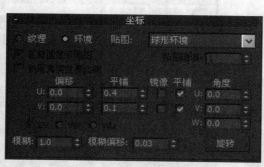

图 8-66　设置【反射】坐标值

图 8-67　设置反射值

(8) 此时场景中的效果如图 8-68 左图所示。设置渲染背景，然后单击【渲染产品】按钮将产品渲染即可，此时效果如图 8-68 右图所示。

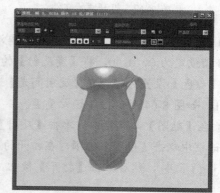

图 8-68　金色水壶效果

⑧.6　习题

1. 参考【例 8-3】的实例，练习使用材质设计多彩文字。
2. 参考【例 8-5】的实例，练习为模型使用光线跟踪材质。
3. 参考 8.5 节中的实例，试着为其他模型添加其他的材质和贴图。

第9章

使用灯光与摄影

学习目标

场景中的对象材质效果往往离不开环境布光，灯光的创建是实现模型良好视觉感的重要手段之一。在三维世界中，摄像机就像人的眼睛一样，用来观察场景中的对象，只有通过合适的观察角度才能使场景看起来更加真实。本章将主要就 3ds Max 2010 的灯光和摄影机的常用类型及其用法进行介绍。

本章重点

- 掌握灯光和摄影机的常用类型
- 掌握灯光和摄影机的创建方法和设置技巧
- 了解光度学灯光和 mental ray 摄影机明暗器

9.1 灯光

对于一个成功的 3D 图像或者动画而言，需要做到尽可能地与真实环境相接近。使用 3ds Max 制作模型或动画的过程和拍电影类似，对于一帧的图片或者是连续的动画而言，设计者要体现出它的真实感和艺术性就必须通过精心的灯光效果处理与相机角度选择。

在 3ds Max 2010 中，灯光用于模拟现实世界中的各种光源，当场景中没有灯光时，系统会使用默认的灯光渲染场景，当创建一个灯光后，默认灯光会自动停止。和现实世界中一样，中文版 3ds MAX 2010 中的灯光通过位置的变换可以影响周围对象表面的亮度、色彩和光泽，增强场景的清晰度和三维效果，使场景中的对象更加逼真。

另外值得一提的是，不同种类的灯光对象还可以用不同的方法投射灯光，从而模拟真实世界中不同种类的光源，如办公室灯光、舞台灯光，甚至太阳光。

⑨.1.1　灯光基础

对于 3ds Max 的初学人员来说，往往将主要学习精力放在如何创建精美的模型上，但比较专业的设计人员，通常会花费大量精力来研究如何使灯光和材质的设计更加协调，更加真实，从而设计出富有水准的专家级作品。

3ds Max 中的灯光用于模拟现实中的真实灯光效果，同时也添加了一定的人为艺术效果。现实中的灯光大多具有亮度、入射角、衰减度、颜色、色温、辐射等属性，了解这些属性的特点和意义，对于在 3ds Max 中设计灯光会有很大帮助。

- 亮度：影响灯光如何照亮对象，例如昏暗的灯光照射到一个色彩比较明亮的模型上会使模型表面亮度变暗。
- 入射角：对象法线方向与光源方向之间的夹角称为入射角，如图 9-1 所示。当入射角为 0 时，光源将位于对象正上方，此时对象能够接受的光线最多，入射角越大，对象表面照射到的光线越少，亮度也就越低。
- 衰减度：3ds Max 中灯光的衰减度用于模拟真实世界中，物体能够随着接受到的光线与光源之间距离的增加而逐渐衰减的效果，如图 9-2 所示。

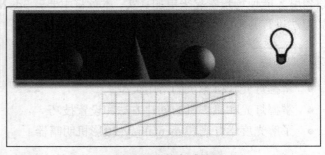

图 9-1　灯光的入射角影响亮度　　　　　　图 9-2　灯光的衰减效果

- 颜色：现实世界中的灯光大多具有颜色，如太阳光(黄白光)、霓虹灯(七彩色光)、水银蒸气灯(蓝白光)等，同时，对于不同的传播介质，光线颜色都是不同的，如蓝色玻璃可将白光中除了蓝色的其他光线过滤掉。在 3ds Max 中，可通过产生光的方式以及设计灯光的颜色来模拟这些效果。
- 色温：是一种计算光线颜色成分的方法(由 19 世纪末英国物理学家洛德·凯尔文创立)，用于模拟光线在不同能量下，人眼所能感受到的颜色变化。例如在没有太阳光直射的条件下，标准日光的色温大约在 5200K(国际温度)~5500K。
- 辐射：模型表面的反射光可照亮其他对象，这种效果被称为辐射。

如何才能在 3ds Max 场景中创建高质量的灯光效果呢？设计者通常需要从以下几个方面来考虑。

- 确定场景中灯光的类型。场景灯光通常分为自然光(太阳光)、人工光(电灯)以及二者的合成光(例如在室外拍摄电影时，摄影师和灯光师会使用反射镜来缓和刺目的阴影)。

- 明确使用灯光的目的。灯光能够表达一种情感，引导观赏者的眼睛，不同的灯光所能表达的气氛是不同的(例如雪原场景，白色光和黄色光搭配在一起，会使人产生一种超乎寻常的喜好和追求)。因而，在设计灯光之前，要明确场景所要表达的气氛和基调，然后选择合适的灯光。

- 确定主要光。主要光是场景中的主光源，可能是一个或多个，通常固定于一个地方，场景中的其他光都要配合主光源来表达场景。

- 确定补充光。补充光用于填充场景中的阴暗区域，能够提供景深的效果。

- 确定背景光。背景光也称为【边缘光】，通过照亮对象的边缘将目标对象从场景中分开，但只引起很小的反射高光区。如果场景中的模型是由很多小的圆角边缘组成，这种高光可能会增加场景的真实度。

另外，使用一些技巧可以使场景更加真实，例如为光源添加颜色或贴图等。

9.1.2 灯光的类型

中文版 3ds Max 2010 提供两种类型的灯光：标准灯光和光度学灯光。另外还有一些 mental ray 专用灯光，所有类型在视口中均显示为灯光对象，它们共享某些参数。

标准灯光是基于计算机的模拟灯光对象，包括聚光灯、泛光灯、平行光、天光等，可以用来模拟各种灯光设备，如表 9-1 所示。

表 9-1 常用标准灯光

灯 光 类 型	定义与功能
聚光灯	有方向的灯，像闪电灯一样投射聚焦的光束，分为目标聚光灯和自由聚光灯
平行光	模拟太阳光，光线呈圆柱形或矩形棱柱而不是圆锥体，分为目标平行光和自由平行光
泛光灯	系统默认光源，相当于点光源，向各个方向投射光线，可以投射阴影和投影
天光	用于建立日光模型，可以设置天空颜色或为天空指定贴图，通常与光线跟踪器一起使用
区域灯光	分为区域聚光灯和区域泛光灯两种。区域聚光灯是从矩形或碟形区域发射光线，区域泛光灯从球体或圆柱体区域发射光线，它们都不是从点光源发射光线

光度学灯光通过光度学值可以精确定义灯光，就像真实世界一样，可以设置它们的分布、强度、色温和其他属性，也可以导入照明制造商的特定光度学文件以便设计基于商用灯光的照明。通常将光度学灯光与【光能传递解决方案】结合起来，可以进行物理精确的渲染或执行照明分析。光度学灯光包含有光度学点灯光、线灯光、区域灯光、IES(照明工程协会)太阳光和 IES 天光，它们的意义与用法与标准灯光的有些相似，如表 9-2 所示，读者可对比表 9-1 学习。

表 9-2　常用光度学灯光

灯 光 类 型		定义与功能
点灯光		和泛光灯一样从几何体点发射光线，分为目标点灯光和自由点灯光两种，有等口 分布、聚光灯分布、web 分布 3 种分布方式
线灯光		从直线发射光线，像荧光灯管一样，分为目标线灯光和自由线灯光两种，有聚 灯分布和 web 分布两种分布方式
区域灯光		像天光一样从矩形区域发射光线，可以设置灯光分布，有两种分布类型：漫反身 分布类型和 web 分布类型。区域灯光也分为目标区域灯光和自由区域灯光两种
E S 丁 E	太阳光	基于物理的模拟太阳光，与日光系统配合，根据地理位置、时间和日期自动设置 ES 太阳的光值
	天光	与日光系统结合使用，模拟天光的大气效果

关于太阳光和日光系统，它们用于模拟太阳在地球上某一个给定位置，符合地理学角度和运动的光线效果。可以选择太阳的不同位置、日期、时间和指南针方向，该系统适用于计划中的和现有结构的阴影研究。太阳光使用的灯光类型是平行光，日光则是将太阳光和天光相结合，太阳光组件可以是 IES 太阳光，也可以是标准灯光，日光组件可以是 IES 天光，也可以是标准灯光中的天光。

9.1.3　设置灯光的基本参数

3ds Max 中所有灯光的基本参数都是一致的，下面以目标聚光灯为例作简单介绍，如图 9-3 所示。

图 9-3　目标聚光灯的参数控制卷展栏

1. 常规参数卷展栏

- 【灯光类型】：当【启用】复选框处于选中状态时，才能用灯光着色和渲染以照亮场景，当处于禁止状态时，进行着色和渲染时不使用灯光；在【启用】复选框右侧的列表中可以更改灯光的类型；【目标】复选框处于选中状态时，灯光与其目标之间的距离显示在复选框的右侧，对于自由灯光可以直接设置，对于目标灯光，可以移动灯光或目标对象来加以改变。

- 【阴影】：当【启用】复选框处于选中状态时，灯光才会投射阴影，可在该选项区域的下拉列表中选择生成灯光阴影的方法，包括阴影贴图、光线跟踪阴影、高级光线跟踪阴影、区域阴影等，每一种阴影类型都有其特定的控件，通常结合【阴影参数】和【阴影贴图参数】卷展栏一起对阴影进行控制。

2. 强度/颜色/衰减参数卷展栏

该卷展栏用于设置灯光的颜色、强度和衰减。

- 【倍增】：用于放大或缩小灯光的功率，默认值为 1.0，大于 1.0 会增加亮度，小于 1.0 或为负值会削减亮度，但亮度太大，会使颜色看起来不正常，如图 9-4 所示。单击【倍增】右侧的色样按钮，显示颜色选择器，如图 9-5 所示，可以设置灯光的颜色。

图 9-4　不同的倍增效果对比

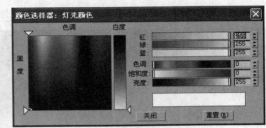

图 9-5　灯光颜色选择器

- 【衰减】：衰减是灯光的强度随着距离的增加而减弱的效果，该效果与现实世界中的不同，它可以获得对灯光淡入淡出方式的更直接控制，如图 9-6 所示。有两组值用来控制对象的衰减，即【近距衰减】和【远距衰减】。近距衰减用来控制灯光的淡入，【远距衰减】用来控制灯光的淡出。【开始】文本框用来确定灯光开始淡入或淡出的距离，【结束】文本框用于确定灯光达到全值时的距离或灯光衰减为 0 时的距离，【显示】复选框用于显示在视口中近距衰减的范围设置。

3. 聚光灯参数卷展栏

该卷展栏主要是调整聚光灯的光源区域与衰减区域的大小比例以及光源区的形状。其中的【光锥】选项区域主要用于设定聚光效果形成的光柱。

- 【显示光锥】：选中该复选框后，系统将用线框将光源的照射作用范围在场景中显示出来。
- 【泛光化】：选中后，光线将向四面八方散射。
- 【聚光区/光束】：用于设定光源中央亮点区域的投射范围。
- 【衰减区/区域】：用于设定光源衰减区的投射区域的大小。很显然衰减区应该包含聚光区。

- 【圆/矩形】：分别代表光照区域为圆形或矩形。
- 【纵横比】：用于设置矩形光源的长宽比，不同的比值决定光照范围的大小和形状。
- 【位图拟合】：用于将光源的长宽比作为所选图片的长宽比。

4. 高级效果卷展栏

该卷展栏提供了灯光影响曲面的各种控件，还可以选择投影贴图。

- 【对比度】：用于调整曲面的漫反射区域和环境光区域之间的对比度，增加该值可增加特殊效果的对比度。
- 【柔化漫反射边】：用于柔化曲面的漫反射部分与环境光部分之间的边缘，这样做有利于消除曲面的边缘，选中【漫反射】、【高光反射】、【仅环境光】复选框，灯光会影响曲面相应的颜色控件属性。
- 【投影贴图】：可以添加投影贴图。选中【贴图】复选框，单击右侧宽按钮，在【材质/贴图浏览器】中可为场景设置投影贴图，如图 9-7 所示。需要注意的是，在应用投影贴图之前，首先要选中【常规参数】卷展栏下的【阴影】复选框。

图 9-6　衰减效果　　　　　　　　　图 9-7　为灯光设置投影贴图

5. 阴影参数卷展栏

该卷展栏主要用于处理灯光照射对象所产生的阴影效果。

- 【对象阴影】：设置灯光投射阴影的颜色或贴图，通过调整【密度】文本框的值可以控制阴影的厚重程度，如图 9-8 所示，从左到右，阴影密度递增。选中【灯光影响阴影颜色】复选框，可以使灯光的颜色和阴影贴图颜色混合。
- 【大气阴影】：模拟太阳光穿过大气时产生的阴影，如图 9-9 所示。可以通过【不透明度】来调整大气阴影的不透明度，通过【颜色量】来设置大气颜色与阴影颜色混合的量。

图 9-8　不同阴影密度效果对比　　　　　图 9-9　大气阴影效果

6. 阴影贴图参数卷展栏

该卷展栏主要用于调整阴影贴图的属性。

- 【偏移】：设置阴影面向或背离阴影对象的大小值。偏移值太小，阴影可能在无法达到的地方【泄露】；太大，阴影可能会从对象中【分离】。
- 【大小】：该文本框可以设置用于计算灯光阴影贴图的大小，值越大越精细。
- 【采样范围】：用于决定阴影内平均有多少区域。
- 【绝对贴图偏移】：用于实现场内内部平衡。
- 【双面阴影】：选中该复选框，计算阴影时将不会忽略背面。

⑨.1.4 聚光灯的创建与编辑

聚光灯发射聚焦的光束，有自己的方向。在中文版 3ds Max 2010 的所有灯光中，聚光灯可以将光线集中于锥形范围之内，集中表现范围之内的对象，这对于强调、突出某个对象或细节非常有用。因而成为最常用且用途最广的一种灯光。

聚光灯分为目标聚光灯和自由聚光灯两种类型。它们的参数基本相同，只是使用方式和用途不同。目标聚光灯使用目标对象指向摄影机，它是可以通过独立移动来对准对象的一种聚光灯，能够调整光束大小、产生阴影以及投影图像。自由聚光灯与目标聚光灯的最大不同在于它没有目标对象，可以移动或旋转自由聚光灯使其指向任何方向，它的功能与目标聚光灯基本相同。

【例 9-1】创建与编辑目标聚光灯。

(1) 打开头盔模型。执行【创建】|【灯光】|【标准】命令，打开标准灯光的创建命令面板，如图 9-10 所示。

(2) 单击【目标聚光灯】按钮，在【前】视图中头盔模型的左下部确定目标聚光灯的光源点并单击，然后拖动光标到头盔模型表面，确定目标聚光灯的目标点后单击，便成功创建了一个目标聚光灯，如图 9-11 所示。

图 9-10　打开标准灯光创建面板

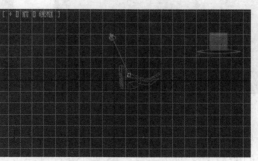

图 9-11　创建目标聚光灯

(3) 激活【透视】视图，在【透视】两字旁右击，在弹出快捷菜单中选择【视图】|【Spot01(刚才创建的目标摄影机名称)】命令，即可将【透视】视图切换为 Spot01 的【目标聚光灯】视图，该视图看起来像是从聚光灯的角度来观察场景，如图 9-12 所示。

(4) 执行【创建】|【几何体】|【标准基本体】命令，打开标准基本体的创建命令面板，单击【长方体】按钮，在视图中创建一个长方体，对长方体进行变换，作为目标聚光灯投射阴影贴图的挡板。调整目标聚光灯的光源点和目标点，使其照射头盔模型的一侧，如图 9-13 所示。

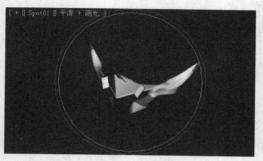

图 9-12　从目标聚光灯角度查看【透视】视图

图 9-13　创建目标聚光灯挡板

(5) 选中目标聚光灯的光源点之后，打开【修改】命令面板。在【常规参数】卷展栏下选中【阴影】选项区域的【启用】复选框，在下拉列表下选择【阴影贴图】；在【强度/颜色/衰减】卷展栏下将【倍增】设置为 1.5；在【阴影参数】卷展栏将【密度】设置为 0.9，然后选中【贴图】复选框，单击右侧宽按钮，打开【材质/贴图浏览器】，在其中双击【位图】选项，接着打开【选择位图图像文件】对话框，选择素材图片 plan.jpg 为阴影贴图，如图 9-14 所示；在【阴影贴图参数】卷展栏将【采样范围】设置为 4.0。按 F9 键对【前】视图进行快速渲染，效果如图 9-15 所示。

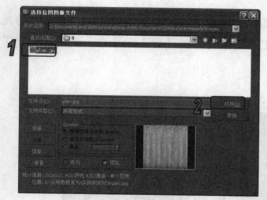

图 9-14　选择目标聚光灯的阴影贴图

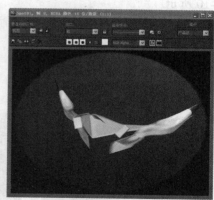

图 9-15　添加了目标聚光灯的场景渲染效果

相对于目标聚光灯，自由聚光灯的创建更加简单。自由聚光灯和目标聚光灯的功能与目标大致相同，它们的最大区别在于自由聚光灯没有目标点，可以移动或旋转自由聚光灯使其指向任何方向，自由聚光灯更加适合表现较大的场景。

⑨.1.5　泛光灯的创建与编辑

泛光灯是一种点光源，它从单个光源均匀地向各个方向投影，照亮所有面向它的对象，可用于模拟点光源或为场景添加辅助照明。在对模型或动画渲染输出时，如果没有设置灯光，那么系统默认的就是泛光灯，它有两个，分别位于场景中的左上角和右下角。

【例 9-2】创建与编辑泛光灯。

(1) 以【例 9-1】中的场景模型为例，将目标聚光灯删除。打开标准灯光的创建命令面板，单击【泛光灯】按钮，在【前】视图中头盔模型左下侧单击，便成功创建了一个泛光灯，作为场景的主光源，如图 9-16 所示。

(2) 打开【修改】命令面板，在【强度/颜色/衰减】卷展栏下，将【倍增】值设置为 1.5，单击右侧颜色块，在打开的颜色选择器中将泛光灯颜色设置为黄色。用同样的方法分别在头盔模型左上角和右下角创建泛光灯(倍增设置为 0.5)，作为辅助灯光，如图 9-17 所示。

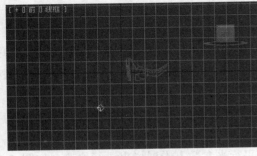
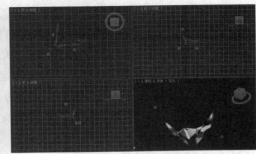

图 9-16　创建泛光灯　　　　　　　　图 9-17　设置辅助灯光

(3) 对【前】视图进行渲染，效果如图 9-18 所示。利用泛光灯的高光功能，可以实现对模型某个部位的加亮显示。例如要高亮显示头盔模型的中间部位。方法如下：首先单击选中主泛光灯(即创建的第 1 个泛光灯)，然后在主工具栏单击选择【对齐】下拉按钮下的【放置高光】选项，在【透视】视图中，将光标移向模型的右侧边缘，光标会改变形状，当高亮显示时单击，如图 9-19 所示。

图 9-18　设置了泛光灯的场景渲染效果　　　图 9-19　为泛光灯设置高光

(4) 泛光灯也可以投射阴影和投影，当为泛光灯设置投射贴图时，只能用球形、圆柱形、收缩包裹环境这 3 种坐标方式进行投射，投射贴图的方法与映射到环境中的方法相同。与聚光灯不同的是，泛光灯的投射阴影相当于 6 个聚光灯投射阴影，从中心指向外侧。当使用光线跟踪时，泛光灯生成阴影的速度相对要慢一些。选中场景中的主泛光灯，在【常规参数】卷展栏下选中【阴影】选项区的【启用】复选框，展开【阴影参数】卷展栏，选中【贴图】复选框，单击右侧宽按钮，用为目标聚光灯设置阴影贴图的方法为泛光灯设置阴影贴图。设置完成后，读者可自行渲染场景观察效果。

⑨.1.6　平行光的创建与编辑

平行光主要用于模拟太阳光线，既不像聚光灯那样聚集光线，也不像泛光灯那样从某点发散光线，而是向一个方向平行地投射光线。平行光呈现圆形或矩形，它的位置和方向都是可以直接调整的。与聚光灯一样，平行光也分为目标平行光和自由平行光，二者的主要区别在于有没有目标控制点。平行光除了与各种灯光共有的参数外，还有自己独特的平行光参数控件，下面以目标平行光的创建与编辑为例，简要地进行介绍。

以【例 9-2】中的场景为例，将所有的泛光灯删除，打开标准灯光的创建命令面板，单击【目标平行光】按钮，在【前】视图中首先确定平行光的灯光位置后单击，然后拖动到头盔模型表面单击，作为目标平行光的控制点，如图 9-20 左图所示。从图中可以看出，目标平行光包含有两个控制点，既可以变换灯光的起始位置来改变平行光的方向，也可以通过移动、旋转目标点进行各种变换，以达到满意的照明效果。

场景中目标平行光的光束是圆形，可通过【平行光参数】卷展栏来进行修改，如图 9-20 右图所示。

- 【显示光锥】和【泛光化】：当选定平行光时，视图中会显示平行光的圆柱体轮廓线，启用【显示光锥】选项后，即使未选定平行光，该轮廓线仍然可见；如果启用【泛光化】选项，平行光将在各个方向投射灯光，但是投影和阴影只能发生在其衰减的圆柱体轮廓范围之内。

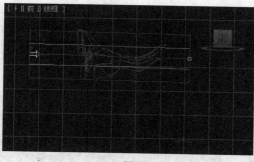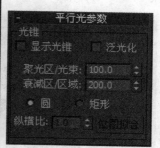

图 9-20　平行光及其基本参数

- 【聚光区/光束】和【衰减区/光束】：这两个文本框分别用于调整控制平行光圆柱体和衰减区的大小。

- 【圆】与【矩形】：用于确定平行光外围轮廓线和衰减区轮廓线的形状，当希望是圆柱体时，选中【圆】复选框；希望为长方体时，选中【矩形】复选框。
- 【纵横比】与【位图拟合】：当平行光外围轮廓为矩形时，这两项可用。纵横比是用来描述静态图像的比例或电影中的帧，通常以宽和高的比率来表示，通过位图拟合可以为纵横比匹配特定的位图。

和目标平行光相比，自由平行光没有目标控制点，只有一个光源点和一个控制点，自由平行光与目标平行光的参数基本相同，这里不再详细介绍。

⑨.1.7　其他灯光

1. 区域灯光

区域灯光主要用于大型的三维动画的场景制作，通常与 mental ray 渲染器渲染场景结合使用，只有 mental ray 渲染器才能使用如图 9-21 所示的【区域灯光参数】卷展栏上的参数。标准灯光包含两种类型的区域灯光，分别是 mr 区域聚光灯和 mr 区域泛光灯。

图 9-21　【区域灯光参数】卷展栏

> **知识点**
>
> 虽然 mr 区域聚光灯和 mr 区域泛光灯的灯光类型和作用有所不同，但使用相同的参数。

2. 天光

天光是一种辅助灯光，用来设置天空的颜色或为天空指定贴图，通常与光跟踪器一起使用。在中文版 3ds Max 2010 中，建立日光模型的方法很多，使用光跟踪器结合天光，能达到最佳效果。如果使用带有天光的贴图，首先要确保贴图坐标为球形或圆柱形，对于光跟踪，要确保使用足够的采样，另外，对以前的贴图进行模糊处理，配合天光一起使用，即使使用较少的采样，也能获得较好的渲染效果。使用默认的扫描线渲染器时，使用光跟踪器或光能传递最好。

3. 光度学灯光

光度学灯光是利用光度学值物理模拟光线在空气中的传播，可以通过参数设置来控制灯光的分布和颜色特性，同时还可以导入照明制造商提供的一些特定光度学文件，如光域网文件等。

光度学灯光基本上可以分为 4 类，在表 9-2 中曾对它们简要介绍过。光度学灯光的点光源主要用于模拟普通电灯泡，线光源用于模拟日光灯管或霓虹灯，面光源用于模拟现实中的一些面发光体，IES 灯光则用于模拟现实中的日照或天空的各种漫反射效果。

9.2 摄影机

为增强场景中对象的层次感，创建景深效果，通常在建模、材质贴图、设置灯光之后，在场景中添加摄影机。摄影机模拟现实中的静止图像、视频摄影机，也可以与动画连接，从而表现对象在运动过程中的拍摄效果。中文版 3ds Max 2010 中的摄影机也包括焦距、位置、角度等现实世界中摄影机的几个简单参数，通过主工具栏的变换工具和一些操作按钮，可以轻松地模拟现实中的变焦、推拉等操作。中文版 3ds Max 2010 中的摄影机包括目标摄影机和自由摄影机这两种类型，下面将以目标摄影机为例，介绍摄影机的创建与编辑。

9.2.1 目标摄影机

以【例 9-2】中所创建的室内一角为原始场景。打开原始文件，执行【创建】|【摄影机】|【标准】命令，打开标准摄影机的创建命令面板，单击【目标摄影机】按钮，在【左】视图中单击确定摄影机的起始点，然后拖动鼠标到目标位置释放。对于目标摄影机，当创建时，它将会沿着目标位置【观察】区域，包含两个控制点。相对于自由摄影机，目标摄影机更容易定向，只要将目标位置放置在场景或对象中心即可。此时目标摄影机已成为场景的一部分，如图 9-22 左图所示。

选中目标摄影机，打开【修改】命令面板，摄影机的参数控制卷展栏如图 9-22 右图所示，它包含有两个卷展栏，分别是所有摄像机公用的【参数】卷展栏和【景深参数】卷展栏(或【运动模糊参数】卷展栏)。

1. 激活摄影机视图

为精确表现场景中的效果，有时要使用多个摄影机，可以将视图切换至摄影机视图。选择不同的摄影机视图，从不同的角度来观测场景效果。切换的方法很简单，例如本例，在【透视】视图中【前】字的旁边右击，在弹出的菜单中选择【视图】| Camera01 命令，即可将【透视】视图切换为摄影机 01 的视图。

图 9-22　为场景添加摄影机

2. 选择摄影机镜头

　　焦距是摄影机的一个重要参数，以毫米为单位。焦距与视野大小紧密相关，【参数】卷展栏下的【备用镜头】部分提供了多达 9 种不同的焦距镜头，可以先选择大致的焦距镜头，然后通过上面的镜头微调器，再对焦距进行细微调节。

　　焦距的大小与视野角度紧密相关，任意更改其中一个参数，另一个也会随之改变。一个镜头的焦距越小，视野就越大，观测到的范围越广；焦距越大，则视野越小，表现效果越细微，离对象越近。【视野】文本框右侧的按钮用于设置视野角度的方向，有【水平方向】、【垂直方向】和【对角线方向】3 种可供选择。启用【正交投影】复选框，摄影机视图看起来就像用户视图；禁用该选项，摄影机视图就像标准的【透视】视图。

　　在本例中，选用 50mm 的焦距，在【镜头微调器】文本框中将【数值】调为 43.456，【视野角度】自动改为 45 度，使用【水平方向】视野角度，渲染效果如图 9-23 所示。

3. 查看与更改环境范围图

　　启用【环境范围】选项部分下的【显示】复选框，观察【左】视图，可以发现，摄影机显示范围出现两个平面，与摄影机距离最近的平面为【近距范围】，与摄影机距离最远的平面为【远距范围】，如图 9-24 所示，可以通过【近距范围】文本框和【远距范围】文本框来控制它们的大小，它们的作用就好比灯光中的增强区和衰减区。

4. 在场景中剪切平面

　　利用【剪切平面】选项区域可以在场景中近距或远距剪切某些场景对象，也可以通过手动方式来剪切，但首先要选中【手动剪切】复选框。本例采用手动剪切的方法，首先选中【手动剪切】复选框，默认情况下，【近距剪切】为 1.0mm，【远距剪切】为 1000.0mm，对于摄影机而言，如果对象与摄影机的距离小于【近距范围】，那该对象将不可视，大于【远距范围】的对象同样也不可视，通过微调输入不断观察摄像机视图中场景的变化，直到满意为止。图 9-25 所示为在【近距剪切】设置为 30.0 情况下，【远距剪切】分别为 120.0 和 160.0 时【透视】视图中的效果。

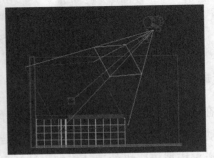

图 9-23　设置目标摄影机的镜头焦距　　　　图 9-24　目标摄影机的近距平面和远距平面

计算机 基础与实训教材系列

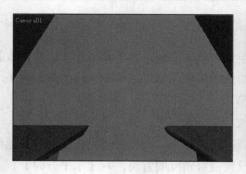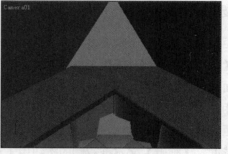

图 9-25　设置剪切平面

5. 添加景深效果

景深用来模拟现实中摄影机的景深效果，使用的是多重过滤效果。多重过滤渲染效果是指在每次渲染之间轻微挪动摄影机而使用相同帧的多重渲染。在本例中，首先禁用【剪切平面】选项区域中的【手动剪切】复选框，然后在【多过程效果】选项区域中选中【启用】复选框，在下面的列表中选择【景深】选项，此时将会出现【景深参数】卷展栏，如图 9-22 右图所示。通过主工具栏的【按名称选择】工具，选择摄影机的目标点，然后在【焦点深度】选项区域中取消【使用目标距离】的启用状态，将【焦点深度】更改为 250，其他均采用默认值，渲染效果如图 9-26 右图所示。

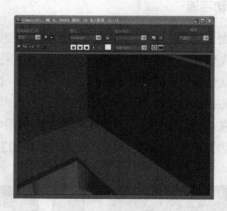

图 9-26　为场景添加景深效果

6. 运动模糊

如果在【多过程效果】选项区域下面选择的不是【景深】，而是【运动模糊】，那么将会出现【运动模糊参数】卷展栏。运动模糊也是一种多重过滤效果，利用在场景中基于移动的偏移渲染通道来模拟摄影机的运动模糊，该效果通常应用于动画中。

9.2.2 自由摄影机

自由摄影机的创建方法很简单，在标准摄影机的创建命令面板上单击【自由摄影机】按钮，直接在视图的合适位置单击即可完成创建。它与目标摄影机的关系和自由聚光灯与目标聚光灯的关系有些类似，但也有区别。目标摄影机有两个独立的控制图标，自由摄影机只有一个，这决定了它可以不受限制地任意移动和定向，更加轻松地设置动画。自由摄影机的参数与目标摄影机的相同，功能也一样，自由摄像机也可以设置景深效果和运动模糊效果，读者可参阅 9.2.1 节目标摄影机的相关内容。

9.2.3 摄影机与动画

摄影机与动画紧密相连，它用于最终的动画效果表现，和【透视】视图的观察效果相同，但是控制起来更加灵活。利用摄影机可以设置多种动画，可以创建简单的关键点动画，这种情况下最好使用自由摄影机；为摄影机创建一条路径，使它沿路径移动来模拟拍摄过程；也可以将摄影机连接到一个运动对象上，从而模拟现实中的跟踪拍摄。此外，还有平移动画、旋转动画等，这些内容将会在后面的动画部分介绍。

9.2.4 摄影机的视图控制

当视图中有一个视图切换为摄影机视图后，【视图控制区】按钮相应地就变成了摄影机的【视图控制区】按钮，如图 9-27 所示。

- 【推拉摄影机】：相当于常规视图区的【缩放】按钮，包括 3 个子按钮，按钮只是将摄影机移向或移离目标对象；按钮用于将目标位置移向或移离目标对象；按钮用于同时将摄影机和目标位置移向或移离目标对象。对于目标摄影机，这 3 个按钮都适用，会沿着目标对象和摄影机的轴线移动摄影机，对于自由摄影机而言，只有按钮可用，自由摄影机将会沿着其深度轴(默认情况下是 Z 轴)，朝着镜头所指的方向移动，无论推拉多远，自由摄影机的目标距离都保持固定。
- 【透视】：FOV(视野)和推拉的组合，增加了透视的张角量，同时保持场景的构图。
- 【侧滚摄像机】：用于沿视线旋转目标摄影机，沿局部 Z 轴旋转自由摄影机。
- 【所有视图最大化显示/所有视图最大化显示选定对象】：包含两个按钮，【所有视图最大化】按钮用于将所有可见对象在所有视口中居中显示，【所有视图最大化显示选定对象】按钮用于将选定对象或对象集在所有视口中居中显示，当浏览小的对象时，该按钮十分有用。

- 【视野】▷：该按钮用于调整视口中可见对象的数量和透视的张角量，更改视野的效果与更改摄影机的焦距相似，视野越大，看到的对象越少，透视会扭曲；视野越小，看到的对象越多，透视会展平。
- 【平移/预排】：【平移】按钮🖑用于沿着平行于视图平面的方向移动摄影机，【预排】按钮⬛用于启用穿行导航，可用于【透视】视图和【摄影机】视图，不可用于【正交】视图和【聚光灯】视图。进入导航模式后，光标将改变为中空圆环，在键盘上按下某个方向键可显示方向箭头，通过键盘控制在视口中移动，正如在 3D 游戏中导航一样，如图 9-28 所示。

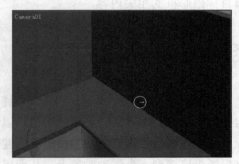

图 9-27　【摄影机】视图下的视图控制区　　　　　　图 9-28　启动视图导航

- 【环游/摇移】：【环游】按钮🌐用于围绕目标旋转摄影机，【摇移】按钮↪用于围绕摄影机旋转目标。
- 【最大视口切换】⬓：用于在视口正常大小和全屏之间进行切换，适用于所有视口。

⑨.3　上机练习

本章主要介绍了在不同场景中创建灯光效果和摄影机的方法，对于不同类型的灯光和摄影机的使用以及相关参数做了介绍。在实际操作中，可以通过多种灯光效果的配合，制作出譬如日景灯光照射的效果，下面再通过两个实例予以分析演示，巩固本章所学内容。

⑨.3.1　为室外建筑创建聚光灯

(1) 打开【室外场景】模型文件，如图 9-29 所示。
(2) 选择【目标聚光灯】工具，在顶视图中创建一个目标聚光灯，如图 9-30 所示。

图 9-29 打开模型文件

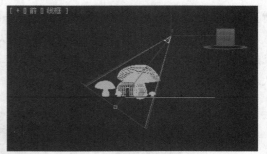

图 9-30 创建一个目标聚光灯

(3) 进入【修改】命令面板，选中【阴影】选项组中的【启用】复选框，将阴影类型定义为【区域阴影】；在【强度/颜色/衰减】卷展栏中将【倍增】设置为 0.5；在【聚光灯参数】卷展栏中将【聚光灯/光束】和【衰减区/区域】分别设置为 0.5 和 100；在【阴影参数】卷展栏中将【颜色】的 RGB 值都设置为 74，如图 9-31 所示。然后在场景中调整灯光的位置，如图 9-32 所示。

  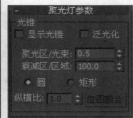 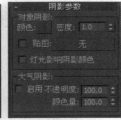

图 9-31 设置聚光灯参数

(4) 激活摄影机视图，按 F9 键进行渲染，效果如图 9-33 所示。

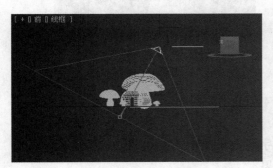

图 9-32 调整灯光位置

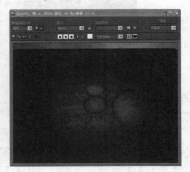

图 9-33 渲染效果

9.3.2 为室外建筑创建天光

(1) 打开 9.3.1 节创建的模型文件。

(2) 选择【天光】工具，在顶视图中创建一盏天光，然后在【天光参数】卷展栏中将【倍增】设置为 1，在场景中调整天光的位置，如图 9-34 所示。

(3) 按 F10 快捷键，打开【渲染设置：默认扫描线渲染器】对话框，在该对话框中打开【高级照明】选项卡，然后在【选中高级照明】卷展栏中将照明类型定义为【光跟踪器】，使用默认参数，如图 9-35 所示。

图 9-34　添加天光

(4) 激活摄影机视图，按 F9 键对视图进行渲染，效果如图 9-36 所示，最后将场景保存即可。

图 9-35　渲染设置

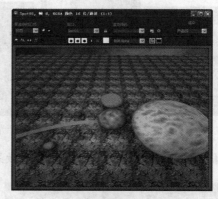

图 9-36　渲染效果

9.4　习题

1. 参考 9.3.1 小节的实例，创建一个文字聚光灯效果。
2. 参考 9.3.2 小节的实例，创建天光效果。

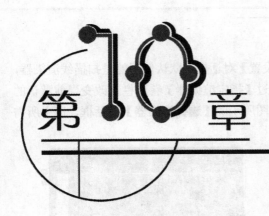

渲染与特效

学习目标

在 3ds Max 2010 中，渲染是经常要做的一项工作，用户在场景中设置的很多效果只有在渲染之后才能表现出来，本章主要讲述 3ds Max 中的渲染方法，以及环境雾效、燃烧特效和体积光等效果的设置方法。

本章重点

- 渲染输出
- 制作涟漪和爆炸空间变形
- 创建与调整环境雾效
- 创建燃烧效果

10.1 渲染

渲染是动画制作中比较关键的环节，不一定要放到最后使用，可以在制作的各个环节中进行渲染查看效果，特别是在材质和贴图过程中，需要不断地进行快速渲染，不断调节以获得合适的材质。动画的后期处理也是比较重要的，通过中文版 3ds Max 2010 的一系列工具，可以为场景加入各种特效，如雾效、体积光以及进行背景贴图等，还可以使用 Video Post 对图像进行合成。

10.1.1 渲染输出

中文版 3ds Max 2010 提供了 3 种渲染器：扫描线渲染器、mental ray 渲染器和 VUE 文件渲染器。通常把使用扫描线渲染器渲染动画的方法称为标准渲染，这是中文版 3ds Max 2010 默认使用的渲染器，也是最常用的渲染器。

选择【渲染】|【渲染设置】命令，打开【渲染设置】对话框，默认使用的是扫描线渲染器，如图 10-1 左图所示。如果用户要更换渲染器，可通过【指定渲染器】卷展栏来改变当前默认的渲染器，单击选项后的按钮，可以打开如图 10-1 右图所示的【选择渲染器】对话框，选中所需的其他渲染器然后单击【确定】按钮即可。

图 10-1　设置渲染器

1．设置渲染输出帧

对于静态的场景，如果要进行渲染，直接在主工具栏单击【渲染产品】按钮即可；对于 3D 动画，既可以对场景进行单帧输出，也可以进行多帧输出，这主要通过【公用参数】卷展栏的【时间输出】选项区域来设置，如图 10-2 所示。

打开动画场景后，选择【渲染】|【渲染】命令，打开【渲染设置】对话框。如果要对动画的某帧进行渲染，可先将时间滑块移动到要渲染的帧上，然后展开【公用参数】卷展栏，在【时间输出】选项区域选中【单帧】单选按钮，然后单击【渲染】按钮即可；如果要渲染场景动画的某些帧，可在【时间输出】选项区域选中【帧】单选按钮，然后在右侧文本框中输入帧的时间点，单击【渲染】按钮即可；如果要对场景动画的某些连续帧进行渲染，可在【时间输出】选项区域选中【范围】单选按钮，然后在右侧文本框中分别选中起始帧和结束帧，单击【渲染】按钮即可。

2．保存动画输出文件

可通过设置【公用参数】卷展栏的【渲染输出】选项区域来完成，如图 10-3 所示。中文版 3ds Max 2010 可以以多种格式来保存渲染输出文件，包括静态图像和动画文件。支持的静态图形保存文件格式有 bmp、jpg、png、rla 等；支持的动画保存格式有 avi、mov 等。

要设置动画文件输出的路径，只需单击【文件】按钮，打开【渲染输出文件】对话框，然后设置保存文件名、保存格式和路径，单击【保存】按钮即可。单击【渲染】按钮，系统将按照设置的文件名和保存路径来渲染并保存当前场景渲染结果。

图 10-2　设置渲染输出帧

图 10-3　保存渲染输出文件

3. 渲染到纹理

使用渲染到纹理可以基于对象在场景中的外观创建纹理贴图，随后将纹理【烘焙】到对象，即它们将通过贴图成为对象的一部分，并用于在 Direct 3D 设备上(如图形显示卡或游戏引擎)快速显示纹理对象。从中文版 3ds Max 7 开始，渲染到纹理提供对 mental ray 渲染器的支持，从而使其功能更加强大，大大提高了场景或动画的渲染效率。

⑩.1.2　渲染元素

在 3ds Max 中，用户可以单独保存渲染结果的个别属性为一种特定的文件效果。该文件效果就是渲染元素。使用渲染元素，可以为其他软件在进行合成或特效处理时提供基本素材。

在【渲染设置】对话框中，单击 Render Elements(渲染元素)标签，可以打开如图 10-4 所示的 Render Elements 选项卡。在【渲染元素】卷展栏中，单击【添加】按钮，可以打开如图 10-5 所示的【渲染元素】对话框。在该对话框中，用户可以选择所需的渲染元素类型。

图 10-4　Render Elements 选项卡

图 10-5　【渲染元素】对话框

【渲染元素】对话框中常用渲染元素类型的作用如下。

- Alpha：用于进行透明效果处理。
- 【Z 深度】：它是一种通过距离视图的远近表示场景黑白效果的方法。
- 【背景】：将场景中使用的背景单独渲染成一幅图片。
- 【大气】：将场景中的环境特效单独渲染成一幅图片。
- 【反射】：将场景中的物体反射效果渲染为一幅图片。
- 【高光反射】：将渲染场景中的物体镜面效果渲染为一幅图片。
- 【绘制】：将场景中的墨水阴影材质的填充效果渲染为一幅图片。
- 【混合】：用于将多个渲染元素混合成一个渲染工具对场景进行渲染。
- 【墨水】：将场景中墨水阴影材质的墨线渲染为一幅图片。
- 【阴影】：将渲染场景中的阴影效果渲染为一幅图片。
- 【折射】：将渲染场景中的折射部分渲染为一幅图片。
- 【自发光】：将渲染场景中自发光材质的效果渲染为一幅图片。

10.1.3　设置渲染效果

在【渲染设置】对话框中，打开如图 10-6 左图所示的【渲染器】选项卡。该选项卡中的【默认扫描线渲染器】卷展栏用于设置渲染精度、材质、贴图等项目的参数选项，这样可以更好地根据需要设置渲染效果。

【默认扫描线渲染器】卷展栏中各主要选项区域的作用如下。

- 【选项】选项区域：用于设置与渲染效果有关的参数选项。
- 【全局超级采样】选项区域：用于设置与采样有关的参数选项。
- 【对象运动模糊】选项区域：用于设置场景中运动对象的模糊效果。
- 【图像运动模糊】选项区域：用于设置场景中运动图像画面的模糊效果。
- 【自动发射/折射贴图】选项区域：对渲染中反射和折射贴图的次数进行设置。
- 【内存管理】选项区域：用于设置渲染时对内存的管理。

【例 10-1】设置不同的渲染效果。

(1) 启动 3ds Max 2010 后，选择【文件】|【打开】命令，打开已创建的【苹果】素材文件。

(2) 单击工具栏中的【渲染设置】按钮，打开【渲染设置】对话框。在该对话框中选择【渲染器】选项卡。

(3) 在【渲染器】选项卡的【默认扫描线渲染器】卷展栏中，选中【强制线框】复选框。然后单击【渲染】按钮，即可以线框效果渲染场景，如图 10-6 所示。

(4) 取消选中【默认扫描线渲染器】卷展栏中的【贴图】复选框，然后单击【渲染】按钮，即可以不使用贴图效果渲染场景，如图 10-7 所示。

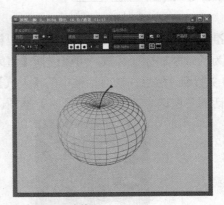

图 10-6　选中【强制线框】复选框进行渲染

(5) 取消选中【默认扫描线渲染器】卷展栏中的【抗锯齿】复选框，然后单击【渲染】按钮，即可以不抗锯齿效果渲染场景，如图 10-8 所示。

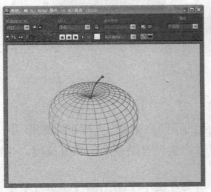

图 10-7　以不使用贴图效果渲染场景　　　　图 10-8　以不抗锯齿效果渲染场景

⑩.2　添加环境雾效

　　现实世界中是不存在真空的，也就是说空气不可能完全纯净，不包含任何杂质。利用 3ds Max 创建出来的三维空间是真空型的，为真实模拟现实，可以为场景添加一些雾效。中文版 3ds Max 2010 提供了 3 种雾化效果：标准雾效、层雾和体积雾。

　　无论哪种类型的雾，都可以指定它们的颜色或者指定雾的颜色贴图，但需要注意的是，只有【摄影机】视图和【透视】视图才能渲染雾效，【正交】视图或【用户】视图不可以渲染雾效。

10.2.1 创建标准雾效

标准雾效是最简单的一种雾效，它可以模拟雾和烟雾的大气效果。

要为场景添加标准雾效，可以选择【渲染】|【环境】命令，打开【环境和效果】对话框，如图 10-9 所示。然后在该对话框中的【大气】卷展栏下，单击【添加】按钮打开【添加大气效果】对话框，在该对话框中选中【雾】选项，然后单击【确定】按钮即可，如图 10-10 所示。

图 10-9 【环境和效果】对话框

图 10-10 【添加大气效果】对话框

10.2.2 层状雾效

层状雾效是另一种特殊的雾效，它与标准雾效的不同之处在于：标准雾效作用于整个场景，层状雾效作用于空间中的一层。层雾的长度和宽度都是没有限制的，只有高度，也就是厚度可以自由设定。

在【环境和效果】对话框中添加了雾效后，该对话框下方将出现【雾参数】卷展栏，如图 10-11 所示。该对话框中，如果用户选中【分层】单选按钮，可以将雾效转换为层状雾效。

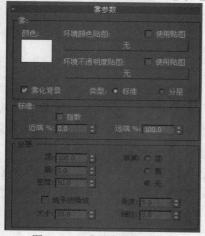

图 10-11 【雾参数】卷展栏

知识点

默认情况下，添加雾效后，在【雾参数】卷展栏下选中【标准】单选按钮，即代表标准雾效。

在该对话框中，主要的参数或选项作用如下。

- 【雾】选项区域：选中【雾化背景】复选框后，可以将雾应用与背景图像。【类型】选项包括【标准】和【分层】。选中这些【雾】背景设置中的其中一项，就会启用它的相应参数。

- 【标准】选项区域：包括一个【指数】复选框，用于按距离指数级提高雾的浓度。如果取消选中该复选框，浓度和距离则成线性关系。【近端】和【远端】值用于设置浓度的范围。

- 【分层】选项区域：雾在雾的密集区域和稀薄区域间模拟了几个层次。【顶】和【底】值用于设定雾的界限，【密度】值用于设定其厚度。【衰减】选项区域用于设置雾浓度变为 0 的地方，选中的【地平线噪波】复选框，可以在雾层次的水平方向上加入噪波，由【大小】、【角度】和【相位】值决定。

10.2.3　体积雾效

体积雾效提供了一种密度不均匀的雾，通常可以被用来模拟各种飘动的云、雾等效果。若用户要添加体积雾，可以在【环境和效果】对话框中单击【添加】按钮，然后在打开的【添加大气效果】对话框中选中【体积雾】选项，然后单击【确定】按钮即可，如图 10-12 所示，此时在【大气】卷展栏下将添加【体积雾】选项，下方将出现【体积雾参数】卷展栏，如图 10-13 所示。

图 10-12　添加【体积雾】选项

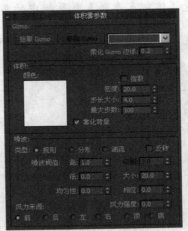

图 10-13　【体积雾参数】卷展栏

【体积雾】卷展栏中的很多参数的设置与【雾】效果相同，但也有一些特殊的设置，这些特殊设置有助于设置【体积雾】的面片本质，一些主要选项的作用如下。

- Gizmo 选项区域：单击【拾取 Gizmo】按钮可以选中一个或多个线框，选中的线框将包含在按钮右侧的下拉列表框中。单击【移除 Gizmo】按钮则可以将列表中的线框删除。该选项区域中的【柔化 Gizmo 边缘】文本框用于在每一条边羽化雾效果，该值的范围为0~1。

- 【体积】选项区域：其中的【步长大小】文本框用于决定雾片面的大小，而【最大步数】文本框中的值限制了这些小步幅的采样，以便于限制渲染时间。

- 【噪波】选项区域：该选项区域主要用于决定【体积雾】的随机性。噪波【类型】主要包括【规则】、【分形】、【湍流】和【反转】。【噪波阈值】用于限制噪声的效果。【风力来源】和【风力强度】中的选项设置决定了风向和风力。【相位】值用于决定烟雾如果移动。

 知识点

大气装置线框只包含了体积雾效果的一部分，如果该线框被移动或者缩放，那么将会显示雾的不同裁剪部分。

【例 10-2】添加与调整体积雾效。

(1) 启动 3ds Max 2010，创建 3 个长方体，并设置一个摄影机，如图 10-14 所示。

(2) 选择【渲染】|【环境】命令，打开【环境和效果】对话框。在该对话框中，单击【大气】卷展栏中的【添加】按钮，打开【添加大气效果】对话框。

(3) 在该对话框中，选择【体积雾】选项，再单击【确定】按钮。

(4) 设置【体积雾参数】卷展栏中的参数选项为如图 10-15 所示的状态。

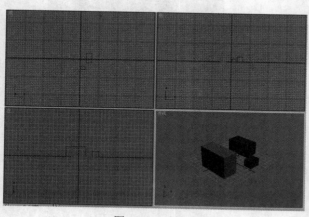

图 10-14　制作场景　　　　图 10-15　设置【体积雾参数】卷展栏中的参数选项

(5) 单击工具栏中的【快速渲染(产品级)】按钮渲染场景，效果如图 10-16 所示。这时可以看到场景中出现了一团团白色的云雾。

图 10-16 渲染后体积雾效果

提示

如果渲染效果物体过于模糊，可以在【体积雾参数】卷展栏中适当降低雾的密度值。

10.3 创建燃烧效果

在 3ds Max 中，燃烧是动画中常常使用的环境效果，要制作常见的火焰效果，可以通过使用辅助对象进行制作。

10.3.1 创建火焰效果

若要将火焰效果添加到场景中，可以在【环境和效果】对话框中单击【添加】按钮，然后选中【火效果】选项，再单击【确定】按钮，如图 10-17 所示。此时即可打开【火效果参数】卷展栏，如图 10-18 所示。

图 10-17 添加【火效果】

图 10-18 【火效果参数】卷展栏

在【火效果参数】卷展栏中，主要的选项作用如下。

- Gizmo 选项区域：单击【拾取 Gizmo】按钮可以选定场景中的一个线框，该线框将出现在右侧的下拉列表中，从中可以选择多个线框。若用户要将线框从列表中去掉，可以选中它们并单击【移除 Gizmo】按钮。

- 【颜色】选项区域：该选项区域包括【内部颜色】、【外部颜色】和【烟雾颜色】共 3 个选项。其中【烟雾颜色】选项仅在选中了【爆炸】复选框时才可用。默认的红色和黄色可以产生真实的火焰效果。

- 【图形】选项区域：该选项区域包括【火舌】和【火球】两个单选按钮供选择，火舌可以产生火焰纹理，而火球图形显得更圆、更蓬松一些。【拉伸】文本框用于沿 Z 轴方向对单个火焰进行拉伸。【规则性】文本框用于决定填充大气装置的数值。

- 【特性】选项区域：【火焰大小】文本框中的值将会影响每个单独火焰的大小。【火焰细节】文本框中的值将控制每个火焰边缘的尖锐程度，值的范围可以从 0 调整到 10。【密度】文本框中的值决定了每个火焰在中部的厚度，较高的值可以使这些火焰的中心显得明亮，而较低的值则会产生较为稀薄、纤细的火焰效果。【采样数】文本框用于设置采样效果的速率，提高该文本框中的数值将可以得到更加清晰的效果，但同时也会增加渲染时间。

- 【动态】选项区域：【相位】文本框中的值决定了火焰燃烧的宽度范围。【漂移】文本框中的值用于设置火焰的高度。

- 【爆炸】选项区域：该选项区域主要用于将火焰变成爆炸。当选中了【爆炸】复选框之后，燃烧即可被设置为爆炸。用户可在【设置爆炸相位曲线】对话框中设置爆炸的开始和结束时间，单击【设置爆炸】按钮可以打开这个对话框。【烟雾】复选框用于设置【相位】值在 100 到 200 之间时烟雾的颜色。【剧烈度】文本框可以设置火焰变形的搅动强度，大于 1.0 的值可以使搅动加快，小于 1.0 的值可以使搅动减慢。

下面通过一个实例，简单介绍火焰效果的创建方法。

【例 10-3】制作简单火焰效果。

(1) 启动 3ds Max 2010，选择【创建】|【辅助对象】|【大气】|【球体 Gizmo】命令，打开【球体 Gizmo】命令面板，如图 10-19 所示。

(2) 选中【球体 Gizmo 参数】卷展栏中的【半球】复选框，在【透视】视图中创建一个半球辅助物体，如图 10-20 所示。然后在【球体 Gizmo 参数】卷展栏中设置【半径】文本框中的数值为 10，如图 10-21 所示。

(3) 选择工具栏中的【选择并均匀缩放】工具，然后在【前】视图中以 Y 轴为变动轴向向上拖动半球辅助对象，制作火焰线框，如图 10-22 所示。

(4) 选择【渲染】|【环境】命令，打开【环境和效果】对话框。在该对话框中，单击【大气】卷展栏中的【添加】按钮，打开【添加大气效果】对话框。

(5) 选择该对话框中的【火效果】选项，单击【确定】按钮。

(6) 在【火效果参数】卷展栏的 Gizmo 选项区域中单击【拾取 Gizmo】按钮，然后在【前】视图中单击火焰线框，即可拾取场景中创建的球体 Gizmo。这时 Gizmo 选项区域的 Gizmo 下拉列表框中会显示所选取的 Gizmo 名称，如图 10-23 所示。

图 10-19 【球体 Gizmo】命令面板

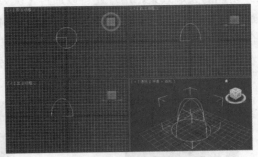

图 10-20 创建辅助物体

图 10-21 设置半径

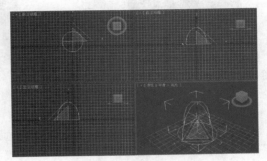

图 10-22 制作火焰线框

(7) 选择【透视】视图，然后单击工具栏中的【快速渲染(产品级)】按钮 渲染场景，效果如图 10-24 所示。

图 10-23 拾取 Gizmo

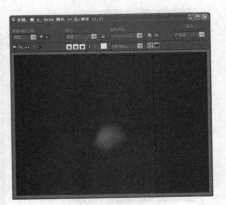

图 10-24 渲染场景

⑩.3.2 编辑火焰效果

对于已经创建的火焰效果，用户还可以通过【火效果参数】卷展栏对其各参数选项进行设置，使火焰达到所需的画面效果。例如，对于【例 10-4】创建的红色球状火焰，如果用户将火焰的内部颜色改为明黄色，外部颜色改为深蓝色，烟雾颜色为灰色，再在【火焰类型】选项区域中选中【火舌】单选按钮，如图 10-25 所示。则再次渲染将得到蓝色火焰效果，如图 10-26 所示。

图 10-25 【火效果参数】卷展栏

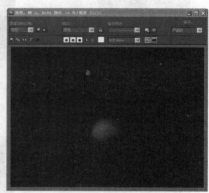

图 10-26 生成蓝色火焰效果

⑩.3.3 设置动态火焰效果

动画中的火焰应具有动态效果，为此用户可以通过【火效果参数】卷展栏中的【动态】选项区域进行设置，用户只需在【相位】和【偏移】两个参数选项中设置合适的值之后即可，如图 10-27 所示。设置完毕后，为火焰添加合适的背景之后再进行动画渲染，生成的动态火焰效果分别截图如图 10-28 所示。

图 10-27 修改【动态】选项区域中的参数

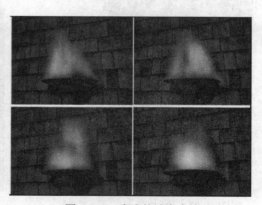

图 10-28 生成的动态火焰

10.4 体积光

体积光根据灯光与大气的相互作用提供灯光效果。提供一种有形的灯光，不仅可以投射光束，还可以投射彩色图像。它在使用时必须结合灯光，与泛光灯相结合，可以创建出圆滑的光斑效果；与聚光灯相结合，可以制作出光芒、光束等效果。

要添加体积光效果，可以在【环境和效果】对话框中的【大气】卷展栏下，单击【添加】按钮打开【添加大气效果】对话框，在该对话框中选中【体积光】选项，然后单击【确定】按钮即可，如图 10-29 所示。此时用户可以展开【体积光参数】对话框，对相关参数进行设置，如图 10-30 所示。

图 10-29 添加【体积光】效果

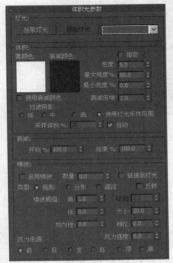

图 10-30 【体积光参数】对话框

【体积光参数】卷展栏下的选项与【体积雾参数】比较相似，这里本书不再赘述，下面仅通过一个实例予以说明体积光的添加。

【例 10-4】添加体积光效果。

(1) 体积光有两种添加方式：一种是通过目标聚光灯的修改参数面板，一种是通过环境和效果编辑器。本例中采取后者的方法。首先打开已经做好的素材文件【烛光】。

(2) 打开【环境和效果】编辑器，在【大气】卷展栏下单击【添加】按钮，在打开的对话框中选择【体积光】，下面将会出现【体积光参数】卷展栏，如图 10-31 所示，可以通过它来对【体积光】进行参数设定。

(3) 在【灯光】选项区域，单击【拾取灯光】按钮，在视图中单击任意一个灯芯上面中间的那个泛光灯，此时在【灯光】选项区域的右侧列表中会显示出该泛光灯的名称。

(4) 在【体积】选项区域，将【衰减颜色】设置为蓝色，即 RGB 值为(0, 0, 255)，将【最大亮度】设置为 20%，然后选中【高】单选按钮。

(5) 在【衰减】选项区域，将【开始%】和【结束%】文本框分别设置为 100。

计算机 基础与实训教材系列

(6) 在【风力来源】部分，选中【前】单选按钮。

(7) 对场景进行渲染后，效果如图 10-32 所示。

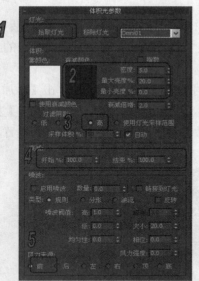

图 10-31　设置【体积光参数】

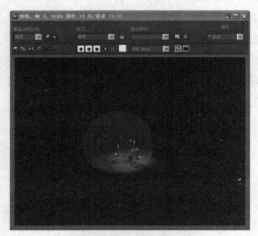

图 10-32　添加的体积光效果

⑩.5　上机练习

创建了 3D 模型或者动画后，如果通过空间变形、雾效和火焰等特殊效果对其进行润色，可以使效果更加逼真。在掌握本章内容后，读者可以尝试为场景添加雾效或火焰效果，下面分别通过两个实例予以演示，巩固本章所学内容。

⑩.5.1　为场景添加雾效

(1) 启动 3ds Max 2010 后，首先在场景中创建一些树的模型（建议用苏格兰松树），用户可以直接通过【创建】命令面板下的【AEC 扩展】选项进行创建，如图 10-33 所示。

(2) 打开【环境和效果】编辑器，单击最上面的【环境】按钮，单击【背景颜色】下的颜色块，将会打开【颜色选择器】，可以对背景颜色进行编辑，然后在【环境和效果】编辑器中，选中【使用贴图】复选框，然后单击下面的【无】宽按钮。利用材质编辑器为背景设定【城堡.jpg】为位图贴图，该贴图的名称会显示在宽按钮上。需要注意的是：即使指定了背景贴图，但如果没有启用【使用贴图】选项，那么背景贴图是不可用的。对场景进行渲染，效果如图 10-34 所示。

(3) 在场景中添加一个摄影机，选择摄影机后打开它的修改参数面板，在【环境范围】选项区域中选中【显示】复选框，将【近距范围】设置为 100，【远距范围】设置为 600。标准雾是基于摄影机的环境范围值的，因而在设置时要注意使整个场景对象处于摄影机的环境范围之内，视口中会显示出两个切面，表示摄影机的近距范围和远距范围，如图 10-35 所示。

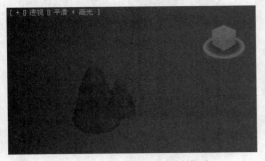

图 10-33　创建一些松树模型

图 10-34　为场景添加背景颜色和指定背景贴图

(4) 选择【渲染】|【环境】命令，打开【环境和效果】编辑器，在【大气】卷展栏下单击【添加】按钮，将会打开【添加大气效果】对话框，如图 10-36 所示。在其中选择【雾】，单击【确定】按钮，此时【雾】将会出现在【大气】卷展栏的【效果】列表中。然后选择【雾】选项，【环境和效果】编辑器中将会出现【雾参数】卷展栏，如图 10-37 所示，用于对雾效进行控制。

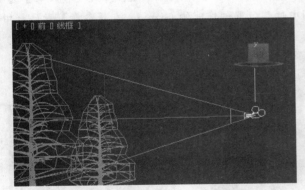

图 10-35　设置摄影机近距范围和远距范围

图 10-36　【添加大气效果】对话框

(5) 在【雾】卷展栏下，可以指定"雾"的颜色贴图，本例中采用白色作为"雾"的颜色。选中【雾化背景】复选框，这样就可以不仅对场景进行雾化，也可以使背景图片产生雾化效果，在【类型】选项中选择【标准】，此时【标准】选项区域可用。

(6) 在【标准】选项区域中，选中【指数】复选框，这样可以使得"雾"的浓度按指数规律增加，过渡更加真实而不会产生明显的界限，在【近端%】和【远端%】文本框中分别输入 0、80，如图 10-37 所示。

(7) 对场景进行渲染，效果如图 10-38 所示。

要使用【分层雾】，只需在【雾参数】卷展栏中选中【分层】单选按钮即可，然后在【分层】参数部分对【层雾】的各种参数进行设置即可。

图 10-37 【雾参数】卷展栏

图 10-38 添加雾效后的场景效果

⑩.5.2 创建点燃的蜡烛

(1) 首先将场景重置，然后在视图中创建如图 10-39 所示的模型，用一个平面模拟地面，桌子上放置的是一本书，书的旁边放置的是一个蜡烛，这些模型的材质已经设置好。下面给蜡烛添加火焰效果。执行【创建】|【辅助物体】命令，在下拉列表框中选择【大气和效果】选项，单击【球体 Gizmo】按钮，在【顶】视图中烛芯位置创建球体 Gizmo，在【参数】卷展栏中设置合适的【半径】值，并选中【半球】复选框，如图 10-40 所示。

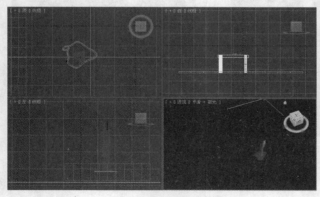

图 10-39 创建的场景模型

图 10-40 创建并设置球体 Gizmo

(2) 利用缩放工具，沿 Y 轴方向对球体 Gizmo 进行拉伸，结果如图 10-41 所示。

(3) 下面来添加火焰特效。选择球形 Gizmo 对象，打开【修改】命令面板。由于其参数面板中包含了【大气和效果】卷展栏，因而，直接在该卷展栏下单击【添加】按钮，在打开对话框中选择【火效果】即可，然后单击【大气和效果】卷展栏下的【设置】按钮，对火焰参数进行设置，打开的【火效果参数】卷展栏如图 10-42 所示。

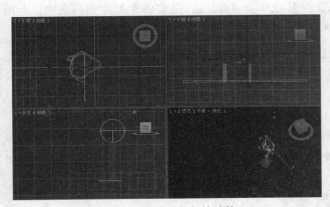

图 10-41　利用缩放工具拉伸球体 Gizmo

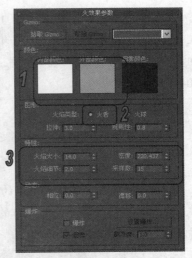

图 10-42　【火效果参数】卷展栏

（4）在【火效果参数】卷展栏中，将【内部颜色】RGB 值设置为(255，255，243)，也就是火焰内部颜色；将【外部颜色】RGB 值设置为(247，183，46)，该选项控制的是火焰外部的颜色。在图形部分，选择【火舌】，在【特性】部分将【火焰大小】设置为 14.0，将【火焰细节】设置为 3.0，将【密度】设置为 220，其他参数保持不变。

（5）现在来创建烛光的主灯光，在【灯光】命令面板单击【泛光灯】按钮，在【左】视图创建一个泛光灯，调整其位置，如图 10-43 左图所示。在【修改】命令面板中修改其参数：在【常规参数】卷展栏启用【阴影】，在【阴影】卷展栏中将【密度】设置为 0.85，在【强度/颜色/衰减】卷展栏中将【远距衰减】中的【开始】和【结束】值分别设置为 5、10，如图 10-43 右图所示。

（6）用同样的方法在刚才创建的泛光灯上部和下部分别创建一个泛光灯。都启用它们的阴影，【倍增】值分别设置为 1.3 和 6.5，【远距衰减】分别设置为 50、130 和 80、200，结果如图 10-44 所示。

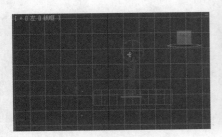

图 10-43　设置烛光的主灯光

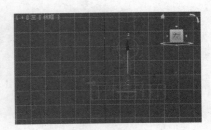

图 10-44　添加的 3 个泛光灯

(7) 在【前】视图中选择图 10-44 中与烛芯最近的那个泛光灯，打开【修改】命令面板，在【常规参数】卷展栏中单击【排除】按钮，打开【排除/包含】对话框，选中【排除】单选按钮，在【场景对象】列表中选中【烛芯】对象，单击按钮 >> ，将它添加到右侧列表中，如图 10-45 所示。

知识点

将烛芯排除的原因是：这样该泛光灯将不会对烛芯产生照明和阴影效果，场景将更加真实。

(8) 用同样的方法设置添加的另外两个泛光灯的排除对象，其中图 10-44 中最顶端的排除对象也仅为灯芯，而中间泛光灯的排除对象为场景中的所有对象。按 F9 键对【透视】视图进行渲染，效果如图 10-46 所示。

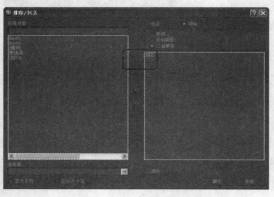

图 10-45　设置泛光灯排除对象

图 10-46　火焰效果

10.6　习题

1. 参考 10.5.1 小节的实例，为场景创建雾效。
2. 参考 10.5.2 小节的实例，创建火焰效果。

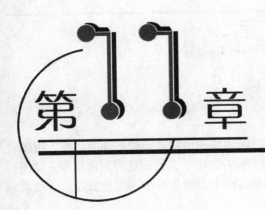

第11章

制作动画

学习目标

　　本章介绍动画的一些基本概念和知识，动画制作过程中用到的各种控制器和工具，关键点动画的制作，利用轨迹视图编辑动画以及创建、合并、调节动画层，以及动画文件的输出与合成等内容。

本章重点

- 掌握动画的原理与基本概念
- 熟悉动画制作原理
- 理解关键点的含义
- 熟练掌握动画控制区各种按钮的使用方法
- 学会创建简单的关键点动画
- 掌握利用轨迹视图编辑动画的方法
- 理解层次的概念
- 掌握分层动画设计的方法
- 掌握动画文件的输出与合成

11.1 动画制作基础

　　作为优秀的三维动画制作软件之一，中文版 3ds Max 2010 具有强大的动画制作功能，它提供了大量的动画制作工具，既可以制作简单的关键点动画，也可以制作复杂的角色动画、动力学动画、粒子动画等。另外，动画还与一些修改器、灯光应用密切相关，通过编辑这些修改器，以及变换灯光、摄影机也可以制作动画。

　　在系统学习动画制作之前，掌握与了解一些动画的基础知识是非常必要的，只有掌握了这些最基础的知识，才能在以后的创作中灵活发挥，事半功倍。

11.1.1 动画制作原理

动画建立在人的视觉原理基础之上，通过在单位时间内快速地播放连续的画面，使人眼感觉到是连续的运动。例如电影，以每秒 24 帧的速度播放胶片，由于人的视觉有暂留现象，如图 11-1 所示，所以观看的人会感觉到画面是连续的，如果以快于或慢于这个速度播放胶片，观看的人就会感觉画面不太真实。

一般来说，人的视觉所能感觉到的运动介于每秒 10 帧到 60 帧之间，目前世界上有 3 种视频播放格式，分别是 NTSC(美国电视系统委员会)格式、PAL 格式和电影格式。NTSC 格式是美国、加拿大、日本以及大部分南美国家所使用的标准，速率为每秒 30 帧；PAL 格式是中国、欧洲以及澳大利亚等国家使用的标准，帧速率为每秒 25 帧；电影格式的帧速率为每秒 24 帧。

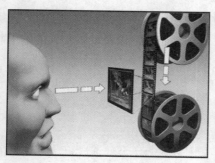

图 11-1 人视觉的暂留现象

> **知识点**
>
> 在使用 3ds Max 2010 制作三维动画制作过程中，用户也可以自定义视频速率。

11.1.2 传统动画与 3ds Max 动画

帧是动画最基本的组成元素，一帧也就是动画过程中的一个画面，既然要制作动画，就必然要产生大量的帧。传统动画是通过手绘图形的方式生成的，如果要一张张地绘制出所有的帧图片，那太麻烦了。因此就有了关键帧这一概念，关键帧用来记录每一个短小动画片段的起始点和终点，这些关键帧的值称为关键点，关键点将整个动画分为许多片段，先绘制出每个片段起始动画和终止动画的图像，然后在每两个关键点之间进行自动插值，填在关键帧之间的图像被称为中间帧，最后再将所有片段连接起来，从而完成整个动画制作。即使这样，完成一部动画，也需要数百名绘画艺术家绘制上千幅图像。

相对于传统动画，计算机动画通过计算机绘制图形，并且可以随时随意修改，使得编辑更为简捷方便，从而大大提高了工作效率。中文版 3ds Max 2010 作为最优秀的计算机三维动画制作软件之一，几乎可以为场景中的任意参数创建动画。

传统动画与早期三维动画制作，都是僵化地逐帧生成动画，这种动画只能适用于单一格式，而且不能在特定时间指定动画效果。中文版 3ds Max 2010 制作的动画是基于时间的动画，它测量时间并存储动画值，通过【时间配置】对话框可以选择最符合作品的时间格式，很好地解决了基于时间动画和基于帧动画之间的对应问题。

11.1.3　动画分类

　　中文版 3ds Max 2010 中的动画基本上可以分为基本动画、角色动画、动力学动画、粒子动画等类型，它们的功能和适用场合各不相同。

1. 基本动画

　　这是一类最简单的动画，通过【自动关键点】或【设置关键点】按钮，来记录对象的移动、旋转或缩放等过程，也可以将修改器修改对象的过程设置为动画，如弯曲修改、锥化修改等。

2. 角色动画

　　角色动画是一套完整的动画制作流程，主要用于模拟人物或动物的动画效果，制作比较复杂，涉及到正向运动、反向运动、骨骼系统、蒙皮、表情变形等各种操作。中文版 3ds Max 2010 将 Character Studio 高级人物动作工具套件集成于角色动画中，为角色动画提供了强大的过滤软件，可以让动画在角色之间转移，而数据在转换过程中会自动考虑角色的大小比例，用户自定义的 IK 骨骼也可以保存为 BIP 格式，尤其是它的群组系统，使创建人群效果更为简便。

3. 动力学动画

　　基于物理算法的特性，来模拟物体的受力、碰撞、变形等动画效果。

4. 粒子动画

　　基于粒子系统生成的动画效果，主要用于模拟雪花、雨滴、流水等。其中，粒子流是全新的事件驱动的粒子系统，允许自定义粒子的行为，能够制作出更为灵活的一些粒子特效，使中文版 3ds Max 2010 在粒子动画方面功能更加强大。

11.1.4　动画制作流程

　　在制作一部动画之前，不管它是二维动画还是三维动画，了解它的制作流程是非常重要的，可以避免许多不必要的麻烦。虽然中文版 3ds Max 2010 动画制作并没有什么非常严格的控制流程，但制作一部大的动画，大体都需要如下步骤.

　　(1) 首先要有良好的构思，包括动画的过程、动画场景、动画主角以及动画中将要出现的各种对象，灯光的布置等。

(2) 收集丰富的资料，包括实物近似模型，好的贴图等，为创作做好准备。

(3) 建立场景模型和各种对象模型。

(4) 创建骨骼并为其蒙皮，创建各种表情、动作。

(5) 创建贴图材质、灯光环境效果。

(6) 调节动画，进行修改。

(7) 渲染并输出动画文件。

11.2 制作关键点动画

关键点动画是最基础的动画，它是通过动画记录器来记录动画的各个关键点，然后自动地在每两个关键点之间插补动画帧，从而使整个变化过程显得平滑、完整。有两种创建关键点动画的方法，分别是通过【自动关键点】按钮设置动画和通过【设置关键点】按钮设置动画。在介绍这两种方法之前，先来介绍一下如何使用动画的时间控制器。

11.2.1 时间控制器

动画的时间控制器位于中文版 3ds Max 2010 工作界面的右下角部位，与放音机的播放控制按钮相似，如图 11-2 所示。

动画是指在一定时间段内连续快速播放一系列静止的图像，单击【时间配置】按钮，通过【时间配置】对话框，如图 11-3 所示，可以为动画选择合适的帧速率、时间显示方式、设置时间段以及动画等。

图 11-2　动画的时间控制按钮　　　　图 11-3　【时间配置】对话框

1. 帧速率选项区域

提供了 NTSC、PAL、【电影】、【自定义】4 种帧速率方式，可以根据实际情况为动画选择合适的帧速率。

2. 播放选项区域

用于选择动画播放的形式。

- 【实时】：启用该选项，将会使视口播放跳过帧，以便与当前帧速率设置保持一致，共有 5 种播放速度，×表示的是倍数关系，例如 2×表示原有速率的 2 倍。如果禁用该选项，视口将会逐帧播放所有的帧。
- 【仅活动视口】：启用该选项，动画播放将只在活动视口中进行，禁用该选项，动画播放将在所有视口中进行。
- 【循环】：禁用【实时】选项，同时启用该选项，动画将循环播放；两个同时禁用，动画将只播放一次。
- 【方向】：用于设置动画播放方式，向前播放、回到播放还是往复播放。

3. 时间显示选项区域

指定时间滑块及整个动画中显示时间的方法，有【帧】、SMPTE、【帧：TICK】和【分：秒：TICK】4 种格式。

4. 动画选项区域

- 【开始时间】/【结束时间】：设置在时间滑块中显示的活动时间段，例如可以将开始时间设置为 0，结束时间设置为 150，那么活动时间段就是从 0 帧到 150 帧。
- 【长度】：显示活动时间段的帧数。
- 【帧数】：显示将要渲染的帧数，它的值始终是长度数值加 1。
- 【当前时间】：用于指定时间滑块的当前帧，如果重新输入值的话，会自动移动时间滑块，视口也将自动更新。
- 【重缩放时间】：单击此按钮，将会打开【重缩放时间】对话框，如图 11-4 所示。

图 11-4 【重缩放时间】对话框

知识点

在【重缩放时间】对话框中，通过相关数值的设置，用户可以重新定义时间滑块的长度以及动画播放的帧数。

5. 关键点步幅选项区域

主要在关键点模式下使用，通过该选项区域，可以实现在任意关键点之间跳动。

- 【使用轨迹栏】：使用关键点模式能够遵循轨迹栏中的所有关键点，要使下面的复选项可用，必须禁用该选项。
- 【仅选定对象】：在关键点模式下，仅考虑选定对象的变换。
- 【使用当前变换】：选中该复选框，将会禁用下面的【位置】、【旋转】、【缩放】选项，时间滑块将会在所选对象的所有变换帧之间跳动，例如在主工具栏选中【旋转】按钮，则将在每个旋转关键点处停止。
- 【位置】/【旋转】/【缩放】：指定关键点模式下所使用的变换。

(11).2.2　使用自动关键点

利用【自动关键点】按钮设置关键点动画是最基本、也是最常用的动画制作方法，通过启动【自动关键点】按钮开始创建动画，然后在不同的时间点上更改对象的位置、进行旋转或缩放，或者更改任何相关的设置参数，都会相应地自动创建关键帧并存储关键点值。在通过实例介绍其具体用法之前，先来学习一下相关按钮的用法，如图 11-5 所示。

图 11-5　时间标尺与相关按钮

- 【时间滑块】：最上面时间标尺上的长方体滑块，用于显示当前帧，或者通过移动它转到活动时间段的任何位置。
- 【自动关键点】/【设置关键点】：用于创建关键点动画，选择相应的创建模式，相应按钮会变为红色显示。
- 【设置关键点】 ：配合在设置关键点模式下创建动画时使用，当该按钮变为红色时，就在单击该按钮的相应时间点上创建了关键帧，如果不单击该按钮，对象在该时间点上的动作会丢失。
- 【关键点过滤器】：用于对对象的轨迹进行选择性的操作。

下面介绍一下在自动关键点模式下制作关键点动画的具体方法。

【例 11-1】在自动关键点模式下制作动画。

(1) 首先在场景中创建一个足球模型和一个平面，将足球作为关键点动画的主角，平面作为地面。

(2) 分别为足球模型和地面设计材质和贴图。

(3) 确定时间滑块处于第 0 帧的位置，将球体沿 Z 轴向上移动一段距离，作为动画的起始位置，如图 11-6 所示。

(4) 单击【自动关键点】按钮，将时间滑块拖到 50 帧的位置，在视图中将足球向下移动到与草地相切的位置，此时在 50 帧的位置将自动创建一个关键帧，将时间滑块移动到 100 帧的位置选择足球，沿 Z 轴向上移动一段距离，要低于原来起始位置。

(5) 足球与地面碰撞时会有弹性，为增强真实感，当足球与地面碰撞时对足球进行挤压。将时间滑块移动到 50 帧的位置，选择足球，单击命令面板的【层次】命令按钮，单击【轴】按钮，在其下的【调整轴】卷展栏下单击【仅影响轴】按钮，视图中将会出现足球的轴，它以粗箭头的方式显示。

(6) 利用移动工具将足球的轴移动到足球底部，然后再次单击【仅影响轴】按钮，将其关闭。将时间滑块移动到 50 帧的位置(也即足球与地面碰撞的时间点)，利用主工具栏的【选择并非均匀挤压】工具，对足球底部进行挤压，如图 11-7 所示。

图 11-6 确定动画起始位置　　　　　　　　图 11-7 使球体产生弹性

(7) 将时间滑块移动到 52 帧的位置，用同样的方法，将足球状态还原。

(8) 单击动画控制区的【播放】按钮，观看动画效果。

(9) 将动画渲染输出，图 11-8 中左图是第 37 帧的效果，右图是第 49 帧的效果。

图 11-8 动画输出部分效果

11.2.3 使用设置关键点

设置关键点动画是相对于 3ds Max 原有的自动关键点动画模式而言的，是一种新的动画模式。原有的动画是由一直向前制作动画的方法来创建，也就是从开始处设置帧然后连续地不断

计算机 基础与实训教材系列

增加帧，时间上一直向前移动。这种方式缺点在于如果改变想法，可能就要放弃整个已有的创建。

设置关键点动画模式可以实现【姿态到姿态】(Pose-to-Pose)的动画，pose 也就是角色在某个帧上的形态，可以先在一些关键帧上设置好角色的姿态，然后再在中间帧进行修改编辑，中间帧的修改不会破坏任何姿态。

设置关键点模式和自动关键点模式的区别在于：在自动关键点模式下，移动时间滑块，在任意时间点上所做出的任何修改变换都将被注册为关键帧，当关闭该按钮时，则不能再创建关键帧，此时对于对象的全部更改都将应用到动画中。在设置关键点模式下，使用轨迹视图和【设置关键点】图标按钮可以决定在哪些时间点上设置关键帧，一旦知道要对什么对象在什么时间点上设置关键帧，就可以在视口中试验姿势，如变换对象、更改参数等。

仍然以【例 11-1】中的小球为例，来介绍一下在设置关键点模式下创建关键点动画的方法。

【例 11-2】在设置关键点模式下制作动画。

(1) 首先单击【设置关键点】按钮，将时间滑块移动到第 0 帧的位置，单击【设置关键点】图标按钮，在第 0 帧的地方创建一个关键帧。

(2) 将时间滑块移动到第 50 帧的位置，将球体沿 Z 轴向下移动到即将与墙体相切的位置，用【例 11-1】所讲的方法，对球体进行挤压，使其产生弹性。

(3) 然后将滑块移动到第 52 帧的位置，将球体恢复原始形状，在第 100 帧的位置使球体移动到比起始动画时稍低的位置。

(4) 播放动画，发现效果与应用【自动关键点】下的效果相同，此时便可以在任意中间帧进行操作，但不会改变已创建的关键帧部位的姿态效果。

 提示

设置关键点不仅可用于角色动画创建，还可以对材质、修改器、对象参数等设置动画。

⑪.2.4　删除关键点

关键点的删除方法有很多，可以在轨迹视图中进行，也可以直接利用时间标尺进行。

要删除单个关键点，可以在标尺中相应的时间点单击关键点图标，它会变为外黑内白显示，如图 11-9 左图所示，然后右击，在弹出菜单中选择【删除选定关键点】，即可将当前选中的关键点删除。

要删除一组关键点，可以在时间标尺中将目标关键点全部框选，如图 11-9 右图所示，然后按 Delete 键，或同删除单个关键点一样，右击后在弹出菜单中选择【删除选定关键点】命令，即可将该组关键点从动画中删除。

图 11-9　删除一个或一组关键点

11.2.5 动画控制器

中文版 3ds Max 2010 中所有的动画都是靠动画控制器来进行描述和驱动的，动画控制器是用于存储和插值动画的插件，它的作用包括存储动画关键点值、存储程序动画设置、在动画关键点之间进行插值等。大多数可设置动画的参数在设置它们的动画之前是不接受控制器的，在上面的动画实例中，并没有指定动画控制器，系统采用的是中文版 3ds Max 2010 默认模式的动画控制来设置动画的。中文版 3ds Max 2010 的动画控制器有很多类，它们的作用各不相同，如表 11-1 所示，通过它们，可以制作出一些复杂的动画。

表 11-1　动画控制器基本类别

控制器类型	控制器功能
浮点控制器	用于设置浮点值的动画
Point3 控制器	用于设置三组(RGB 颜色或 XYZ 坐标)值的动画
位置控制器	用于设置对象和选择集位置的动画
旋转控制器	用于设置对象和选择集旋转的动画
缩放控制器	用于设置对象和选择集缩放的动画
变换控制器	用于设置对象和选择集常规变换的动画

11.3 使用轨迹视图编辑动画

轨迹视图是一个功能十分强大的动画编辑工具，通过轨迹视图，可以对动画中创建的所有关键点进行查看和编辑。另外还可以指定动画控制器，以便插补或控制场景对象的所有关键点和参数。

轨迹视图中对所有对象的显示都是以层次树的方式来显示的，对对象的各种变换操作，也都以层次关系显示。对于基础动画，它们的层次关系比较简单，而对于角色动画或更复杂的动画，它们之间的层次关系就比较复杂，关于层级与运动的深层关系，将在以后的角色动画部分深入介绍。

11.3.1 认识轨迹视图

要打开轨迹视图，可以在菜单栏上打开【图形编辑器】菜单，然后选择相应选项，如图 11-10 所示。

轨迹视图 - 曲线编辑器 (C)...
轨迹视图 - 摄影表 (D)...
新建轨迹视图 (N)...
删除轨迹视图 (D)...
保存的轨迹视图 (T)   ▶

新建图解视图 (N)...
删除图解视图 (D)...
保存的图解视图 (S)   ▶

粒子视图   6

运动混合器...

图 11-10　打开【图形编辑器】菜单

> **知识点**
>
> 　　另外，单击工具栏的【曲线编辑器】按钮，或者时间轴左侧的【打开迷你曲线编辑器】按钮，都可以打开轨迹视图窗口。

在该菜单中可以发现，3ds Max 2010 的轨迹视图有两种不同的模式：曲线编辑器模式(如图 11-11 所示)和摄影表模式(如图 11-12 所示)，其中比较常用的是曲线编辑器模式。区别是，曲线编辑器模式可以将动画显示为功能曲线；摄影表模式用于将动画显示为关键点和范围的电子表格，其中关键点是有颜色的代码，以便于辨认。

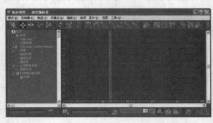 

图 11-11　轨迹视图的曲线编辑器窗口　　　图 11-12　轨迹视图的摄影表编辑器窗口

11.3.2　轨迹视图的截面结构和常用参数

从图 11-11 中可以看出，轨迹视图基本上分 4 个部分：菜单栏、工具栏、控制器窗口和关键点窗口，另外还有底部的时间标尺、导航工具和状态工具等。下面详细介绍它们的作用。

1.菜单栏

- 【模式】菜单主要用于在【曲线编辑器】和【摄影表】之间进行选择和切换。
- 【曲线编辑器】：显示并用于编辑动画功能曲线。
- 【摄影表】：切换为可用关键点的电子表格模式，以便进行编辑。
- 【设置】菜单包含了控制层次列表窗口中一系列行为的工具，如【自动展开】等。
- 【互相式更新】：默认设置为禁用状态，启用该按钮后，将会在关键点窗口中实时性地实现鼠标对关键点所做出的任何修改；如果禁用该按钮后，只有鼠标结束操作才会在关键点窗口显示操作结果。
- 【将时间与光标同步】：可以使时间滑块捕捉到光标出现的位置，通常与【交互式更新】选项结合使用。

- 【手动导航】：在默认情况下，控制器显示的是所有对象的动画轨迹，启用手动导航，可以将一些不再使用的对象轨迹曲线从视图中去掉。

- 【自动展开】：用于确定控制器窗口显示的行为，子菜单提供了 6 种方式，仅选定对象、变换、XYZ 分量、基础对象、修改器、材质和子对象，默认启动的选项是【仅选定对象】、【变换】、【XYZ 分量】选项。

- 【自动选择】：用于确定在打开【轨迹视图】窗口时哪些轨迹将会被选择，包含动画、位置、旋转、缩放 4 个子菜单，默认启用【动画】，这样所有设置为动画的物体将会自动被选择子层级。

- 【自动滚动】：确定在【曲线编辑器】或者【摄影表】中显示的选项，并将选择对象自动滚动到控制窗口的顶端，包含【选定】和【对象】两个子菜单，默认情况下两个都为启用状态。

【显示】菜单用于决定各种曲线，图标和切线的显示模式。

- 【选定关键点统计信息】：在轨迹视图窗口中，显示选定关键点的时间位置、数值量等统计信息，该选项十分有用。

- 【全部切线】：显示所有关键点的切线手柄。

- 【自定义图标】：将【层次】列表中的图标显示由 2D 着色改为 3D 着色。

- 【可设置关键点图标】：定义轨迹是否可以设置关键点，红色图标表示可以，黑色表示不可以，单击图标可以在两者之间切换。

- 【隐藏为选定曲线】：启用状态下，取消视图中某个对象的选中状态，则轨迹曲线将会从轨迹视图中消失。

- 【显示未选定曲线】：取消视图中对象的选定状态，但轨迹视图仍然显示轨迹。

- 【冻结未选定选项】：显示未选定曲线，但是不允许对其进行编辑。

- 【过滤器】：提供很多用于显示，隐藏某些诡计曲线的控件。

【控制器】菜单用于指定、复制和粘贴控制器，并使它们唯一，去除它们的某些关联属性，还可以为动画曲线添加循环。

- 【指定】：用于选择轨迹并为其指定控制器。

- 【删除控制器】：用于删除或替换【可见性轨迹】、【图像运动模糊倍增】、【对象运动模糊】等特定的控制器。

- 【可设置关键点】：与工具栏的【显示可设置关键点】按钮一起使用，可确定某个轨迹可以设置关键点。

- 【复制】：将所选控制器轨迹复制到轨迹视图的缓存中。

- 【粘贴】：将轨迹视图缓存中已经复制的轨迹粘贴到另外一个或多个对象上。

- 【塌陷控制器】：将任意类型的控制器转化为 Bezier、Euler 或 TCB 关键帧模式的控制器，可以使用【采样】参数来对关键点进行优化。

- 【使唯一】：用于将实例控制器转化为唯一的控制器。

- 【超出范围类型】：将循环或其他周期动画应用到现有关键帧范围之外。

- 【属性】：显示【属性】对话框，访问关键帧差值类型。

【轨道】菜单用于添加注释轨迹和可见性轨迹。

- 【注释轨迹】：从场景中添加或者删除注释轨迹。
- 【可见性轨迹】：从场景中添加或者移除可见性轨迹。

【关键点】菜单用于在轨迹视图中，对关键点进行添加、移动、缩放、删除等各种操作。

- 【添加关键点】：用于在轨迹视图中添加关键帧。
- 【减少关键点】：在轨迹视图中对关键帧进行优化，删除一些不必要的关键帧。
- 【移动】：垂直或者水平移动关键点，改变它们的数值大小。
- 【滑动】：水平沿时间轴移动一个或一组关键点，且相邻的关键点自动滑开以留出相应的移动空间。
- 【缩放值】：等比例增加或减少关键点的数值大小。
- 【缩放值-时间】：等比例增加或者减少关键点的数值大小，更改它们覆盖的位置和时间量。
- 【使用软选择】：更改某一个或一组关键点时，根据衰减值大小来影响与其相邻的关键点。
- 【软选择设置】：在【软选择】对话框中设置衰减值和范围。
- 【对齐到光标】：将选定关键帧与当前时间滑块位置对齐。
- 【捕捉帧】：关键帧不能移动，总是捕捉到帧的位置。

【曲线】菜单只能在【曲线编辑器】模式下使用，通过该菜单工具，可以加速轨迹曲线的调整。

- 【应用-减缓曲线】：无需更改原始轨迹，使曲线减缓。
- 【应用-增强曲线】：与【应用-减缓曲线】相反，缩短选定功能曲线的时间，使曲线倍增。
- 【删除】：用于删除减缓曲线或增强曲线。
- 【启用/禁用】：启用或者禁用减缓曲线和增强曲线。
- 【减缓曲线超出范围类型】：将减缓曲线应用于【参数超出范围】关键帧，为减缓曲线设置值域外曲线循环或周期模式。
- 【增强曲线超出范围类型】：将增强曲线应用于【参数超出范围】关键帧，为增强曲线设置值域外曲线循环或周期模式。

【工具】菜单通过时间和当前编辑器选择、随机化或创建范围外关键帧。单击该菜单中的【轨迹视图工具】选项，将会打开【轨迹视图工具】对话框，在该对话框中选择相应的选项可以编辑关键点。

2. 工具栏

工具栏中的按钮都是最常用的，可以方便地编辑轨迹曲线和关键点，曲线编辑器模式下和摄影表模式下的工具栏中的按钮有很大区别，先来介绍一下曲线编辑器模式下的工具栏，如图

11-13 所示，以下将依次介绍工具栏上按钮的用法与功能。

图 11-13　曲线编辑器模式下的工具栏

- 【过滤器】：使用该选项可确定在【控制器】窗口和【关键点】窗口中显示的内容。
- 【移动关键点】：可在函数曲线图上沿水平和垂直方向自由移动关键点。
- 【滑动关键点】：可在【曲线编辑器】中使用【滑动关键点】来移动一组关键点，同时在移动时移开相邻的关键点。
- 【缩放关键点】：可使用【缩放关键点】压缩或扩展两个关键帧之间的时间量。可以用在【曲线编辑器】和【摄影表】模型中。
- 【缩放值】：按比例增加或减小关键点的值，而不是在时间上移动关键点。
- 【添加关键点】：在函数曲线图或【摄影表】中的现有曲线上创建关键点。
- 【绘制曲线】：可使用该选项绘制新曲线，或直接在函数曲线图上绘制草图来修改已有曲线。
- 【减少关键点】：可使用该选项减少轨迹中的关键点数量。

以下是关键点切线工具。

- 【将切线设置为自动】：该选项位于【关键点切线轨迹视图】工具栏中，选择关键点，然后单击此按钮可自动将切线设置为自动切线。也可用弹出按钮单独设置内切线和外切线为自动。选择【自动】切线的控制柄更改为自定义，并使它们可用于编辑。
- 【将切线设置为自定义】：将关键点设置为自定义切线。选择关键点后单击此按钮使此关键点控制柄可用于编辑。用弹出按钮单独设置内切线和外切线。在使用控制柄时按下 Shift 键中断使用。
- 【将切线设置为快速】：将关键点切线设置为快速内切线、快速外切线或二者均有，这取决于在弹出按钮中的选择。
- 【将切线设置为慢速】：将关键点切线设置为慢速内切线、慢速外切线或二者均有，这取决于在弹出按钮中的选择。
- 【将切线设置为阶越】：将关键点切线设置为阶越内切线、阶越外切线或这两者，具体取决于从弹出中进行的选择。使用阶跃来冻结从一个关键点到另一个关键点的移动。
- 【将切线设置为线性】：将关键点切线设置为线性内切线、线性外切线或这两者，具体取决于在弹出中进行的选择。
- 【将切线设置为平滑】：将关键点切线设置为平滑。用它来处理不能继续进行的移动。

以下为曲线工具栏。

- 【锁定当前选择】：锁定关键点选择。一旦创建了一个选择，打开此选项就可以避免不小心选择其他对象。

- 【捕捉帧】：限制关键点到帧的移动。打开此选项时，关键点移动总是捕捉到帧中。禁用此选项后，可以移动一个关键点到两个帧之间并成为一个子帧关键点。默认设置为启用。

- 【参数超出范围曲线】：可使用该选项重复关键点范围外的关键帧运动。主要选项包括【循环】、【往复】、【周期】或【相对重复】等。

- 【显示可设置关键点图标】：可以显示将轨迹定义为可设置关键点或不可设置关键点的图标，且仅当轨迹在想要的关键帧之上时，才使用它来设置关键点。如果在【轨迹视图】中禁用一个轨迹，那么也就在视口中限制了此移动，红色关键点是可设为关键点的轨迹，黑色关键点是不可设为关键点的轨迹。

- 【显示切线】：在曲线上隐藏或显示切线控制柄，使用此选项可以隐藏单独曲线上的控制柄。

- 【显示所有切线】：在曲线上隐藏或显示所有切线控制柄。当选中很多关键点时，可以使用此选项来快速隐藏控制柄。

- 【锁定切线】：锁定对多个切线控制柄的选择，从而可以同时操纵多个控制柄。禁用【锁定切线】时，一次仅可以操作一个关键点切线。

以下为 Biped 工具栏，该工具栏上的工具用于选择要在【曲线编辑器】中显示哪些动画曲线。可以在位置和旋转曲线之间切换，也可以切换表示当前两足动物选择的 X、Y 和 Z 轴的单个曲线。

- 【显示 Biped 位置曲线】：用于显示设置动画的两足动物选择的位置曲线，用户也可以从动画工作台工具栏的【曲线类型】下拉列表中选择位置曲线。

- 【显示 Biped 旋转曲线】： 用于显示设置动画的两足动物选择的旋转曲线。还可以从动画工作台工具栏的【曲线类型】下拉列表中选择旋转曲线，默认设置为启用。

- 【显示 Biped X 曲线】：用于切换当前动画或位置曲线的 X 轴，还可以切换动画工作台工具栏的 X 按钮，默认设置为启用。

- 【显示 Biped Y 曲线】：用于切换当前动画或位置曲线的 Y 轴，还可以切换动画工作台工具栏的 Y 按钮，默认设置为启用。

- 【显示 Biped Z 曲线】：用于切换当前动画或位置曲线的 Z 轴，还可以切换动画工作台工具栏的 Z 按钮，默认设置为启用。

最右侧的【名称】文本框用于命名轨迹视图的名称，命名后，名称将会出现在轨迹视图的标题栏中。

摄影表模式下的工具栏如图 11-14 所示，与曲线编辑器工具栏相比，切线工具部分变成了时间工具部分，曲线工具栏部分变成摄影表工具部分。

图 11-14 摄影表模式下的工具栏

将图 11-14 与图 11-13 对比后可以发现，在关键点编辑按钮部分，【摄影表】模式多了两个按钮，分别是【编辑关键点】按钮和【编辑范围】按钮。

- 【编辑关键点】：显示【摄影表编辑器】模式，该模式在图形上将关键点显示为长方体。使用这个模式来插入、剪切和粘贴时间。
- 【编辑范围】：显示【摄影表编辑器】模式，该模式在图形上将关键点轨迹显示为范围栏。
- 【过滤器】：可使用该选项确定在【控制器】窗口和【摄影表 - 关键点】窗口中显示的内容。
- 【滑动关键点】：可在【摄影表】中使用【滑动关键点】来移动一组关键点，同时在移动时移开相邻的关键点。仅有活动关键点在同一控制器轨迹上。
- 【添加关键点】：在【摄影表】栅格中的现有轨迹上创建关键点，将此工具与【当前值】编辑器结合可以调整关键点的数值。
- 【缩放关键点】：可使用【缩放关键点】压缩或扩展两个关键帧之间的时间量。用户可以用在【曲线编辑器】和【摄影表】模型中，使用时间滑块作为缩放的起始或结束点。
- 【选择时间】：可以选择时间范围，时间选择包含时间范围内的任意关键点。
- 【删除时间】：从选定轨迹上移除选定时间。不可以应用到对象整体来缩短时间段。此操作会删除关键点，但会留下一个空白帧。
- 【反转时间】：在选定时间段内反转选定轨迹上的关键点。
- 【缩放时间】：在选中的时间段内，缩放选中轨迹上的关键点。
- 【插入时间】：可以在插入时间时插入一个范围的帧。
- 【剪切时间】：删除选定轨迹上的时间选择。
- 【复制时间】：复制选定的时间选择，以供粘贴用。
- 【粘贴时间】：将剪切或复制的时间选择添加到选定轨迹中。
- 【修改子树】：启用该选项后，允许对父轨迹的关键点操纵作用于该层次下的轨迹。
- 【修改子关键点】：如果在没有启用【修改子树】的情况下修改父对象，请单击【修改子关键点】以将更改应用于子关键点。同样，在启用【修改子树】时修改了父对象后，可以使用【修改子关键点】禁用这些更改。

3. 控制器窗口

在轨迹视图的左侧是控制器窗口，它可以显示 3ds Max 中包含的所有层级、对象以及控制器轨迹，还可以确定哪些曲线和轨迹可以用来进行显示和编辑。控制器窗口的层级是可以展开的，单击每个选项左侧的⊕符号，就可以打开其内部层级，如图 11-15 所示。

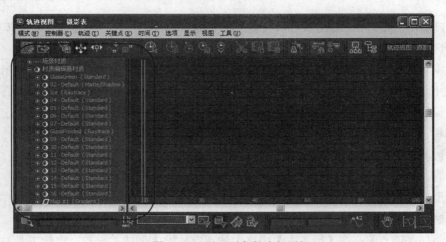

图 11-15　显示对象的内部层级

4. 关键点窗口

关键点窗口分为轨迹曲线形式和摄影表两种显示方式，分别对应于曲线编辑器模式和摄影表模式，曲线形式可以修改曲线形态，摄影表形式可以用来编辑关键帧的时间位置。

5. 其他工具

- 【时间标尺】：轨迹视图窗口的底部也有时间标尺，用于测量时间。
- 【状态栏】：位于轨迹视图底部左侧，可以控制轨迹视图关键点窗口，也可以在状态栏中查看或输入帧和关键点值。
- 【导航栏】：位于轨迹视图底部右下角位置，它提供了用于在关键点窗口扩大或缩小某个选择区域等各种视图操作的工具。

⑪.4　动画层的应用

通过添加或控制动画层，用户可以使用现有的运动来混合新的关键点，并且可以在无需修改已经制作了动画的对象的关键帧的情况下，对动画进行全方位的调整。使用动画层设计和调节动画离不开【动画层】工具栏，在主工具栏空白处右击，在弹出菜单中选择【动画层】命令，即可将其打开，如图 11-16 所示。

图 11-16　动画层

11.4.1 启用动画层

单击【启用动画层】■按钮，将打开【启用动画层】对话框，如图 11-17 所示。用户可以通过该对话框启用要指定层控制器的轨迹，从而为选定对象启用动画层。需要注意的是：启用动画层不是创建新的动画层，而是将指定的控制器轨迹传送到基础层(Base Layer)。所谓基础层，是指当 3ds Max 添加层控制器时，它将原始控制器复制到一个动画层，该动画层被称为基础层，基础层包含了原有的所有动画数据，如图 11-18 所示。

 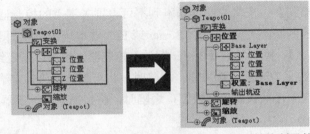

启用动画层之前的原始控制器　层控制器嵌套在原始控制器的基础层中

图 11-17 【启用动画层】对话框　　　　图 11-18 启用动画层之后的层次结构示例

11.4.2 选择活动层对象

单击【选择活动层对象】按钮■，可选择场景中包含活动层的所有对象。所谓活动层，是指当前处于启用状态的所有动画层。

默认情况下，首次对对象启用层时，基础层即为活动层，也就是说它将存储用户将要设置的所有动画数据；用户所有随后创建的层都将成为新的动画层，它显示在动画层列表的前一个层之后。

选择对象时，将自动选择其活动层，动画层下拉列表将高亮显示活动层，如图 11-19 左图所示。

当选择拥有多个不同活动层的多个对象时，动画层下拉列表中将出现【多个活动层】，且显示所有可以共用的层(即名称相同)，但不共用的层将不显示，如图 11-19 右图所示。

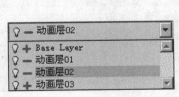 

图 11-19 选择单个对象或多个对象的活动层

计算机 基础与实训教材系列

通过单击动画层列表中的灯泡图标来对该层进行启用或禁用，禁用层会隐藏该层的动画但并不删除动画。

通过单击层所在的【+】号或【-】号来从输出轨迹中包含或排除任何层，输出轨迹中将包含所有层的总和。

⑪.4.3 设置动画层属性

单击【动画层属性】按钮，将打开【层属性】对话框，如图 11-20 所示，在该对话框可设置与塌陷动画层和孤立其余活动层有关的全局选项。

- 【塌陷到】：在将控制器塌陷到不可设置关键点的控制器轨迹上时(如噪波控制器)，设置该控制器的类型。选中【Bezier 或 Euler】单选按钮时，既可以将得到的轨迹指定给【位置 XYZ】控制器、【Bezier 缩放】控制器，也可以指定给【Euler XYZ】控制器；选中【线性或 TCB】单选按钮，塌陷时，将得到的轨迹指定给【线性】控制器或 TCB 控制器；选中【默认】单选按钮，塌陷时，将根据原始控制器轨迹得到的轨迹指定给默认控制器。
- 【每帧塌陷范围】：用于设置在塌陷层时要覆盖的范围。选中【当前】单选按钮，当塌陷层时，可在场景动画范围的每帧上设置关键点；选中【范围】单选按钮，可在下面【开始】和【结束】微调框中设置的动画范围内的每帧上设置关键点。
- 【如果可能，仅塌陷到关键点】：启用该复选框，则只有在各自的控制器为相同类型、相同的切线类型，并且启用【作为四元数混合 Euler】时才可以合并关键点。
- 【活动层以上的层静音】：启用该复选框，用户就可以看到活动层之上的层的效果。

⑪.4.4 管理动画层

要使用动画层，就必须掌握【动画层】工具栏中各按钮的使用方法和作用，具体如下。

- 添加层：单击按钮，打开【创建新动画层】对话框，如图 11-21 所示，在【层名】中输入新动画层的名称，设置要使用的控制器类型，然后单击【确定】按钮即可。
- 删除层：单击按钮打开【删除层】对话框，它主要用于删除提示。

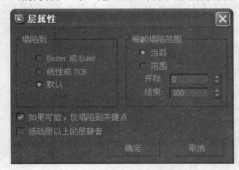

图 11-20　【层属性】对话框

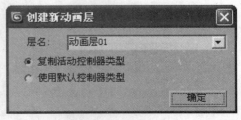

图 11-21　创建动画层

- 禁用层：单击按钮 ，或展开动画层列表，单击动画层左侧的灯泡使其变暗，该动画层即被禁用。在禁用基础层之前，必须删除或塌陷该层以上的所有层。
- 复制层：单击按钮 ，可复制该层以及该层所包含的数据。
- 粘贴活动层：单击按钮 ，将用复制的层及其数据覆盖活动层控制器类型和动画关键点。
- 粘贴新层：单击按钮 ，打开【重命名动画层】对话框，将使用复制的层的控制器类型和动画关键点创建新层。
- 塌陷层：单击按钮 ，如果活动层尚未禁用，则将它塌陷至其下一层；如果活动层已被禁用，则已塌陷的层将在整个层级列表中循环，直到找到可用层为止。需要注意的是，塌陷层并不会移除层控制器，如果要移除它，则单击【禁用动画层】按钮。

11.5 动画的合成与输出

Video Post 是独立的无模式的对话框，选择【渲染】| Video Post 命令，即可打开 Video Post 窗口，如图 11-22 所示。通过 Video Post 可以实现静态图像的合成、动态图像的合成，还可以设置一些镜头特效。

【Video Post】窗口的右侧是【事件编辑区】，用户可以通过工具栏的事件编辑工具，进行事件的添加、删除，以及事件属性的编辑。这里所指的事件主要有：场景事件、图像输入事件、过滤事件、层事件等，此外，还有一些循环事件等。

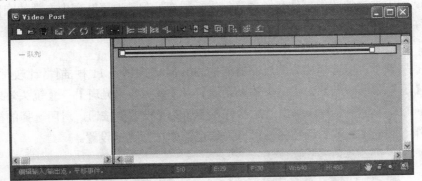

图 11-22 Video Post 窗口

11.5.1 添加事件

1. 添加场景事件

用于将摄影机视图中的场景添加到 Video Post 的序列列表中。在确保未选定队列中任意事件的情况下，在 Video Post 的工具栏单击【添加场景事件】按钮，将会打开【添加场景事件】对话框，如图 11-23 所示。

可以在【视图】选项区域中为添加的场景事件命名，然后在下面的列表中选择渲染的视口；在【场景选项】选项区域设置场景的运动模糊；在【场景范围】选项区域，可以定义场景的开始时间帧和结束时间帧；选中【锁定范围栏到场景范围】复选框，【场景结束】文本框将不可用，它会根据下面的【Video Post 参数】选项区域所定义的结束时间自动更正；选中【锁定到Video Post 范围】时，【场景开始】和【场景结束】文本框都将不可用，它们会根据下面的【Video Post 参数】选项区域的设置来使用相同的帧数；【Video Post 参数】选项区域用于在整个 Video Post 队列中设定选定事件的开始帧和结束帧。

2．添加图像输入事件

用于将静止或运动的图像添加到场景中，对于已添加的图像，将会按照先后顺序出现在队列中。添加的图像可以是位图、JPEG、PSD、AVI、GIF 等格式的图像。

在 Video Post 的工具栏中单击【添加图像输入事件】按钮，将会打开【添加图像输入事件】对话框，如图 11-24 所示。可以单击【文件】按钮，在打开的【为 Video Post 输入选择图像文件】对话框中指定选好的位图或其他格式的图像。此外，3ds Max 允许将【设备】作为图像的形式添加到队列中。

3．添加图像过滤事件

用于对队列中添加的图像事件和场景事件进行图像处理。选择队列中有效的图像事件，或者在未选定任何事件的情况下，单击工具栏的【添加图像过滤事件】按钮，将会打开【添加图像过滤事件】对话框，如图 11-25 所示。

在过滤器列表中可以选择相应的过滤器插件。3ds Max 提供了 11 种插件，比较常用的有【淡入淡出】、【镜头效果高光】、【镜头效果光晕】、【镜头效果光斑】、【镜头效果焦点】、【图像 Alpha】、【星空】等。单击过滤器列表下面的【设置】按钮，对所选择的插件进行参数设置。此外，通过【遮罩】选项区域可以为选定图像进行遮罩设置。

图 11-23 　【添加场景事件】对话框

图 11-24 　【添加图像输入事件】对话框

4. 添加图像层事件

用于合成两个子事件。图像层始终是带有两个子事件的父事件。子事件可以是场景事件、图像输入事件，或层事件(层事件是可以嵌套的)，子事件自身也可以是带有子事件的父事件。

将要进行合成的两个子事件在队列中合理地排列，然后同时选中它们，单击主工具栏的【添加图像层】按钮，将会打开【添加图像层事件】对话框，如图 11-26 所示。可以在合成器列表中选择要用的合成器，共有 6 种类型：【Adobe Premier 变换过滤器】、【Alpha 合成器】、【简单摩擦】、【简单加法合成器】、【交叉淡入淡出变换】和【伪 Alpha】。然后通过【设置】按钮，来对选定的合成器进行参数设置。

图 11-25 【添加图像过滤事件】对话框   图 11-26 【添加图像层事件】对话框

除了以上所介绍到的事件外，可以添加的事件还有【添加图像输出事件】、【添加外部事件】和【添加循环事件】等。它们的添加方法与前面介绍的基本相同，要删除某个事件更为简单，直接在事件编辑区活序列中选中要删除的事件，然后单击工具栏的【删除】按钮，或者直接在键盘上按下 Delete 键。

11.5.2 执行序列

序列的执行是 Video Post 合成图像、制作视频的最后一步。在 Video Post 窗口的主工具栏上单击【执行序列】按钮 ，打开【执行 Video Post】对话框，如图 11-27 所示。

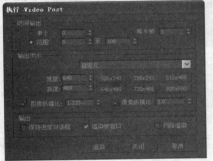

图 11-27 【执行 Video Post】对话框

> **知识点**
>
> 渲染只能用于场景，而【执行序列】则可以合成图像和动画，无需包括当前的 3ds Max 场景。

在【执行 Video Post】对话框中可以发现，尽管它的控件与【渲染设置】对话框中的有些类似，但该对话框中的设置是独立的且不相互影响。

11.6　上机练习

本章主要介绍了在 3ds Max 2010 中创建和编辑基础动画的方法和技巧，比较全面地介绍了动画制作的流程及常用控制器的使用，重点介绍了关键点动画的制作、轨迹视图的编辑和使用、动画层的使用等内容。掌握本章介绍内容后，在以后的章节将开始介绍高级动画的制作，下面通过上机练习巩固本章所学内容。

(1) 首先使用【平面】工具在前视图中创建一个平面，将其命名为"樱花 01"，然后在【参数】卷展栏中设置其【长度】为 200、【宽度】为 150、【长度分段】为 1、【宽度分段】为 1，如图 11-28 所示。

(2) 按 M 快捷键打开【材质编辑器】对话框，选择一个新的样本球。

(3) 在【明暗器基本参数】卷展栏中选中【双面】复选框，在【Blinn 基本参数】卷展栏中设置【自发光】选项组中的【颜色】为 100，如图 11-29 所示。在【贴图】卷展栏中单击【漫反射颜色】后的 None 按钮，然后在弹出的【材质/贴图浏览器】对话框中选择【位图】选项，然后单击【确定】按钮，在弹出的对话框中选择【樱花 1.jpg】文件，然后单击【打开】按钮进入贴图层级面板，如图 11-30 所示。

图 11-28　创建平面

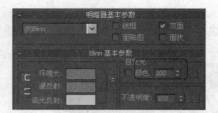

图 11-29　设置明暗和 Blinn 基本参数

(4) 单击【转到父对象】按钮返回主材质面板，然后在【贴图】卷展栏中单击【不透明度】后面的 None 按钮，在弹出的【材质/贴图浏览器】对话框中选择【位图】选项，然后单击【确定】按钮，在弹出的对话框中选中【樱花 2.jpg】文件，然后单击【打开】按钮进入贴图层级面板，如图 11-31 所示。单击【转到父对象】按钮返回主材质面板，然后单击【将材质指定给选定对象】，将该材质指定给场景中的平面对象即可。

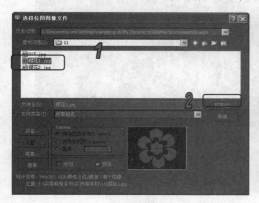

图 11-30 选择【樱花 01.jpg】文件

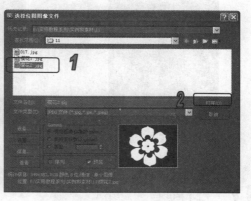

图 11-31 选择【樱花 02.jpg】文件

(5) 将前视图缩放，将平面移动到场景的上端，然后单击【自动关键点】按钮。

(6) 拖拽时间滑块至 100 帧位置，在前视图中调整叶子的位置到场景下端，如图 11-32 所示。

(7) 拖拽时间滑块至 20 帧位置，然后在场景中调整叶子的角度，如图 11-33 所示。

图 11-32 调整第 100 帧时樱花的位置

图 11-33 调整第 20 帧时樱花的位置

(8) 使用同样方法，拖拽时间滑块至 40 帧，并在场景中旋转叶子的角度，这里用户可以自行添加关键帧并设置樱花的旋转和位置，不再赘述。

(9) 设置完毕后，切换到【显示】命令面板，在【显示属性】卷展栏中选中【轨迹】复选框，然后拖拽时间滑块到关键帧，调整轨迹的形状，如图 11-34 所示。调整好轨迹后，单击【自动关键帧】按钮。

(10) 在场景中复制多个樱花，然后调整运动轨迹，如图 11-35 所示。

(11) 完成后，可以单击【播放动画】按钮查看樱花飘落的效果。为了使动画效果更好，用户还可以在【环境和效果】对话框中为动画设置渲染贴图，这里不再赘述。

图 11-34　选中【轨迹】复选框

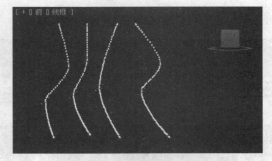

图 11-35　复制并调整多个轨迹

11.7　习题

1. 参考【例 11-1】和【例 11-2】，练习创建关键点动画。
2. 参考 11.6 节中的实例，练习创建运动轨迹动画。

第12章

制作简单角色动画

学习目标

本章主要介绍层次与运动的关系、正向运动与反向运动的原理与应用、角色建模的步骤以及骨骼与蒙皮结合使用的方法等内容。

本章重点

- 理解层级与运动的关系
- 理解并掌握正向运动和反向运动
- 学会利用链接工具创建正向运动和反向运动动画
- 学会创建骨骼并为骨骼蒙皮
- 学会创建简单的人物或动物角色动画
- 了解 Character Studio 的群组动画功能

12.1 角色动画基础

大自然千变万化，如何在 3ds Max 中模拟人、动物等众多生物的运动，这就是角色动画所要解决的问题。创建角色动画是一件很复杂的工作，动物的运动都是有规律的，中文版 3ds Max 2010 中也相应提供了模拟这些运动规律的一系列工具，如正向运动、反向运动、链接工具、骨骼工具、蒙皮工具等。

要创建角色动画，就必须十分了解所要创建角色的运动规律。例如创建一匹骏马奔跑的动画，就必须十分清楚马在奔跑过程中 4 个蹄子落地的规律，以及奔跑过程中马身体各部位之间的相互关系。比如马腿抬起过程中，前蹄与前腿的先后运动关系，以及弯曲动作等，这转化到 3ds Max 中就是模型的各个组成部分之间相互运动的关系。最基本的运动关系有两种：正向运动和反向运动。

12.1.1　层级与运动的关系

在基础动画制作部分，对于层级的概念曾做了简单的一些介绍，主要是基于关键点动画的内容。在轨迹视图展开的层级中，大多数对象都是并列关系，对象的下面是一些基本的各种位置变换，对象之间基本上不存在什么深层次的运动链接关系。对于角色动画，对象的层次关系是十分复杂的。任何一种动物，其身体都是由许多部位组成的，如四肢、躯干等，而每个部位又由一些具体的骨骼、关节来组成，它们构成一种复杂的层次关系，如图 12-1 所示。动物在运动过程中，身体的各个部位、各个关节并不是相互独立的，不同身体部位之间通过某个关节链接在一起来共同完成一次动作，它们之间需要协调，这是不难想象的。

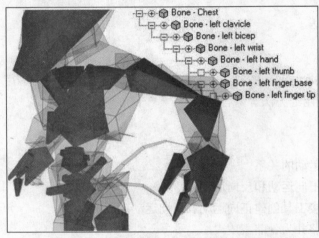

图 12-1　角色对象不同部位之间的层次关系

在层级关系中，主要的对象在上面，次要的在下面，所有对象按照这样的关系排列，形成一棵倒挂的树。在层级关系中，父对象控制所有的子对象以及其所在下一层级的对象，一个父对象可能有多个子对象，但一个子对象却只能有一个父对象。层级关系中的父对象和子对象同样是相对的，一个父对象可能是另一个对象的子对象，一个子对象也可能是另一个对象的父对象。

12.1.2　创建层级关系

在中文版 3ds Max 2010 中，如果要创建简单的层级关系，可以利用主工具栏的链接工具；如果要创建相对复杂的层级关系，建议使用图表视图和骨骼系统。本节介绍使用链接工具创建层级关系的方法，关于图表视图和骨骼系统，将在后面进行介绍。

1. 创建链接关系

创建如图 12-2 左图所示的场景，场景中共有 5 个球体，从左到右分别为 Sphere01、Sphere02、

Sphere03、Sphere04 和 Sphere05。单击主工具栏的【选择并链接】按钮，将打开链接模式，在视图中单击选中球体 Sphere05，然后将其拖动到球体 Sphere04 上，当光标变成链接图标时单击，即可将 Sphere05 链接到 Sphere04 上，如图 12-2 右图所示。

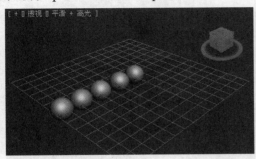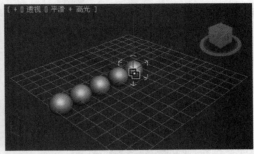

图 12-2　创建链接关系

　　【选择并链接】按钮总是将子对象链接到父对象上，例如本例中，Sphere05 将成为 Sphere04 的子对象，用同样的方法完成其他链接，将 Sphere04 链接到 Sphere03 上，Sphere03 链接到 Sphere02 上，Sphere02 链接到 Sphere01 上。由于在层级关系中，一个子对象只能有一个父对象，因而在创建链接时，如果将一个球体链接到多个父对象上，那么链接关系将以最近的一次为准。链接完成后，所有对父对象的变换都将影响到子对象，而父对象不受子对象的变换影响。

2. 显示链接关系

　　选中场景中的所有球体，打开【显示】命令面板，展开【链接显示】卷展栏，选中【显示链接】复选框，视图中将以直线显示出所有选中对象的链接关系，位于对象的轴心点之间，如图 12-3 所示。

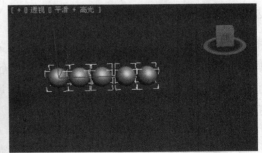

图 12-3　显示对象间链接关系

3. 解除链接关系

　　使用主工具栏的【断开当前选择链接】按钮，可以断开已经创建的链接，但只能作用于父对象。如果选定的对象既有父对象又有子对象，则单击【断开当前选择链接】按钮只能断开与父对象的链接而不能断开与子对象的链接。例如在场景中选中球体 Sphere03，它是球体 Sphere02 的子对象，但同时又是球体 Sphere04 的父对象，单击主工具栏的【断开当前选择链接】

按钮，场景中的链接关系显示如图 12-4 左图所示。

如果要清除选定对象 Sphere03 的所有链接关系，只需双击该对象(双击 Sphere03 会在选中 Sphere03 的同时选中它所有的子对象)并单击【断开当前选择链接】按钮即可，此时场景中的链接关系显示如图 12-4 右图所示。

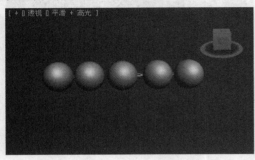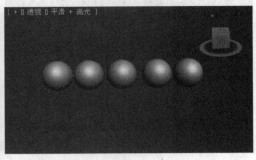

图 12-4　解除 Sphere03 的链接关系

12.1.3　浏览层级结构

角色模型一般都是很复杂的，包含许多不同的子对象，又有许多不同的链接，如何对对象进行层次管理，理清不同对象所处的层级，这是在设计动画时所必须考虑的问题。对于比较简单的层次关系，如果包含对象比较少，可以直接在视图中通过显示链接关系的方式来观察，如前面例子中的层次关系，球体之间都是单向的。如果层次关系比较复杂，包含很多子对象，如图 12-5 左图所示的骨骼模型，那么就必须借助一些工具。

1. 通过轨迹视图方式

对于图 12-5 的左图，要浏览各个对象之间的层次关系，可以利用轨迹视图的控制器窗口。单击主工具栏的【曲线编辑器】按钮，在打开的【轨迹视图】对话框中，使用滚动工具将控制器窗口移动到对象部分，展开其层级，将会按层次显示场景中的所有对象，如图 12-5 右图所示，单击对象前的⊕符号，可打开相应的子层级。

图 12-5　复杂角色模型及其层次结构

2. 通过图解视图方式

图解视图是基于节点的场景图，通过它可以访问对象的属性、材质、控制器、层次和不可见场景关系，特别是可以十分清晰地显示出具有大量对象的复杂层级关系。另外，在图解视图中，可以创建对象之间的层次，或为对象指定控制器、材质、修改器、约束等。

在视图中选中场景中所有的对象，单击主工具栏的【图解视图】按钮，即可打开场景的图解视图窗口。在该窗口中，显示出了场景中的所有对象以及它们之间的层次关系，如图 12-6 所示。

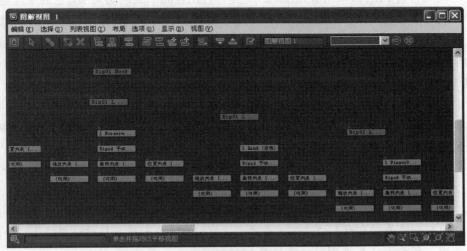

图 12-6 利用图解视图浏览对象层级结构

在窗口中，所有对象都以层级的方式显示，对象图标都是蓝色实心，表明对象已经进行了链接，并且都位于层次链中。可以通过每个对象图标左侧的三角形图标来展开下一个子层级，或塌陷到其父层级中。

12.1.4 在层级结构中选择对象

在复杂的层次结构中，要选择自己所需编辑的子对象，如果不掌握一定的技巧，并不是一件容易的事，最好的办法就是在创建每个子对象时，都为它们起与功能相关的名字，这样可以方便以后编辑选取。

从层级中选择子对象的方法基本上有 3 种。

- 通过轨迹视图的控制器窗口，如果不知道所选子对象所在的层次链，那么就只有将所有的层次打开，一个一个地寻找，这样比较麻烦。
- 通过图解视图的方式，由于图解视图中以方块图标的形式一级一级逐层显示场景中的所有对象，因而只要找到所选对象名即可轻松选取。

- 第 3 种方法更为直接，单击主工具栏的【按名称选择】按钮，将会打开【从场景选择】对话框，如图 12-7 所示，里面窗口中列出了场景中所有对象名，在其中选择相应子对象的名称，单击【确定】按钮即可在场景中选中所需子对象。

12.2 正向运动原理及应用

正向运动又称为 FK(Forward Kinematics)，是一种比较简单的运动关系。它的原理是：在层次关系中，父对象的变换操作会影响到子对象，子对象对父对象具有继承关系，而父对象不受子对象变换操作的影响。使用手臂来移动手部就是正向运动的一个简单例子，下面通过【例 12-1】模拟转动车轮来具体介绍一下正向运动的创建方法。

【例 12-1】创建正向运动关系。

(1) 首先在【前】视图中创建一个圆环，作为车轮的轮子。

(2) 在【前】视图中创建一个切角圆柱体，作为车轮的轴，使用主工具栏的 2.5 维捕捉工具，将圆环与切角圆柱体的中心对齐。

(3) 在切角圆柱体与圆环之间创建一些线作为车轮与轴之间的连接(可以利用旋转复制对齐的方式创建这些连接线)。然后将这些线与轴进行成组，并为其命名为"车轴部分"。

(4) 在【前】视图中创建一条样条线，作为车轮向前滚动的轨迹，注意在创建样条线时，将【初始类型】和【拖动类型】均设置为平滑，这样创建出来的运动轨迹就显得比较平滑，而不会过分陡峭。创建出的全部模型效果如图 12-8 所示。

图 12-7 【从场景选择】对话框

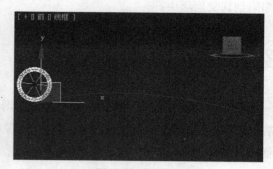

图 12-8 车轮模型

(5) 现在创建车轴与车轮之间的正向运动关系。观察现实中任意型号的车轮在运动时的状态，可以发现，是车轴先运动，然后驱动车轮的转动。因而，车轴应为父对象，车轮为子对象。单击主工具栏的【选择并链接】按钮，然后在【前】视图中单击选择车轮，将光标拖动到车轴，当光标变为链接图标时，单击便完成了车轴与车轮之间正向层级关系的建立。移动或旋转车轮，车轴不发生任何变化；移动或旋转车轴，那么车轮也跟着发生相应变化。

(6) 接下来用第11章所学的方法,为车轴的位置变换部分加入一个路径约束控制器,将【前】视图中的样条线指定为路径。

(7) 播放动画,如图 12-9 左图所示是其中一帧,可以发现车轴和车轮一起沿着指定的路线运动,但方式不对。实际情况是,车轮在前进时,自身也在转动,而且车轮底部应始终在路径之上。

(8) 选择车轮,在自动关键点模式下,利用在不同关键帧下旋转对象的方法,为车轮 Z 轴旋转曲线设计一运动轨迹。

(9) 为使整个轮子运动时始终与"路面"相切,选择车轮,单击命令面板的【层级】按钮,单击下面的【轴】按钮,在【调整轴】卷展栏下单击【仅影响轴】按钮,视图中将会出现车轮部分的 3 个粗色箭头,将它们调整到车轮底部与路径曲线相切的位置。用同样的方法,调整车轴部分的轴心,以与车轮重合。

(10) 再次播放动画,可以发现运动比较完美了,如图 12-9 右图所示。

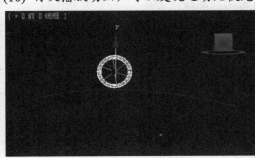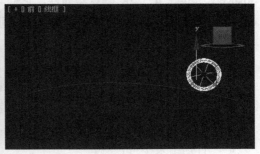

图 12-9　利用层级面板调整轴心

12.3　反向运动原理及应用

反向运动又称为 IK(Inverse Kinematics),在层级关系中,反向运动是通过子对象的运动来决定和影响父对象,是一种相对正向运动比较复杂的运动关系。在 3ds Max 中,反向运动被大量应用于角色动画的制作中,原因是它可以通过调整几个关节的姿势来确定角色在不同关键帧处的姿势,而系统会根据设定的解算方法,在这些关键帧之间自动进行差值计算。

反向运动与正向运动正好相反,例如要设置举起手臂的动画,正向运动是先移动肩部,然后旋转前臂、手腕等,而反向运动则是先移动手腕以确定腕部的位置,然后通过 IK 解决方案,对手臂进行旋转,移动肩部。又如上面的【例 12-1】,要设置反向运动关系,也就是通过旋转车轮来带动车轴部分,不过这不符合运动规律。

下面介绍一下反向运动中一些常用的专业术语。

● IK 解算器:提供一种算法,在关键点之间自动进行插值,从而将 IK 解决方案应用到反向运动链中。

● 关节:IK 关节用于控制对象与其父对象如何一起进行变换。

- 开始关节与结束关节：定义 IK 解算器所管理的 IK 链的开始和结束位置。
- 末端效应器：IK 链中所选子对象的轴点。
- 终结器：可以将一个或多个对象定义为终结器，使用终结器，可以停止 IK 计算，使高于该层次的对象不受 IK 解决方案的影响。

⑫.3.1　常用 IK 解算器

　　IK 解算器对于实现反向运动动画至关重要，它的工作方式如下：通过在某部分层次中定义反向运动链，例如定义从肩部到手腕，IK 链的末端是 Gizmo，也就是目标，无论目标如何移动旋转，IK 解算器都尝试着移动最后一个关节的枢轴(也就是终端效应器)，来满足目标的需要，可以对链的部分进行旋转，以扩展和重新定位末端效应器，使其与目标相符，如图 12-10 所示。

　　3ds Max 提供了 4 个 IK 解算器插件，它们具有不同的解算方法。

- 历史独立型(HI)解算器：HI 解算器在时间上不依赖于上一个关键帧计算得到的 IK 解决方案，因而可以始终保持较快的计算速度，例如第 1000 帧和第 0 帧的使用速度基本上是相同的。对于大部分的角色动画和任何的 IK 动画而言，HI 解算器都是首选的解算方案，因为它能够实时地计算 IK 的值，而且速度很快。另外，IK 解算器允许创建多个链或重复链，这样就会存在多个目标，将目标链接到点、骨骼等虚拟对象上后，就可以创建简单的控制器来实现复杂链或层次的动画，但要注意的是不同种类的解算器不能设置重复链，否则结果不可预测。
- 历史依赖型(HD)解算器：HD IK Solver(历史依赖型解算器)是一种依赖于时间的解算器，在序列中开始求解的时间越晚，计算解决方案所需的时间越长。因而，它只适合于短篇动画的制作，对于比较长的动画，最好使用 HI 解算器。相对于 HI 解算器，HD 解算器的优点在于可以对弹回、阻尼和优先级进行控制，此外，还具有查看 IK 链初始状态的快捷工具。
- IK 肢体解算器：专门用于设置人类角色的肢体动画的解算器，它是一种分析型解算器，无论动画有多少帧，都能保持较快的计算速度，另外它可以导出游戏引擎，因而适合游戏开发。要使用 IK 肢体解算器，IK 链上必须有 3 块骨骼或是含有 3 个以上元素的链接层次。目标放置在距离第一个所选骨骼有两个骨骼那么远距离的第 3 个骨骼的轴点处，另外，第一块骨骼的关节必须为"球形"，也就是在 3 维方向上具有自由度，第二块骨骼也必须只能在一维方向上有自由度。不满足上面条件时使用 IK 肢体解算器是没有效果的。
- 样条线 IK 解算器：通过使用样条线来控制一组骨骼或其他链接对象的曲率，样条线的顶点称为节点，每个节点对应一块骨骼，样条线的节点数可能少于骨骼数目。通过移动节点，改变样条线的曲率，进而改变骨骼链的形态，因为节点可以在 3D 空间中任意移动，因而链接结构可以进行复杂的变形，使用样条线 IK 解算器具有很好的灵活性。适合于创建蛇、绳索等链状物体的动画。

除了以上介绍的 4 种 IK 解算器外，3ds Max 还提供了两个反向运动动画的非解算器方法：交互式 IK 和应用式 IK，它们是从早期版本延续下来的较老的 IK 解算方法，通常，推荐使用 IK 解算器。

- 交互式 IK：这是最基本的 IK 解算方法，通常配合自动关键点模式创建动画。建立好 IK 链后，执行【层次】|IK|【交互式 IK】命令，如图 12-11 所示，配合【自动关键点】按钮，在时间滑块的不同位置移动变换子对象，并记录成动画，这时 3ds Max 会在各个关键帧之间自动进行差值计算。这样制作出的动画并不精确，它使用了最少的关键帧。相对于没有使用 IK 对象的动画还是不同的，因为 IK 解决方案对多个对象和对象间的关节均发生了作用。

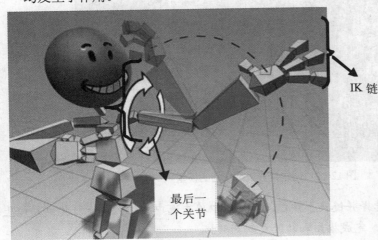

IK 链

最后一个关节

图 12-10　IK 解算器工作方式图

图 12-11　使用交互式 IK

- 应用式 IK：使用应用式 IK，可以设置跟随动画。它与交互式 IK 不同，它需要创建一个 IK 系统和引导对象，通过将 IK 系统绑定到引导对象上，然后对引导对象设置动画，从而使 IK 系统"跟随"引导对象也产生动画。使用应用式 IK，可以创建非常精确的解算结果，程序会在每一帧上为每一个对象创建关键帧，而且运算速度很快，但是，大量的关键帧会为调整动画造成难度。

12.3.2　设计反向运动动画的流程

创建反向动画的一般流程如下。

(1) 创建具有关节结构的模型。

(2) 将各关节对象彼此进行链接并设置各自的轴心点。

(3) 确定轴心点的链接或限制方式。

(4) 对链接好的模型设置 IK 解算方案。

(5) 将模型链接或蒙皮到骨骼系统，使用 IK 控制器操纵骨骼系统，生成角色动画。

【例 12-2】模拟蒸汽活塞运动。

(1) 在场景中创建如图 12-12 所示的模型，该模型主要由转轮、枢纽、曲柄和活塞 4 部分组成。活塞在运动时，过程是这样的：转轮旋转带动枢纽旋转，因而枢纽是转轮的子对象，枢纽旋转带动曲柄运动，因而曲柄是枢纽的子对象，而同时活塞的运动也会影响曲柄，由于曲柄不可能同时是枢纽和活塞的子对象，因而只能通过创建一个虚拟对象，在曲柄与枢纽间使用正向运动，在曲柄与活塞间使用反向运动。

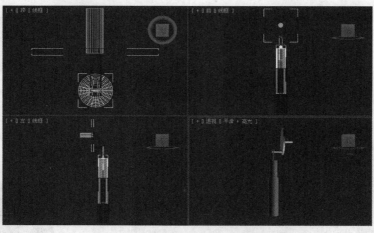

图 12-12　创建具有关节结构的模型

(2) 单击主工具栏的【选择并链接】按钮，在视图中单击选中枢纽，将光标拖到转轮上，当光标变成链接图标时单击，完成枢纽和转轮之间的链接。

(3) 执行【创建】|【辅助对象】|【标准】命令，打开标准辅助对象的创建命令面板，如图 12-13 左图所示。单击【虚拟对象】按钮，在【左】视图中的枢纽和曲柄连接处单击，便创建了一个虚拟对象，如图 12-13 右图所示。

(4) 用同步骤(1)的方法将虚拟对象链接到曲柄上，将曲柄链接到活塞上。在主工具栏单击【图解视图】按钮，打开图解视图查看层级关系，如图 12-14 所示。

图 12-13　创建虚拟对象　　　　　　　　　图 12-14　查看层级关系

(5) 打开【层次】命令面板，单击 IK 按钮，打开反向运动控制面板，如图 12-15 所示。在视图中选中活塞，展开【滑动关节】卷展栏，取消【X 轴】、【Y 轴】选项区域下的【活动】

复选框的选中状态，而仅保留【Z 轴】选项区域下【活动】复选框的选中状态，这样可以保证活塞只能沿 Z 轴运动。展开【转动关节】卷展栏，取消【X 轴】、【Y 轴】、【Z 轴】选项区域下的【活动】复选框的选中状态，这样可以禁止活塞在任何方向旋转。

(6) 选中曲柄，展开【滑动关节】卷展栏，取消【X 轴】、【Y 轴】、【Z 轴】选项区域下的【活动】复选框的选中状态；展开【旋转关节】卷展栏，取消【X 轴】、【Z 轴】选项区域下的【活动】复选框的选中状态，而仅保留【Y 轴】选项区域下【活动】复选框的选中状态。这样曲柄就只能沿 Y 轴进行旋转。

(7) 展开【对象参数】卷展栏，单击【绑定到跟随对象】选项区域的【绑定】按钮，在视图中选中虚拟对象，将光标拖到枢纽对象上单击，从而将虚拟对象绑定到枢纽上。

(8) 选中视图中的枢纽，在【层级】命令面板单击【轴】按钮，在【调整轴】卷展栏单击【仅影响轴】按钮，将枢纽的轴心点调整到如图 12-16 所示的位置，这样可以保证枢纽在跟随转轮旋转时，能够带动曲柄在垂直方向上运动。

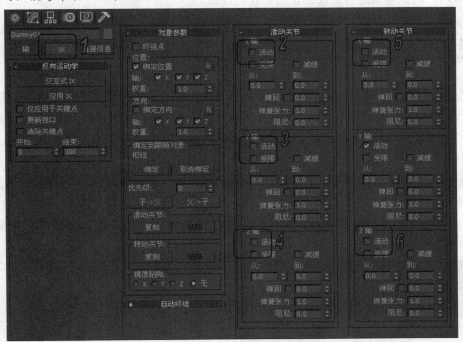

图 12-15 反向运动控制面板

(9) 在动画控制区单击【自动关键点】按钮，打开自动点动画设置模式。将时间滑块移动到第 100 帧的位置，将转轮沿 Y 轴旋转 360°，展开【反向运动学】卷展栏，将【结束】设置为 100，单击【应用 IK】按钮，系统将自动进行 IK 解算并自动插入关键帧。

(10) 关闭【自动关键点】动画设置模式，播放动画，如图 12-17 所示，分别是动画过程中的部分帧效果。

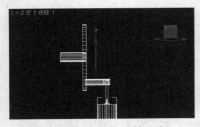
图 12-16 调整枢纽轴心点

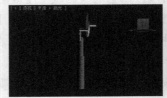
图 12-17 蒸汽活塞运动效果

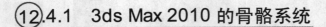

12.4 创建并编辑骨骼

骨骼系统主要用于动画设计，早在 3ds Max 5 时代，骨骼系统就可以被直接渲染输出了，设计者可以利用该系统进行运动的正向和反向设定。

12.4.1 3ds Max 2010 的骨骼系统

骨骼是可以渲染的对象，对于任意一个角色来说，都可以用骨骼来进行描述，如图 12-18 所示。骨骼系统是骨骼对象的一个分层次的运动连接系统，可以对其做成动画并带动其他对象的运动。对于角色动画来说，通常是先制作出角色的骨骼模型，接着对骨骼进行蒙皮，最后利用骨骼系统快速生成并设置动画。

可以采用正向运动或反向运动来为骨骼设置动画，对于反向运动来说，骨骼几乎可以使用所有的 IK 解算器，包括交互式 IK 和应用式 IK。在对骨骼设置动画时，需要注意的是在调整骨骼动作时，实际上调整的是骨骼的轴点而不是骨骼几何体，可以将骨骼视为关节，应该准确理解骨骼对象的结构。

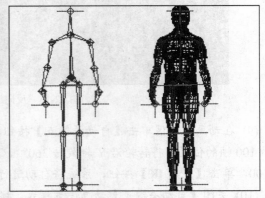
图 12-18 骨骼模型

12.4.2 创建骨骼

执行【创建】|【系统】|【标准】命令，打开标准系统的创建命令面板，如图 12-19 左图所示。单击【骨骼】按钮，在视图中单击确定第一个骨骼的起始关节，移动光标并单击确定下一个骨骼的起始关节(由于骨骼是在两个轴点之间绘制的可视辅助工具，因此视图中看起来只绘制了一个骨骼，骨骼的起始关节是非常重要的，骨骼通过它们进行连接)，以后每次单击都可创建一个新的骨骼，后创建的骨骼是前一个骨骼的子对象，它们形成一个骨骼链，如图 12-19 右图所示。在创建过程中，右击可结束骨骼的创建，此时骨骼链末端会创建一个小的凸起的骨骼，在为骨骼指定 IK 解算器时，会用到该骨骼。

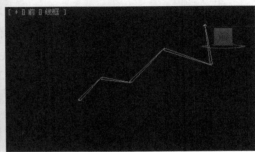

图 12-19 创建骨骼

如果要在一个骨骼上创建层次分支，可首先创建出该骨骼，然后右击结束骨骼的创建。再次单击选择该骨骼，然后在要创建骨骼分支的地方单击，即可从该单击处创建出新的骨骼分支，如图 12-20 所示。

在创建骨骼时，【创建】命令面板将会出现骨骼的参数控制卷展栏，如图 12-21 所示。

- 【IK 链指定】卷展栏：可快速为创建的骨骼链指定 IK 解算器(提供 IKHISolver、IKLimb、SplineIKSolver 解算器以供选择)，选中【指定给子对象】复选框，可将选择的 IK 解算器指定给新创建的所有骨骼(第一个骨骼除外)，选中【指定给根】复选框，可为包括第一个骨骼在内的所有新创建的骨骼指定 IK 解算器。
- 【骨骼参数】卷展栏：用于控制骨骼的大小和形状，可通过【骨骼对象】选项区域设置创建骨骼的【宽度】、【高度】和【锥化】程度。鳍是骨骼的重要参数，有助于用户清楚地查看骨骼的方向，鳍还可以用于近似估计角色的形状。骨骼有 3 组鳍：【侧鳍】、【前鳍】和【后鳍】，默认为禁用状态。

计算机 基础与实训教材系列

图 12-20　创建骨骼分支　　　　　　　　　　图 12-21　骨骼的参数控制卷展栏

12.4.3　编辑骨骼

要修改骨骼及其结构，可通过【骨骼编辑工具】卷展栏进行。选择【动画】|【骨骼工具】命令，即可打开【骨骼工具】对话框。该对话框主要包括了【骨骼编辑工具】卷展栏、【鳍调整工具】卷展栏以及【对象属性】卷展栏，如图 12-22 所示。

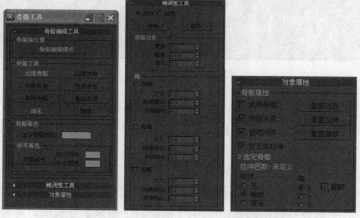

图 12-22　【骨骼工具】对话框中的卷展栏

在【骨骼编辑工具】卷展栏中的主要选项的作用如下。

- 【骨骼编辑模式】：启动该按钮后，可以通过移动子骨骼来更改父骨骼的长度，以及缩放或拉伸父骨骼。在该模式下，骨骼不能设置动画，不能使用自动关键点和设置关键点。
- 【创建骨骼】：用于开始创建骨骼。
- 【创建末端】：在当前选中骨骼的末端添加一个小骨骼，如果选中骨骼不是 IK 链的末端，那么小骨骼将当前选中骨骼与其下一段骨骼顺序链接。

- 【移除骨骼】：删除当前选中的骨骼。
- 【连接骨骼】：在选中骨骼与另一骨骼间创建连接骨骼。
- 【删除骨骼】：与移除骨骼不同的是，不仅删除当前选中骨骼，也删除与之相连的父骨骼与子骨骼。
- 【重指定根】：使当前选中骨骼成为骨骼结构的父对象。
- 【细化】：将一个骨骼细分为两个。单击此按钮，然后在想要分割的地方单击即可。
- 【镜像】：单击该按钮，将会打开【骨骼镜像】对话框，用于指定骨骼镜像或反转的轴。
- 【骨骼着色】：用于为骨骼着色，或者对骨骼进行渐变着色，可以设置起始颜色和结束颜色。

限于篇幅，关于【鳍调整工具】卷展览栏以及【对象属性】卷展览栏中的选项功能此处不再赘述。

12.4.4　将其他对象转换为骨骼

对于任何对象来说，都可以作为骨骼对象来显示，如图 12-23 所示。方法有两种：一种是在视图中右击该对象，在弹出菜单中选择【属性】，在【骨骼】选项区域中，选择【启用/禁用骨骼】，然后选择【仅显示链接】，这样骨骼便会替换当前对象的显示。另一种是通过打开【骨骼工具】面板，在【对象属性】卷展栏中启用骨骼，然后转到选定对象的【显示】面板，并在【链接显示】卷展栏中选中【显示链接】和【链接替换对象】选项。将对象以骨骼形式在视口中显示，在设置动画时，可以大幅度地提高视口的响应速度。

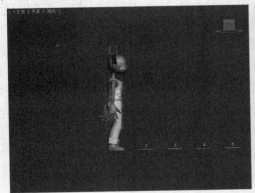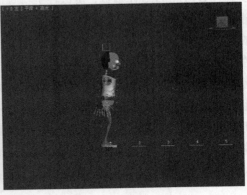

图 12-23　将对象转化为骨骼显示

12.4.5　骨骼与 IK 解算器

为骨骼添加 IK 解算器来设置角色动画是再完美不过了，HI 解算器可用于支持角色动画，HD 解算器可用于支持具有滑动关节的机械动画，IK 肢体解算器能够支持两条骨骼链，样条线

IK 解算器可用于提高复杂的多骨骼结构控制性能。对于人物角色动画，通常将 IK 用于躯干和手臂，将 IK 用于腿部来设置弯曲、抬腿等动作。为骨骼添加 IK 解算器后，可以通过【运动】面板和【层级】面板来对 IK 解算器的参数进行调整，要调整整个链的动画，也无须设置链中每个骨骼的关键帧，只需对一个节点进行更改即可。

⑫.4.6 为骨骼蒙皮并设置动画

在角色动画中，蒙皮是将类似"皮肤"的面片包裹到骨骼上，通过骨骼的变形来改变蒙皮对象。在进行蒙皮之前，准备蒙皮和骨骼是必不可少的，然后通过蒙皮修改器对骨骼进行蒙皮，并修改调节动画。

应用蒙皮修改器并分配骨骼后，每个骨骼都有一个胶囊形状的"封套"，这些胶囊中的顶点随骨骼移动，在封套重叠处，顶点运动是封套之间的混合，初始的封套形状和位置取决于骨骼对象的类型，骨骼会创建一个沿骨骼对象的最长轴扩展的线性封套。对骨骼蒙皮并生成动画是创建角色动画的重要途径之一。

⑫.5 Character Studio 功能简介

Character Studio 是 3ds Max 中功能最强的一个插件，提供了用于制作角色动画的整套工具，它可以兼容 BVH 和 CSM 数据，可以在关键帧简化数据之间转化，并提供了功能强大的过滤软件，能够以批处理的方式运行。它还可以让动画数据在角色之间转移，数据转换中会自动考虑角色的大小比例。Character Studio 由 3 个插件组成：Biped(两足动画)、Physique 和群组。

在中文版 3ds Max 2010 中 Character Studio 的功能得到进一步的增强：扩展的骨骼扭曲可以覆盖整个两足动物的肢体，这样将允许在设置动画的肢体上发生扭曲的同时，在设置蒙皮的模型上更好地进行网格变形；可以采用"运动分析 HTR/HTR2"格式导入和导出文件，HTR2 和 HTR 基本相同，只是更适合流数据输入；提供了非两足动物对象支持的运动混合器，这将允许动画设计师为其自定义的骨骼导入运动剪辑，然后混合该剪辑来创建新的动画。

⑫.5.1 Biped

Biped 是 Character Studio 的一部分，也是 3ds Max 的一个系统插件，它拥有内置的 IK 系统，能够自动适应人体或两足动物骨架的结构，并且能对这些骨架细节进行扩展。创建完两足动物后，可以通过它的一系列参数来控制它并制作动画，具体方法将在上机练习中予以介绍。

⑫.5.2 Physique

Physique 是一个修改器，用于模拟皮肤下的骨骼和肌肉的运动，主要运用于网格，允许基本骨骼的运动并无缝地移动网格。它在基于点的对象上运行，使控制点变形，然后通过控制点反过来使模型变形。

和蒙皮修改器一样，在使用 Physique 之前，先要创建出网格对象和骨骼系统，网格对象可以是任何变形的基于顶点的对象，如面片、网格或图形。当对骨骼链(包括 Biped)应用蒙皮时，Physique 将使蒙皮变形，以与骨骼移动相匹配。

Physique 插件可以有效地控制和操纵皮肤表面及其外形，较好地解决了模仿皮下肌肉扭曲和运动的难题，对于三维角色动画制作具有重要意义。

⑫.5.3 群组动画

群组功能是 Character Studio 最主要的功能，用于模拟现实中多个角色的行为，如一群蜜蜂等。群组是通过程序来实现运动和彼此的互动，它们的行为方式类似或截然不同，这将根据场景中其他因素的动态变化来决定，在制作群组动画时，仍然可以完全控制周围环境对角色的影响，包括地形起伏等因素。群组动画有一个重要功能就是回避，如图 12-24 所示，因为角色在场景中运动时彼此会发生碰撞，如果它们之间彼此互相穿越，会影响真实性，群组系统提供了许多方法来实现适当的回避。制作群组动画时，通常是先将在群众对象中建立的行为应用到代理对象上，然后再把代理对象的动作应用到各个角色对象上去。群众对象相当于群组动画中的动画控制器，它可以控制任意数量的代理，代理将成为群组成员的代替品，可以将代理组合成队伍，并向个体或整个队伍指定行为。

群组模拟范围可以由简到繁，可以结合控制器一同使用，如处理两足动画时，运用运动流功能并结合认知控制器，来处理鱼鸟等非两足动画、结合剪辑控制器等。

图 12-24 群组动画示例

⑫.6 上机练习

本章应重点掌握动画的层级结构，正向及反向运动原理以及骨骼和蒙皮的使用，在此基础上，用户可以使用 3ds Max 制作各种基础动画。下面通过实例演示骨骼蒙皮的设置，以及两足动画的创建，其中主要会用到 Biped 的足迹方法。

⑫.6.1　制作手臂运动动画

(1) 首先在视图中创建一个手臂模型，作为蒙皮对象，如图 12-25 所示。

(2) 在手臂模型的基础上，创建一个由两个骨骼组成的骨骼链，分别用于模拟上臂和小臂，注意保留骨骼链末尾的末端效应器骨骼。骨骼链的关节点要与手臂模型的关节点照应，如图 12-26 所示。

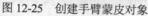

图 12-25　创建手臂蒙皮对象

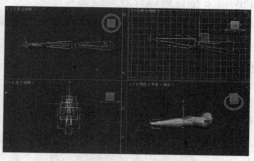

图 12-26　创建骨骼链

(3) 单击主工具栏的【按名称选择】对话框，在列表中选择 Bone01，单击【选择】按钮，在【修改】命令面板中展开【骨骼参数】卷展栏，在【骨骼对象】选项区将骨骼【宽度】和【高度】设置为 15.0，【锥化】设置为 60%，启用骨骼的侧鳍。用同样的方法将 Bone02 的骨骼【宽度】和【高度】设置为 12.0，【锥化】设置为 80%，启用骨骼的侧鳍。

(4) 选择手臂模型，打开【修改】命令面板，在修改器列表中选择蒙皮修改器。在【参数】卷展栏下单击【添加】按钮，打开【选择骨骼】对话框，选择创建的 3 个骨骼(即构成骨骼链的那 3 个骨骼)，单击下面的【选择】按钮，这 3 个骨骼名称将出现在下面的列表中，如图 12-27 所示。

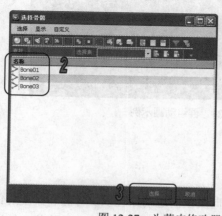

图 12-27　为蒙皮修改器添加骨骼

(5) 选择骨骼链的上臂(即 Bone01)，选择【动画】|【IK 解算器】|【HI 解算器】命令，在视图中拖动光标到骨骼链末尾的小骨骼上，当光标变形时单击，如图 12-28 所示。移动末端效应器骨骼的十字符号，发现手臂可以随着骨骼的运动而相应变化，但方向不正确，如图 12-29 所示。在【修改】命令面板展开【IK 解算器属性】卷展栏，将【旋转角度】设置为 90，再次移动末端效应器骨骼的十字符号，手臂可以正常运动。

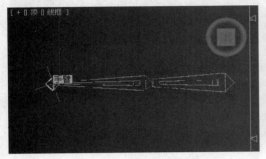

图 12-28　为骨骼应用 HI 解算器

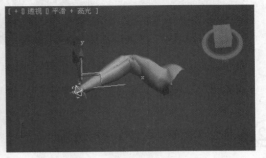

图 12-29　测试手臂弯曲效果(方向错误)

(6) 在【修改】命令面板的【参数】卷展栏下单击【编辑封套】按钮，在视图中单击上臂骨骼，这时视图中会出现一个围绕上臂骨骼的红色框，拖动红色框的坐标轴，使框的范围覆盖住整个手臂的上臂部分，同时包括臂肘一部分，框内红色部分为完全控制区，棕色部分为控制衰减区，蓝色部分为完全不受力区，如图 12-30 所示。在【参数】卷展栏下的封套属性部分，将衰减类型设置为【缓慢衰减】。

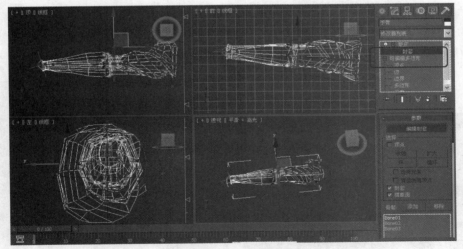

图 12-30　编辑骨骼封套

(7) 用同样的方法调整小臂骨骼的封套，将衰减类型设置为【快速衰减】。在自动关键点模式下，移动骨骼末端效应器来设置手臂弯曲动画。播放动画，如图 12-31 所示。

图 12-31　手臂弯曲动画效果

12.6.2　制作两足运动动画

(1) 将场景重置。执行【创建】|【系统】|【标准】命令，打开标准系统的创建命令面板。单击 Biped 按钮，在【左】视图底部单击并拖动光标便创建了一个两足角色，将【透视】视图最大化显示，如图 12-32 所示。

(2) 在视图中选中两足角色对象，打开【运动】命令面板，单击【参数】按钮，在 Biped 卷展栏单击【足迹模式】按钮 👣 (该按钮变成黄色显示)，【运动】命令面板将同时出现【足迹创建】和【足迹操作】卷展栏。在【足迹创建】卷展栏单击【创建多个足迹】按钮 👣，将打开【创建多个足迹：行走】对话框，将【足迹数】设置为 8，如图 12-33 所示，单击【确定】按钮，视图中将显示两足角色的足迹，但它们不能控制两足角色运动。

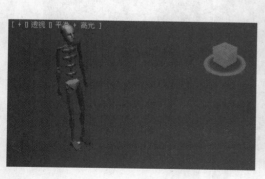
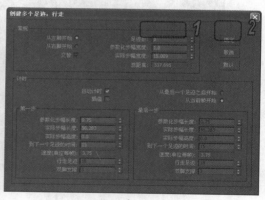

图 12-32　创建 Biped 角色　　　　　　　　　　图 12-33　设置足迹数量

(3) 在【足迹操作】卷展栏单击【为非活动足迹创建关键点】按钮 👣，在动画控制区单击【播放】按钮，两足角色开始行走，如图 12-34 所示。

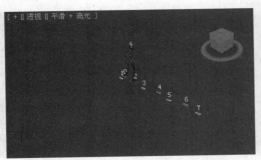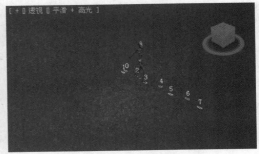

图 12-34　两足角色开始行走

(4) 两足角色的行走过于单调，现在通过设计使两足角色的行走更富有特色一些。在 Biped 卷展栏再次单击【足迹模式】按钮将其禁用。单击【弧形旋转】按钮，在【透视】视图中旋转两足角色，使其面向用户角度。

(5) 将时间滑块移动到第 0 帧，确保两足角色某部位被选中的情况下，在【轨迹选择】卷展栏单击【躯干旋转】按钮，动画控制区将显示旋转关键点，如图 12-35 所示。

图 12-35　躯干旋转关键点

(6) 在动画控制区单击【关键点模式切换】按钮，启用关键点模式，该按钮将呈蓝色显示。在关键点模式下，在动画控制区单击按钮【上一个关键点】和【下一个关键点】按钮可在关键点之间进行切换。

(7) 单击【下一个关键点】按钮，时间滑块将自动移动到第 24 帧的位置。选择两足角色骨盆，绕 X 轴旋转 10° 左右，以将臀部朝着腿部向下移动，如图 12-36 所示。在【运动】命令面板的【关键点信息】卷展栏单击【设置关键点】按钮 (否则设置的变换将被忽略)。用同样的方法分别在脚掌与地面接触的时间点对躯干进行旋转(要注意旋转的方向)。

(8) 为使两足角色在行走时脚与地面接触时更有弹性，将时间滑块移动到第 30 帧的时间点，在【左】视图中将表示骨盆的骨骼沿 Z 轴向下移动一段距离，在【运动】命令面板的【关键点信息】卷展栏单击【设置关键点】按钮。用同样的方法分别在第 45、60、75、90、115 帧的时间点对骨盆进行移动。

(9) 下面来添加两足角色在行走时的摆臂效果。在动画控制区单击【自动关键点】按钮启用自动关键点动画设置模式。将时间滑块移至第 30 帧，在【前】视图中选择左侧绿色的手臂，沿 Z 轴向上移动一段距离。在主工具栏单击【按名称选择】按钮，在打开对话框中选择 Bip01 R UpperArm，在【左】视图中将左上臂绕 Z 轴旋转约 -30°。选择前臂对象 Bip01 R Forearm 并进行旋转，使手靠近胸部，选择右侧蓝色手臂，在【左】视图中将其沿 Y 轴向左移动一段距离以形成摆臂效果，如图 12-37 所示。

计算机 基础与实训教材系列

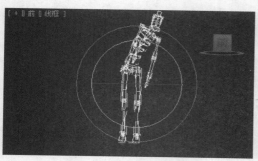

图 12-36　旋转躯干

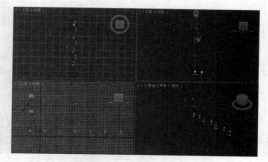

图 12-37　添加左侧手臂动作

(10) 将时间滑块移动到第 45 帧，在【前】视图中选择右侧蓝色的手臂，沿 Z 轴向上移动一段距离。在主工具栏单击【按名称选择】按钮，在打开对话框中选择 Bip01 L UpperArm，在【左】视图中将左上臂绕 Z 轴旋转约 30°。选择前臂对象 Bip01 L Forearm 并进行旋转，使手靠近胸部，选择左侧绿色手臂，在【左】视图中将其沿 Y 轴向左移动一段距离形成摆臂效果。效果如图 12-38 所示。

(11) 在第 60、90 帧的时间点重复步骤(9)，在第 75、105 帧的时间点重复步骤(10)，禁用自动关键点动画设置模式，单击动画控制区的【播放】按钮，两足角色的行走效果如图 12-39 所示。

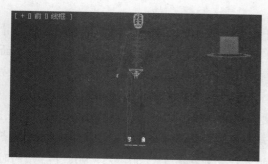

图 12-38　添加右侧手臂动作

图 12-39　Biped 行走动画效果

⑫.7　习题

1. 参考 12.6.1 小节的上机练习，练习制作蒙皮动画。
2. 参考 12.6.2 小节的上机练习，练习制作两足行走动画。

空间扭曲和粒子系统

学习目标

本章介绍空间扭曲，以及超级喷射、暴风雪等非事件驱动粒子系统，详细介绍了运用粒子流创建粒子动画的流程和方法。

本章重点

- 了解并掌握空间扭曲系统的使用方法
- 学会利用 Super Spray(超级喷射)创建雨、喷泉等粒子特效
- 学会利用 Blizzard(暴风雪)创建纸屑、雪等粒子特效
- 了解粒子云、粒子阵列等其他非事件驱动型粒子系统
- 掌握粒子流系统中常用粒子控制器的功能与用法
- 掌握利用粒子流系统创建粒子动画的流程与方法
- 了解并掌握空间扭曲系统与粒子系统的结合使用方法

13.1 空间变形

空间变形可以看作是创建在场景中的一种力场，在场景中连接到该空间变形的对象都要受到这个力场的影响。根据空间变形种类的不同，施加到对象上的力场也不同，因此对象的效果也不同。

空间变形位于对象数据流的最上端，位于对象的基本属性和参数、编辑修改器和对象的变换之后。因此空间变形依赖于对象的基本属性和对象在场景中的位置，如同力场各部分力的强度和力的方向不同一样。

虽然空间变形的部分效果与编辑修改器的作用效果相似，但是它们之间还是有区别的。它们的不同之处在于，编辑修改器是直接作用于对象的，并且根据对象的局部坐标施加变形效果；

而空间变形是作为一个独立的对象存在的(相当于一个力场)，并根据目标对象在世界坐标系中的位置施加变形效果。因此当空间变形的轴心点和对象的轴心点不重合时，使用空间变形的效果与使用编辑修改器的效果是完全不同的。如图 13-1 所示为对长方体对象施加连接波浪空间变形的效果。

⑬.1.1　空间变形的创建与连接

在 3ds Max 2010 中，并不是所有的空间变形都会影响对象，如涟漪、波浪、爆炸等空间变形只影响实体对象，而重力、风和阻力等空间变形只作用于粒子。

选择【创建】|【空间扭曲】命令，可以打开【空间扭曲】命令的级联菜单，如图 13-2 所示。在该级联菜单中，用户可以选择所需的空间变形命令。选择后，即可打开命令面板中与之对应的【空间变形】命令面板。

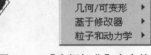

| 力 ▶ |
| 导向器 ▶ |
| 几何/可变形 ▶ |
| 基于修改器 ▶ |
| 粒子和动力学 ▶ |

图 13-1　使用波浪空间变形的效果　　　　图 13-2　【空间扭曲】命令的级联菜单

创建空间变形的操作方法和创建基本对象的方法相同。在【创建】命令面板中单击【空间扭曲】按钮，即可打开【空间扭曲】命令面板。用户可以先在【对象类型】卷展栏中单击所需的【空间扭曲】按钮，然后在视图中单击，创建空间变形。

创建空间变形对象后，用户可以在【创建】命令面板中修改该空间变形的参数选项，也可以打开【修改】命令面板修改空间变形的参数选项。

在场景中创建空间变形后，它本身并不会改变任何对象，只有连接对象至该空间变形时，空间变形才对对象产生影响。用户可以单击工具栏中的【绑定到空间扭曲】按钮，这时光标会显示为如图 13-3 所示的形状，表示该对象为合适的空间变形对象，这时释放鼠标，然后在视图中连接对象至空间变形上即可。如图 13-4 所示为使用扭曲空间变形改变长方体后的形态。

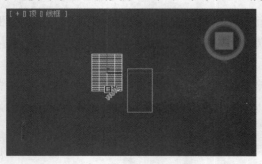

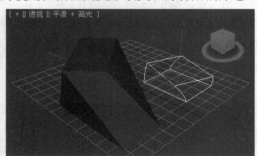

图 13-3　拖动光标至波浪空间变形对象上　　　图 13-4　使用空间变形改变长方体的形态

13.1.2　涟漪变形

使用【涟漪】空间变形可以使对象产生类似于涟漪的效果。与使用编辑修改器制作涟漪效果所不同的是，编辑修改器在对象的数据流中位于对象的基本属性和变换之间，变换对象的操作不会影响编辑修改器的效果；而连接至对象的空间变形则位于对象数据流的顶部，变换对象的操作会影响到空间变形的效果。

【例 13-1】创建飘浮的叶片的动画效果。

(1) 启动 3ds Max 2010，在场景中创建一个球体。

(2) 选择工具栏中的【选择并非均匀缩放】工具，在【前】视图中沿着 Y 轴方向，将该球体对象压缩制作成叶片形状。

(3) 选择【创建】|【空间扭曲】|【几何/可变形】|【涟漪】命令，在【顶】视图中创建一个涟漪空间变形对象，然后在【修改】命令面板中打开【参数】卷展栏。

(4) 在【参数】卷展栏中，设置【振幅 1】和【振幅 2】文本框中的数值为 10，【波长】文本框中的数值为 100。

(5) 选择工具栏中的【绑定到空间扭曲】工具，在视图中连接对象至涟漪空间变形对象上。

(6) 单击【自动关键点】按钮，移动时间滑块至最后一帧，然后使用【选择并移动】工具在视图中拖动叶片对象。

(7) 再次单击【自动关键点】按钮，单击【播放】按钮，即可看到叶片对象在视图中随着所在位置的不同而上下起伏，如图 13-5 所示。

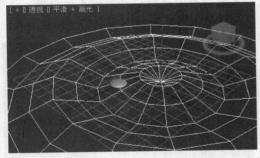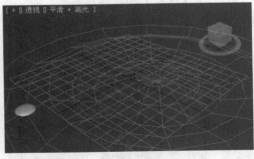

图 13-5　使用移动变换和空间变形创建的动画

13.1.3　爆炸变形

使用爆炸空间变形可以创建出对象爆破效果。在对象爆炸过程中，爆炸后的碎片，会受到爆炸空间变形设置的重力影响。

【例 13-2】制作茶壶对象的分解合成效果。

(1) 在场景中创建一个茶壶对象。

(2) 单击【空间扭曲】按钮，然后在下方的下拉列表框中选择【几何/可变形】选项，再单击【爆炸】按钮创建一个爆炸空间变形对象，如图 13-6 所示。然后在【修改】命令面板的【爆炸参数】卷展栏中，设置【强度】数值为 1 设置【重力】文本框中的数值为-1，【混乱】文本框中的数值为 5，【起爆时间】文本框中的数值为-50，设置完成后的状态如图 13-7 所示。

图 13-6　创建爆炸空间变形　　　　　图 13-7　设置【爆炸参数】卷展栏中的参数选项

(3) 单击【自动关键点】按钮，然后时间滑块拖动到最后一帧，接下来在【修改】命令面板的【爆炸参数】卷展栏中，设置【强度】文本框和【重力】文本框中的数值均为 0。

(4) 单击【自动关键点】按钮，然后选择工具栏中的【绑定到空间扭曲】工具，在视图中连接对象至爆炸空间变形对象上。

(5) 单击【播放】按钮播放动画，即可看到开始的时候对象是以碎片的方式出现的，最后被聚成了一个完整的对象，如图 13-8 所示。

图 13-8　使用爆炸空间变形创建的分解合成效果

13.2　非事件驱动粒子系统

粒子是通过粒子系统的发射器产生的。中文版 3ds Max 2010 拥有功能强大的粒子系统，通过程序为大量小型对象设置动画，并创建各种特技。中文版 3ds Max 2010 提供了两种不同类型的粒子系统：事件驱动粒子系统(又称粒子流)和非事件驱动粒子系统。和粒子系统一样，空间扭曲也是附加的建模工具，它相当于一个"力场"，使对象变形并创建出类似涟漪、波浪等特效，许多空间扭曲都是基于粒子系统的。

在非事件驱动粒子系统中，粒子基于时间可以自动生成，并且可以自定义粒子的生命周期和大小、形状等。中文版 3ds Max 2010 共提供了 6 个内置的非事件驱动粒子系统，如表 13-1 所示。

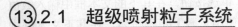

表 13-1　6 种非事件驱动粒子系统及其适用场合

粒子系统类型	粒子系统功能
喷射粒子系统	模拟雨、喷泉等水滴效果的粒子系统
超级喷射粒子系统	喷射粒子系统的高级版本，包含其所有功能及一些其他特性
雪粒子系统	模拟雪、纸屑等效果的粒子系统，能够生成翻滚的雪花
暴风雪粒子系统	雪粒子系统的高级版本，包含其所有功能及一些其他特性
粒子云粒子系统	用于填充特定的体积，可用于制作云朵、鸟群、星空等
粒子阵列粒子系统	主要用于创建复杂的对象爆炸效果，可结合粒子爆炸空间扭曲使用

13.2.1　超级喷射粒子系统

超级喷射粒子系统是由一点向外发射受控粒子的喷射系统，与早期的喷射粒子系统相比，它除了包含原有系统的所有功能外，还新增了一些特性，是喷射粒子系统的高级版本，可用于模拟汽车尾气、火箭飞机尾部喷气、喷头喷水等特殊效果。

执行【创建】|【几何体】|【粒子系统】命令，可以打开粒子系统的创建面板，如图 13-9 所示。在上面单击【超级喷射】按钮，在【顶】视图中单击并拖动光标，将会出现一个图标，粒子是靠发射器发射出去的，该图标将作为超级喷射的粒子发射器，确定好发射器的大小和方向后右击结束创建，如图 13-10 所示。

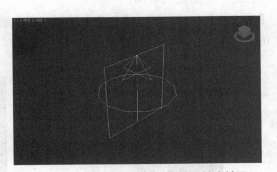

图 13-9　粒子系统创建面板　　　　图 13-10　创建喷射粒子系统的发射喷射器

超级喷射粒子系统始终从中心发射粒子，与喷射器图标大小无关。在图 13-10 中，图标的指向也就是粒子喷射的初始方向。选中发射器，打开【修改】命令面板，将会显示超级喷射粒子的参数面板，共包含 8 个参数卷展栏，用于控制粒子的形态、速度、生命周期等。其中比较

计算机基础与实训教材系列

常用的是【基本参数】、【粒子生成】、【粒子类型】和【旋转和碰撞】卷展栏。

1. 调节发射器尺寸与控制粒子分布

这些操作主要通过【基本参数】卷展栏来完成，如图 13-11 所示。

- 【粒子分布】：通过调整【轴偏离】文本框和【平面偏离】文本框的值来控制粒子流与 Z 轴的角度和粒子围绕 Z 轴的发射角度，并通过它们下面的【扩散】文本框来影响粒子相应的扩散程度。它们都是以角度为度量单位。

- 【显示图标】：用于控制视口中粒子发射器图标的大小，选中【发射器隐藏】复选框，可以在视口中隐藏发射器图标。

- 【视口显示】：用于控制视口中粒子发射器发射粒子点的显示形状，有【圆点】、【十字叉】、【网格】、【边界框】4 个选项。默认情况下，【边界框】选项不可用。

- 【粒子数百分比】：用于在视图中显示粒子数所占的百分比。

2. 调整粒子大小、形状、速度及生命周期

这些操作主要通过【粒子生成】卷展栏来完成操作，如图 13-12 所示。

- 【粒子数量】：包含两个选项。选中【使用速率】单选按钮，在其下的文本框中输入数值可以控制每帧发射的固定粒子数。同样，选中【使用总数】单选按钮，在其下文本框中输入数值，控制在系统使用寿命内产生的总粒子数。

- 【粒子运动】：调节粒子发射时沿法线的初始速度和速度变化的百分比。

- 【粒子计时】：主要用于调节粒子的发射时间和停止时间，以及粒子的寿命和所有粒子均消失的时间限制。下面底部的 3 个复选框用于防止粒子运动膨胀，但通常需要较大的计算量。

- 【粒子大小】：主要用于调整粒子大小和变化百分比，底部的【增长耗时】和【衰减耗时】文本框分别用于设置粒子从"无"增长到设定大小的时间和粒子衰减到其设定大小十分之一时所用的时间。

- 【唯一性】：可以通过【新建】按钮来产生随机的种子数或在【种子】文本框输入特定的种子数来产生特定的效果。

图 13-11　【基本参数】卷展栏

图 13-12　【粒子生成】卷展栏

3. 更改粒子类型和贴图类型

这些操作主要通过【粒子类型】卷展栏来完成操作，如图 13-13 所示。

● 【粒子类型】：提供了 3 种类型的粒子，如果选用标准粒子类型，则可以在下面的【标准粒子】选项区域设置标准粒子的形状。

● 【标准粒子】：提供了 8 种标准粒子的形状，图 13-14 中描述了其中几种形状的效果。

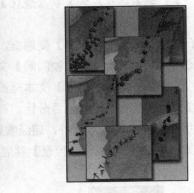

图 13-13 【粒子类型】卷展栏 　　　图 13-14 几种标准粒子形状效果

● 【变形球粒子参数】：在【粒子类型】选项区域中选中【变形球粒子】单选按钮，该选项区域可用。通过【张力】和【变化】文本框控制变形球粒子聚集的程度和变化百分比。选中【自动粗糙】复选框，则【计算粗糙度】下面的文本框不可用。在取消【自动粗糙】复选框的启用状态下，可以通过【渲染】文本框和【视口】文本框来控制渲染过程中或视口中变形球粒子的粗糙程度，粗糙度越低，计算速度越快。选中【一个相连的水滴】复选框，将会仅计算彼此相连或邻近的粒子。

● 【实例参数】：当要指定特殊对象作为粒子使用时，在【粒子类型】选项区域下选中【实例几何体】选项，该选项区域可用。单击【拾取对象】按钮，可以在视口中指定特定对象作为粒子；选中【且使用子树】复选框，可以将拾取对象的子对象作为粒子的一部分使用；【动画偏移关键点】下面的选项用于为实例对象设置动画。

● 【材质贴图和来源】：该选项区域用于为粒子指定贴图和贴图来源。通过【时间】和【距离】选项以及它们下面相应的文本框可以控制粒子从出生到完成一个贴图所需的帧数和距离。单击【材质来源】按钮，可以对粒子的材质进行更新，选中【图标】选项，粒子将使用图标所指定的材质；选中【实例几何体】，将使用实例几何体所指定的材质。

4. 为粒子设置运动模糊

这些操作主要通过【旋转和碰撞】卷展栏来完成操作，如图 13-15 所示。

- 【自旋速度控制】：【自旋时间】文本框用于控制粒子旋转一次所需的帧数，其下的【变换】文本框设置自旋时间变化百分比；【相位】文本框设置粒子的初始旋转度数；【变化】文本框用于设置相位变化的百分比。

- 【自旋轴控制】：用于设置粒子运动的自旋轴，并设置运动模糊。选中【随机】，每个粒子在运动时，其自旋轴都是随机的；【运动方向/运动模糊】选项和下面的【拉伸】文本框相配合，可以实现粒子运动时的模糊效果；也可以选中【用户定义】，在下面的【X轴】、【Y轴】、【Z轴】和【变化】文本框中输入数值来设置粒子运动的自旋轴和旋转量。

- 【粒子碰撞】：选中【启用】复选框，将允许粒子特别是大量粒子之间的碰撞，并控制碰撞发生的形式；【计算每帧间隔】文本框用于设置进行粒子碰撞测试的间隔数，数值越大，模拟越精确；【反弹】文本框设置粒子碰撞后速度恢复的程度；【变化】文本框设置粒子反弹值的随机变化百分比。

除了以上所介绍的参数卷展栏外，超级喷射粒子系统还包括【对象运动继承】、【气泡运动】、【粒子繁殖】和【加载/保存预设】卷展栏，如图 13-16 所示。

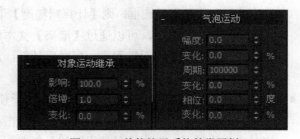

图 13-15　【旋转和碰撞】卷展栏　　　　图 13-16　其他粒子系统的卷展栏

- 【对象运动继承】卷展栏主要用于设置粒子的位置和方向受发射器位置和方向的影响程度，主要由【影响】、【倍增】和【变化】3 个文本框组成。

- 【气泡运动】卷展栏主要用于调整水下气泡上升时所看到的摇摆效果，通过该卷展栏下的参数可以控制气泡的振幅、周期、相位等。

- 【粒子繁殖】卷展栏用于控制粒子消亡或粒子与粒子导向器发生碰撞时粒子所发生的情况，并且可以使粒子在碰撞或繁殖时产生其他的粒子。

- 【加载/保存预设】卷展栏可以存储粒子系统预设值，以便在其他相关的粒子系统中使用。

【例 13-3】用超级喷射粒子设计香烟烟雾。

(1) 将场景重置。在视图区创建如图 13-17 所示的模型，该场景由一个烟灰缸和一支半截烟蒂组成。

(2) 执行【创建】|【几何体】|【粒子系统】命令，打开粒子系统的创建命令面板。单击【超级喷射】按钮，在【顶】视图中烟头末端附近单击并拖动创建粒子发射器，使粒子能沿 Z 轴垂直发射，如图 13-18 所示。

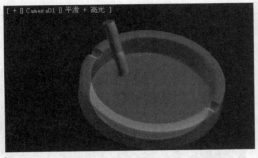
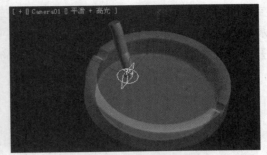

图 13-17　创建场景模型　　　　　　图 13-18　创建超级喷射粒子发射器

(3) 选中粒子发射器，打开【修改】命令面板。展开【基本参数】卷展栏，在【粒子分布】选项区域将【轴偏离】的【扩散】设置为 2.0，这样可以避免粒子完全沿一条直线发射；展开【粒子生成】卷展栏，在【粒子运动】选项区域将【速度】设置为 1.5，在【粒子大小】选项区域将【大小】设置为 6.0，【变化】设置为 30.0；展开【粒子类型】卷展栏，在【粒子类型】选项区域选中【标准粒子】单选按钮，在【标准粒子】选项区域选中【面】单选按钮。

(4) 单击动画控制区的【播放】按钮，粒子是以垂直向上的方式发射的，不能模拟香烟的那种烟雾效果，这需要添加空间扭曲(风可以添加影响粒子运动的方向场)。执行【创建】|【空间扭曲】|【力】命令，打开【力】这一空间扭曲的创建命令面板，单击【风】按钮，在【左】视图中单击并拖动创建风这一空间扭曲，对该空间扭曲进行变换，调整风的方向(箭头方向)，如图 13-19 左图所示。选中风，在【修改】命令面板下，展开【参数】卷展栏，在【力】选项区域将【强度】设置为 1.0，选中【平面】单选按钮，在【风】选项区域将【湍流】设置为 1.0，【频率】设置为 0.2，【比例】设置为 0.1，如图 13-19 右图所示。

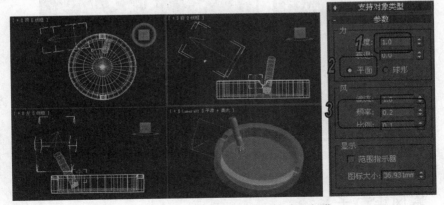

图 13-19　添加【风】这一空间扭曲

(5) 单击主工具栏的【绑定到空间扭曲】按钮，在场景中选中粒子发射器，光标将变形绑定图标，拖动光标到刚才创建的风空间扭曲上，当光标再次变成绑定图标时单击，将粒子绑定到风空间扭曲上(否则风空间扭曲不起作用，不会改变粒子发射方向)，如图 13-20 所示。

(6) 为真实模拟香烟烟雾效果，为场景添加阻力空间扭曲。打开力空间扭曲的创建命令面板，单击【阻力】按钮，在【顶】视图超级喷射粒子系统旁单击并拖动创建阻力空间扭曲，对该空间扭曲进行变换，如图 13-21 所示。选中阻力空间扭曲，在【修改】命令面板展开【参数】卷展栏，在【阻尼特性】选项区域选中【线性阻尼】单选按钮，将【X 轴】、【Y 轴】、【Z 轴】分别设置为 1.0、1.0、2.0。用同步骤(5)的方法将粒子系统绑定到阻力空间扭曲上。

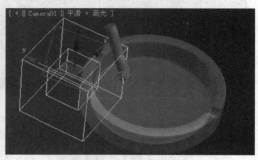

图 13-20　绑定粒子系统和风空间扭曲　　　　图 13-21　创建阻力空间扭曲

(7) 下面来设计粒子的材质，使其更像是香烟烟雾。按 M 键打开【材质编辑器】，选择一个未使用的样本球，展开【明暗器基本参数】卷展栏，选择 Blinn 明暗器，选中【面贴图】复选框；展开【Blinn 基本参数】卷展栏，将【漫反射】颜色设置为(255，255，255)，将【自发光】颜色设置为(234，246，234)，选中【颜色】复选框，将【高光级别】和【光泽度】设置为 0，将【不透明度】设置为 5；展开【贴图】卷展栏，单击【不透明度】复选框右侧的宽按钮，打开【材质/贴图浏览器】，双击【渐变(Gradient)】选项，返回【贴图】卷展栏，将【不透明度】通道值设置为 5。设计的材质效果如图 13-22 左图所示。将该材质指定给粒子，渲染动画的某一帧，效果如图 13-22 右图所示。

图 13-22　粒子超级喷射粒子特效设计的香烟烟雾

13.2.2　暴风雪粒子系统

暴风雪粒子系统是雪粒子系统的高级版本，主要用于模拟下雨、下雪等动画制作，与其他粒子系统不同的是，它所产生的粒子从发射器发出以后，并不是以恒定的方向离开，而是可以通过参数设置使其以翻滚方式穿越空间。使用暴风雪粒子系统可以模拟雪花、落叶的运动效果。

执行【创建】|【几何体】|【粒子系统】命令，打开粒子系统的创建命令面板，单击【暴风雪】按钮，在【顶】视图中单击并拖动鼠标，画出一个矩形，确定大小后右击完成暴风雪粒子系统的创建，如图 13-23 所示。暴风雪粒子系统的发射器是带有垂直发射方向的平面，箭头方向为雪粒子发射的方向，矩形大小控制着暴风雪粒子作用的范围。

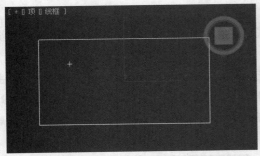
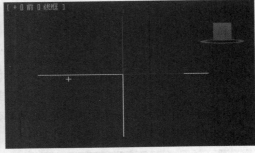

图 13-23　创建暴风雪粒子系统

单击修改命令，便可打开暴风雪粒子的修改参数面板，它的参数布局与超级喷射粒子系统的相同，基本参数也一样，只是多了一些自己所特有的命令。

1. 设置暴风雪粒子作用范围

主要通过【基本参数】卷展栏来完成，在【显示图标】选项区域，重新设置【长度】和【宽度】文本框，即可改变暴风雪粒子的作用范围大小，如图 13-24 所示，选中【发射器隐藏】复选框，可以将矩形发射器隐藏。

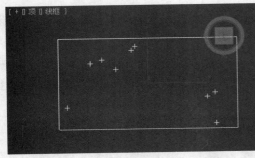
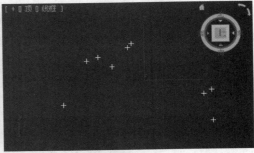

图 13-24　更改暴风雪粒子作用范围大小

2. 设置粒子翻滚与翻滚速率

该功能是暴风雪粒子所特有的功能，可以通过【粒子生成】卷展栏来完成，在【粒子运动】选项区域，更改【翻滚】和【翻滚速率】文本框的值，就可以设置雪粒子在空中运动时自身翻滚程度和翻滚的速率大小。

3. 发射器适配平面

该功能也是暴风雪粒子所特有的，它位于【粒子类型】卷展栏的【材质贴图和来源】选项区域，主要用于粒子的贴图。通过【发射器适配平面】这一功能，可以实现贴图基于粒子发射器的发射点，从 0 到 1 覆盖整个发射器的长度和宽度。

关于其他参数卷展栏，暴风雪粒子和超级喷射粒子是相同的，读者可参阅 13.2.1 节的内容。下面通过一个具体的例子来介绍暴风雪粒子系统的应用。

【例 13-4】用暴风雪粒子设计山雨动画。

(1) 创建如图 13-25 所示的山体模型。

(2) 在山体上方添加一个目标摄影机，将【透视】视图切换为【摄影机】视图，调整摄影机位置。

(3) 在摄影机目标点的上方位置添加一个泛光灯，在山体正上方添加一个泛光灯。单击选中其中一个泛光灯，在主工具栏选取【拾取】坐标系，在视口中选择山体模型，这时泛光灯的坐标将与山体一致，这样调节泛光灯时更加方便，可与山体保持一致，如图 13-26 所示。用同样的方法调节另一个泛光灯的位置。

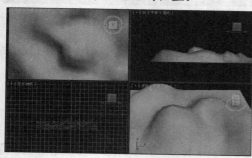

图 13-25 设计山体模型　　　　图 13-26 用拾取坐标系调节泛光灯位置

(4) 执行【创建】|【几何体】|【AEC 扩展】|【植物】|【蓝色的针松】命令，在山体模型的适当位置创建一些树木，创建好的场景模型如图 13-27 所示。

(5) 执行【创建】|【几何体】|【粒子系统】|【暴风雪】命令，在【顶】视图中创建一个暴风雪粒子发射器，调整发射器的长度和宽度，使它能够覆盖住整个山体，效果如图 13-28 所示。

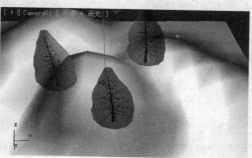
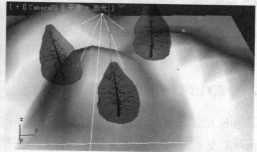

图 13-27 为场景添加树木　　　　图 13-28 创建暴风雪粒子发射器

(6) 下面的步骤是设置暴风雪粒子参数。在【粒子生成】卷展栏，将【使用总数】设置为 1000.0；在【粒子运动】部分，将【速度】、【变化】、【翻滚】、【翻滚速率】4 个文本框的值分别设置为 5.0、1.0、0.04、0.1; 在【粒子计时】部分, 将【停止时间】设置为 50.0; 在【粒子大小】部分, 将【大小】文本框设置为 2.0, 该卷展栏的其他参数保持不变。

(7) 在【粒子类型】卷展栏, 为使粒子模拟雨滴效果更加逼真, 采用【实例几何体】类型, 为此, 需要先创建出粒子的原对象。在【前】视图中创建一个半径为 2.0 的球体, 在【修改器列表】中为其应用锥化修改器, 通过利用层级面板, 将球体的轴心调整到球体底部, 对球体的 Z 轴进行一定的锥化, 制作出雨滴的原对象, 如图 13-29 所示。

(8) 选中粒子发射器, 在【粒子类型】卷展栏下的【实例参数】部分单击【拾取对象】按钮, 然后在视图中单击刚才创建的球体, 这时, 球体名将会出现在【拾取对象】按钮的上方。

(9) 下面的步骤用来设置场景对象贴图以及材质。利用材质编辑器, 为山体模型赋予一个大理石贴图, 并对大理石贴图的两个颜色参数分别进行贴图, 为粒子的原对象赋予贴图, 来模拟雨滴的效果, 使用的是水晶般的透明贴图等, 样本球的效果如图 13-30 所示。

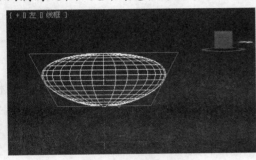

图 13-29 设计雨滴原模型

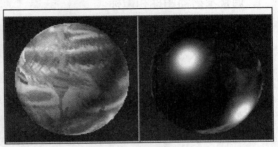

图 13-30 山体模型和雨滴模型的材质贴图示例

(10) 播放动画, 如图 13-31 所示, 是部分帧的动画渲染效果。

关于其他的非事件驱动的粒子系统, 它们的创建方法和参数卷展栏与超级喷射粒子系统和暴风雪粒子系统的基本相同, 本章不再讲述。

图 13-31 暴风雪粒子模拟山雨动画效果

⑬.3 粒子流(Particle Flow)

使用非事件驱动型粒子系统模拟特效毕竟有限, 通过粒子流能够创建出非常复杂的模拟场景。粒子流是一种全新的、功能强大的事件驱动型粒子系统。它创建粒子特效的过程就好比编制程序，通过对粒子创建一个个的事件，然后将这些事件连接起来，共同完成一个综合的效果，而对于每个事件，还可以独立编辑。

⑬.3.1 创建粒子流

执行【创建】|【几何体】|【粒子系统】|PF Source 命令，在【顶】视图中单击并拖动光标确定发射器大小后右击，便创建了粒子流系统的发射器，如图 13-32 所示。单击动画控制区【播放】按钮，默认情况下，发射器不断向下发射粒子。

在修改器堆栈中，在 PF Source(粒子流)下有粒子和事件两个子对象，选择粒子流发射器，单击【修改】命令，可以打开粒子流的【修改】命令面板，如图 13-33 所示。

1. 调整发射器图标和徽标

主要通过【发射】卷展栏来完成。

- 【徽标大小】：用于调节图 13-32 矩形中间的图形大小。
- 【图标类型】：可以在列表中为发射器选择一个形状，有长方形、圆形、长方体、球体 4 种选择方式。选择不同的形状，下面将会显示不同的参数文本框，可在其中更改发射器形状的大小。
- 【显示】：包括两个选项，用于确定是否显示徽标和图标。
- 【数量倍增】：包括【视口】和【渲染】文本框，用于确定视口中或渲染中实际生成的粒子占粒子流中粒子总数的百分数。

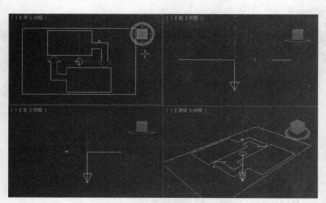

图 13-32　创建粒子流发射器

图 13-33　粒子流的参数面板

2. 添加与删除粒子或事件

主要通过【选择】卷展栏来完成。在修改器堆栈中或者在【选择】卷展栏下单击【粒子】按钮，均可进入粒子子对象级，可以通过【按粒子 ID 选择】部分下的 ID 文本框和右侧的【添加】按钮，对指定的粒子赋予 ID 号并将其选中，也可以通过 ID 号来对某些粒子进行移除等操作。

　　在修改器堆栈中或者在【选择】卷展栏下单击【事件】按钮，均可进入事件子对象级，通过该卷展栏下的【从事件选择】列表，可以选择某些粒子事件，然后对其进行编辑。通过【系统管理】卷展栏，可以对事件中粒子的最大数量进行限制，并设置视口和渲染中的步长。

13.3.2　粒子视图

　　粒子视图是编辑粒子动画的重要工具，它是对粒子事件进行创建编辑和连接的主要环境。创建一个粒子流发射器后，在如图 13-33 所示的修改参数面板中，在【设置】卷展栏下单击【粒子视图】按钮，便会相应地打开该粒子流的粒子视图，如图 13-34 所示。默认状态下，创建的粒子流是标准流。

　　从图 13-34 可以看出，粒子视图基本上由 6 个部分组成：【菜单栏】、【事件显示区】、【参数面板区】、【仓库】、【说明面板区】和【显示工具】部分。

- 菜单栏：提供了一些通用编辑工具，用于编辑、选择、调整视图以及分析粒子系统。
- 事件显示区：位于粒子视图的左上角，可以通过右下角的缩放工具对某个部分或整体进行放大或缩小处理。该部分是粒子动画的编辑区。
- 参数面板区：位于粒子视图的右上角，当在事件显示区选择一个行为时，会显示出它的可调参数，如图 13-34 所示。

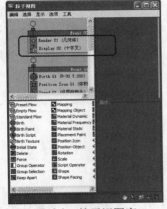

图 13-34　粒子视图窗口

提示

在图 13-34 中，事件显示区选中的是 Birth 01 操作符，因此在参数面板区相应地就显示出了它的可调参数。

- 仓库：仓库中列出了所有的【操作符】和【测试】行为，可以选择某个行为，将它直接拖动到事件中。
- 显示工具：位于粒子视图的右下角，可以对视图进行各种【平移】或【缩放】等操作。

⑬.3.3　常用的行为控制器

行为控制器包括操作控制器和测试控制器两种。

操作控制器是粒子流系统最基本的构成元素，它的主要作用就是将操作器连接到事件，指定粒子在一段时间内的速度、方向、形状等基本特征，粒子视图的仓库部分将操作控制器分成了两组，如图 13-35 所示。第 1 组包括 22 个控制器，用于直接影响粒子行为，如旋转、缩放等；第 2 组包括 4 个控制器，它们都有特殊用法，Cache 控制器用于优化粒子系统回放，Display 控制器用于控制粒子在视图中的显示，Notes 控制器用于附加信息，Render 控制器用于指定渲染特性。

测试是一个连续的计算，对于每一次测试都将返回一个逻辑运算值，为"真"或为"假"，通过测试控制器能够测试粒子的年龄、速度、缩放等。在图 13-35 中，除了红线框住的操作控制器和开头的【空流】和【标准流】操作控制符外，其他黄色图标的均为测试控制器。

下面将重点介绍在粒子动画创建过程中比较常用的几种控制器。

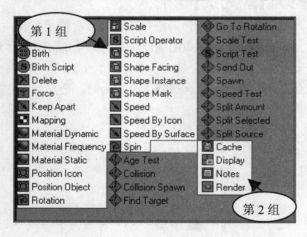

图 13-35　粒子仓库中的两组操作控制器

> **知识点**
>
> 当将粒子发送给另外一个事件时，通常在原事件的末尾放置一个测试控制器，当粒子经过测试返回值为"真"时，才能将粒子成功发送给另一个事件，否则粒子将保持现有状态。

1. Empty Flow(空流)控制器与 Standard Flow(标准流)控制器

空流控制器提供粒子系统的起始点。它由只包含一个渲染操作符的全局事件组成。使用空流控制器可以从头创建一个系统，而不必删除或替换标准流控制器提供的默认操作符。

空流控制器的创建方法很简单，直接在粒子视图的仓库中单击选择 Empty Flow 控制器，然后将它拖动到事件显示区即可，如图 13-36 所示，它只包含【Render 01】一个操作控制器，在该操作符的前面图标上单击，当图标上出现红色的×号时，该操作符在粒子事件中不起作用，可通过此方法来调节控制粒子动画中事件的各个控制器。

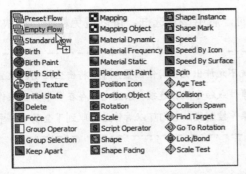

图 13-36 创建空流控制器

标准流控制器则不仅只包含一个渲染操作控制器，还包含出生、位置、旋转、显示等操作控制器，通常情况下，系统默认的是该控制器，如在 13.2.2 节中所创建的粒子流发射器就是标准流控制器，它也可以通过粒子视图来直接创建，方法和空流控制器一样，具体如图 13-36 中事件显示区所示。

2. Birth(出生)控制器

出生控制器的主要作用就是在粒子流系统中创建粒子，通过一组参数来控制粒子的发射速率、发射开始时间、数量等。

出生控制器的创建方法与空流控制器一样，在粒子视图的事件显示区，将【Render 01】操作控制器的输出端拖到【Birth(出生)02】操作控制器的输入端单击，即可将【出生】操作控制器与粒子流连接起来，如图 13-37 所示。事件之间的连接用的也是这种方法，只是全局事件与出生事件的连接用的是蓝色虚线，而事件与事件之间的连接用的是蓝色实线。

在事件显示区，单击选择【出生】控制器，粒子视图的参数面板区将会相应地显示【出生】控制器的可调参数，如图 13-38 所示。它们的作用如下所示。

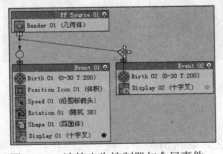

图 13-37 连接出生控制器与全局事件

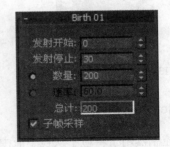

图 13-38 出生控制器的可调参数

- 【发射开始】：在文本框中输入数值，可以控制粒子发射的开始帧。
- 【发射停止】：控制粒子发射的停止帧。
- 【数量】：控制粒子发射的总数目，同一时间段下，它与【速率】文本框只能启用一个。
- 【速率】：控制粒子每秒发射的数目。
- 【总计】：显示粒子发射的总共数量。

- 【子帧采样】：在高分辨率下发射粒子时，启用该复选框，可以避免粒子"肿块"。

 提示......

　　出生操作控制器必须位于粒子流的开始位置，系统不允许出现在其他位置。可以将出生控制器放置在孤立的事件中，但该事件不能与使用了出生控制器的事件或粒子流相连接，系统允许存在多个出生操作器的事件与全局事件连接。图 13-28 中，就有两个出生操作控制器，它们可以看作是并联到了全局事件中。

3. Display(显示)控制器

　　显示控制器属于一种工具操作符，通常位于事件的末尾，它的主要作用就是控制粒子在视口中的显示方式，包括颜色和类型。它的可调参数如图 13-39 所示，系统默认情况下粒子的显示方式是【十字叉】，可通过【类型】列表来选择别的形状。

- 【类型】：旁边列表中列出了粒子在视口中显示的可选类型，有【无】、【点】、【十字叉】、【圆】、【线】、【边界框】、【几何体】、【菱形】、【方框】、【星号】和【三角形】共 11 种显示方式，如图 13-40 所示是部分可选类型在视图中的效果。
- 【可见】：该文本框用于指定在视口中可显示的粒子占粒子总数的百分比。
- 【显示粒子 ID】：为视口中的粒子产生编号，它们的编号按照粒子产生的先后顺序而定，可以通过右侧的【色样】来为粒子进行着色。下面的【选定】列表中内容与【类型】相同。图 13-40 中显示了粒子的几种显示方式，并相应进行了着色和编号。

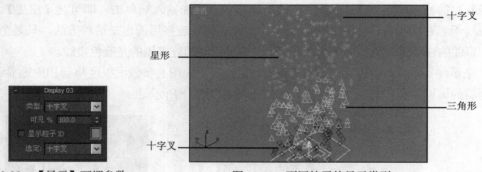

图 13-39　【显示】可调参数　　　　　　　图 13-40　不同粒子的显示类型

4. Delete(删除)控制器

　　删除控制器用于将粒子从粒子流中移除出去，默认情况下，粒子永远在粒子流中保持活动状态，使用删除控制器可以为粒子提供一个有限的生命，在使用粒子年龄进行贴图时，该操作控制器是必须的，它还可以结合材质动态操作控制器一起使用。删除控制器的可调参数如图 13-41 所示。

- 【移除】：有 3 个选项。【所有粒子】选项用于删除所有的粒子。【仅选定粒子】选项用于删除事件中粒子层级下选定的粒子。【按粒子年龄】选项用于删除事件中存活超过一定时间的粒子，可通过下面的【寿命】和【变化】文本框进行设置。【寿命】用于允许粒子存在的生命期，【变化】用于设置粒子生命可以变化的最大数量。粒子的实际寿命等于【变化】文本框的值乘以-1.0 到 1.0 之间的某个数后加上【寿命】文本框的值。

● 【唯一性】：通过【新建】按钮指定随机的最大粒子数目，在【种子】文本框中可显示该数值，也可以自己设置。

5. Scale(放缩)控制器

设置事件期间粒子的大小并为其设置动画，其参数面板如图 13-42 所示。

图 13-41　删除可调参数　　　图 13-42　放缩可调参数

【例 13-5】 利用粒子视图设置一个简单的粒子动画。

(1) 选择【文件】|【重置】命令，将场景重置。

(2) 执行【创建】|【几何体】|【粒子系统】命令，打开粒子系统的创建命令面板，单击 PF Source 按钮，在【顶】视图中创建一个粒子流发射器，选择该发射器，打开【修改】命令面板，在【设置】卷展栏下单击【粒子视图】按钮，打开该粒子发射器的粒子视图，默认情况下，创建的发射器为一标准流。

(3) 在【粒子视图】的事件显示区，选择 Birth 控制器，在参数面板区将它的【发射停止】文本框设置为 70，其他采用默认状态；选择 Shape(形状)控制器，将【图形】设置为【球体】；选择 Display 控制器，将【类型】设置为【几何体】，在该控制器的右侧单击【色样】图标，在打开的【颜色选择器】对话框中将颜色设置为红色。

(4) 将仓库中的 Sent out(发送)测试控制器拖到事件显示区的 Display 控制器下方，将其添加到【Event(事件) 01】中，如图 13-43 所示。

(5) 在仓库中选择 Scale(放缩)控制器，将其拖动到事件显示区。新建一个事件 Event 02，单击选中 Scale 控制器，在右侧的参数显示区，将【类型】设置为【绝对】。在【比例因子】下将所有控制轴的文本框设置为 100%，将【同步方式】设置为【事件期间】。单击 Display 控制器，将【类型】设置为几何体，粒子颜色设置为黄色，在事件底部添加一个 Age Test(年龄测试)控制器，选择【事件年龄】，【测试值】设置为 20，【变化】设置为 0。通过 Age Test 控制器的输出端将 Event 02 和 Event 01 连接起来。

计算机基础与实训教材系列

(6) 同步骤(5)一样，继续创建两个事件，在不同的阶段，设置不同的粒子颜色、形状，并进行缩放，连接起来的粒子流如图 13-44 所示。

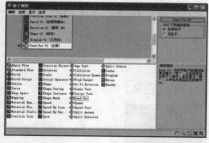

图 13-43　为事件添加控制器

图 13-44　粒子事件流程图

(7) 在【前】视图中，在粒子发射器的顶部添加一个目标摄影机，将【透视】图切换为【摄影机】视图，调整摄影机的位置，以便使整个粒子播放过程可视。

(8) 播放动画，如图 13-45 所示，是部分帧的效果。从第 0 到第 20 帧，粒子形状为球形，且大小不断增大；在第 20 到第 30 帧粒子变为星形，大小在缩小；从 30 帧以后，粒子为菱形，形状继续缩小。

图 13-45　动画部分效果图

13.4　上机练习

粒子与空间扭曲的应用可以创建出逼真的动画特效，本章主要介绍了超级喷射、暴风雪等非事件驱动粒子系统，以及运用粒子流创建粒子动画的流程和方法。在完成本章学习之后，用户应着重掌握粒子流创建动画的一般流程，并能够将粒子与空间扭曲结合使用创建动画特效。

下面通过一个实例演示子弹发射的动画，在本例中，子弹作为粒子源发射出来的粒子，同时为其添加 Spawn 控制器来生成尾迹，然后为尾迹设置类似玻璃的材质来得到类似水波的弹道镜头。

(1) 启动 3ds Max 2010 后，首先在场景中创建如图 13-46 所示的模型作为子弹，命名为 Bullet。

(2) 执行【创建】|【几何体】|【粒子系统】命令，在打开的粒子系统创建命令面板上单击 PF Source 命令，并在【顶】视图中拖动建立粒子源的发射器。

(3) 选中粒子发射器，打开【修改】命令面板，单击【设置】卷展栏下的【粒子视图】按钮，打开粒子视图。将系统自动建立的事件 Event01 重命名为"子弹事件"。从粒子仓库中拖放一个 Shape Instance 控制器放置到 Display 控制器的上方，如图 13-47 所示。

图 13-46　创建的子弹模型

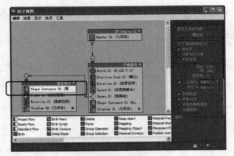
图 13-47　在粒子视图中添加 Shape Instance 控制器

(4) 选择 Shape Instance 控制器，在属性面板中单击【无】按钮，然后单击场景中的 Bullet 对象，将子弹模型作为粒子源使用。确保【获得贴图】和【获取材质】复选框处于选中状态，这样粒子就集成子弹模型的材质和贴图。

(5) 选择 Birth 控制器，在属性面板中将【数量】设置为 3，这表明在整个动画中只出现 3 发子弹。选择 Speed 控制器，在属性面板中将【速度】设置为 100，将【方向】设置为【沿图标箭头】。选择 Display 控制器，在属性面板中将【类型】设置为【几何体】。

(6) 如果出现子弹弹头指向与飞行方向不一致，可选择 Rotation 控制器，然后在属性面板中将【方向矩阵】设置为【世界空间】，修改 X、Y、Z 轴的值。

(7) 下面来设计尾迹模型。打开标准基本体的创建命令面板，单击【球体】按钮在【顶】视图创建一个球体，其半径比子弹略小，由于尾迹的边缘必须光滑，【分段】必须设置得足够大，这里设置为 64。

(8) 单击主工具栏的【选择并非均匀缩放】按钮将球体沿 X 轴压扁，将压扁的球体按【实例】方式复制 10 个。再次使用缩放工具将所有球体逐一锁定 YZ 坐标平面进行缩小，使它们从侧面看形成一个纺锤体，如图 13-48 所示。

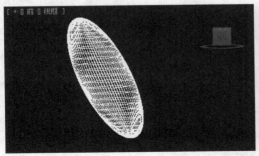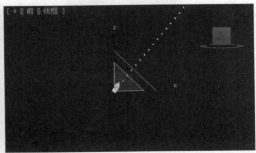
图 13-48　创建尾迹模型

(9) 在场景中选中所有的尾迹模型，选择【组】|【成组】命令，将新建的组命名为"尾迹组"。

(10) 返回粒子视图，在【子弹事件】Shape Instance 控制器上面添加一个 Spawn 控制器，在其属性面板中将粒子产生的方式设置为【按移动距离】，并将【步长大小】设置为 10，【同步方式】设置为【绝对时间】。在【速度】区域选中【继承%】单选按钮，并在右侧将值设置为 0，这样粒子产生后将不移动，而是停留在其产生的位置，如图 13-49 所示。

提示

在设置【步长大小】时，不要将参数值设置过大，否则会因为粒子数量过多影响渲染速度，而效果不一定很好。

(11) 拖放一个 Shape Instance 控制器到粒子视图的空白位置，这样系统将自动新建一个事件，将这个事件重命名为"尾迹事件"。选中该 Shape Instance 控制器，在属性面板中单击【无】按钮，然后在场景中单击【尾迹组】对象，将其作为粒子源。选中【组成员】复选框，这一点很重要，否则进行粒子的实例替换时会将整个【尾迹组】作为一个整体，而选中该复选框后，将会在组中逐一取出子对象来替换粒子，从而形成尾迹的波纹效果。

(12) 将【子弹事件】和【尾迹事件】连接起来，如图 13-50 所示。

图 13-49　设置 Spawn(繁殖)控制器参数

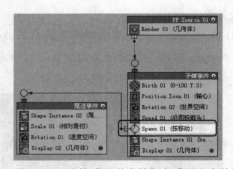

图 13-50　连接【子弹事件】和【尾迹事件】

(13) 播放动画，尾迹物体都是"卧倒的"，可以在【尾迹事件】中添加一个 Rotation 控制器来解决问题，方法和修改【子弹事件】中子弹发射方向时一样。

(14) 播放动画时还会发现，尾迹在产生之后是"一步到位"的，而不是一个逐步扩大的过程，可以向【尾迹事件】中添加 Scale 控制器来解决，它位于 Shape Instance 控制器下方，在属性面板中将【类型】设置为【相对最初】,将【同步方式】设置为【粒子年龄】。

(15) 在动画控制区单击【自动关键点】按钮,在粒子视图的【尾迹事件】中选中 Scale 控制器,在 0 帧时将【比例因子】设置为 0。然后将时间滑块拖动到 60 帧,设置【比例因子】为 80。由于前面将同步方式设置成了粒子年龄,这样当尾迹粒子产生后,在其生命周期中的前 60 帧中,其体积将由 0 增加到 80%。

(16) 下面来设计子弹材质。按 M 键打开【材质编辑器】,单击【获取材质】按钮,在打开的【材质/贴图浏览器】中选中【材质库】单选按钮,然后单击【打开】按钮,进入中文版 3ds Max 2010 安装目录下的 materiallibraries 文件夹,选择 3ds max.mat 选项,单击【打开】按钮,如图 13-51 左图所示。从材质列表中双击 Metal_ChromeFast 选项,将其提取到当前的【材质编辑器】中,然后将该材质赋予对象 Bullet,如图 13-51 右图所示。

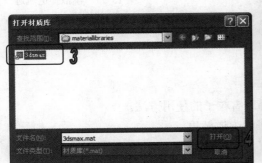

图 13-51 设计子弹材质

(17) 下面来制作尾迹的材质,尾迹类似水波效果,因而这里采用光线跟踪材质。在【材质编辑器】中选择一个空白样本球,单击 Standard 按钮,从打开的对话框中双击【光线跟踪】选项。在光线跟踪材质的参数中,将【透明色】设置为白色,即 RGB 值为(255,255,255),将【折射率】设置为 1.3,将制作的材质赋予【尾迹组】。

(18) 下面来设计场景的灯光和环境。由于使用了光线跟踪材质,该材质对环境和灯光依赖性很强,为了保证渲染的效果,灯光和环境的设置就显得十分重要。选择【渲染】|【环境】命令,打开【环境和效果】对话框,在【环境】选项卡中单击【环境贴图】下的【无】按钮,选择一张合适的位图作为背景。该位图不会直接出现在最终的渲染效果中,但它的颜色会对最终的效果有影响,因此要注意色调统一,最后不要有对比强烈的色彩,且不同色彩之间的过渡要自然,否则光线跟踪在渲染时会出现一些色带。这里选用了一个带有蓝天、白云和建筑的图片,但不带有草地。

(19) 最后是灯光的设置。这里设置了多个泛光灯，同时降低每个灯的亮度。这是因为一方面光源的数量多了，容易将尾迹材质玲珑剔透的效果表现出来，另一方面，降低每个灯的亮度可以避免场景中的光线过于刺眼。在本例的场景中设置了 36 个光源，排列成上下两个圆环，【倍增】均设置为 0.1，如图 13-52 所示。

(20) 在视口中创建摄影机并进行调整，渲染后效果如图 13-53 所示。

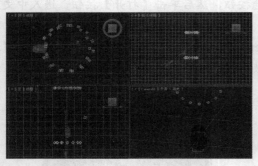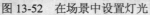

图 13-52　在场景中设置灯光　　　　　　　图 13-53　模拟弹道轨迹

13.5　习题

1. 参考【例 13-4】的实例，练习暴风雪粒子的使用方法。
2. 参考 13.4 节的实例，练习模拟子弹弹道效果。